全国建设行业中等职业教育推荐教材

给水排水工程施工技术

（给水排水专业）

主编　雷福元
编写　雷福元　袁　勇　詹亚民
主审　完颜华

中国建筑工业出版社

图书在版编目（CIP）数据

给水排水工程施工技术/雷福元主编．—北京：中国建筑工业出版社，2005
全国建设行业中等职业教育推荐教材．给水排水专业
ISBN 978-7-112-06196-9

Ⅰ．给…　Ⅱ．雷…　Ⅲ．①给水工程-工程施工-专业学校-教材 ②排水工程-工程施工-专业学校-教材　Ⅳ．TU991

中国版本图书馆 CIP 数据核字(2005)第 006498 号

全国建设行业中等职业教育推荐教材
给水排水工程施工技术
（给水排水专业）
主编　雷福元
编写　雷福元　袁　勇　詹亚民
主审　完颜华
*
中国建筑工业出版社出版、发行（北京西郊百万庄）
各地新华书店、建筑书店经销
廊坊市海涛印刷有限公司印刷
*
开本：787×1092 毫米　1/16　印张：14¾　字数：356 千字
2005 年 1 月第一版　2015 年11月第三次印刷
定价：**21.00** 元
ISBN 978-7-112-06196-9
(12209)

本社网址：http://www.cabp.com.cn
网上书店：http://www.china-building.com.cn

本书为给排水工程专业试用教材之一，是根据建设部人事教育司颁布的中等职业学校给水排水专业教材计划，课程教学大纲，国家新的规范而编写的。全书描述了给水排水工程的施工内容和方法。主要包括绪论、土石方工程，施工降水、排水，地基局部加固，钢筋混凝土工程，室外管道开槽法施工，地下管道不开槽施工，工程质量通病与防治，工程验收等内容。

本书可作为各类中等职业层次的给水排水、市政工程等相近专业教学用书，也可作为有关施工技术人员的培训教材。

* * *

责任编辑：田启铭
责任设计：崔兰萍
责任校对：刘　梅　王　莉

前　言

本书根据建设部人事教育司颁发的中等职业学校给排水专业“给水排水施工技术”课程教学大纲编写，全书系统的介绍了给排水工程中施工技术的基础知识和基础施工方法，工程质量通病的防治，同时尽量介绍了国内在施工技术方面的新技术、新工艺。

全书由衡阳铁路工程学校雷福元主编、兰州交通大学完颜华教授主审。各章分工为：一、三、四章1～4节由湖北省城建学校詹亚民编写、二、六、八章由山东省城建学校袁勇编写。其余各章节由雷福元编写。

限于时间和专业水平，书中难免有不妥之处，恳请广大读者提出批评指正。

2005年1月

目　录

绪　论

一、本课程的性质、任务

给水排水工程施工技术是给水排水工程专业的一门主要专业课程，其主要任务是使学生了解室外给水排水工程施工技术的基本概念、基本知识、基本方法，通过学习使学生具备高素质劳动者和中初级专门人才所必需的给水排水工程施工的基本知识、基本技能及施工组织管理能力。为提高学生的全面素质，增强适应职业变化的能力和继续学习的能力打下一定的基础。

“施工技术”是总结和研究建筑企业在施工生产中，劳动力运用生产工具改造劳动对象（材料、设备等生产资料）的一门科学，是研究施工技术的改造与革命，实现施工生产标准化、规范化、机械化、工厂化，从而加速工程建设进程的科学。施工技术贯穿于施工生产全过程，即从施工的生产准备开始，以建筑产品质量等级的评定告终，甚至还将长期经受在使用价值方面的评说。本书主要对室外给排水工程的施工程序、施工方法和施工检验等方面进行详细的介绍。

1. 施工程序

将完成一项工程产品的过程，划分为若干个步骤，并按其特点循序排列即为施工程序。施工程序是由施工特点和规律决定的，是不可抗拒和逆转的客观规律。遵循施工程序进行建筑产品的生产，是基本的施工技术所在，是文明施工的集中体现，否则将一事无成或事倍功半。

2. 施工方法

施工方法体现在两个方面，即操作方法的正确与否及熟练程度、技工机具的运用和改造。操作方法的正确首先是明确基本操作技术的内容，其次是严格以操作规程为准绳，用正规化的操作规范操作行为，经一定的熟练过程，可以成为能工巧匠。另一方面，施工工具、机具的运用、改造甚至革命，永远是生产力发展的中心环节。陈旧落后的施工工具不能适应施工技术和建设事业发展的需要。事实上，施工机具的每一改进环节，都对施工技术的发展起着巨大的推动作用。

3. 施工检验

施工检验技术是施工技术的重要组成部分。无数次的质量事故迫使人们承认如下的事实，即施工原材料的质量检验是施工质量的基础；施工过程的强度与严密性试验、设备的试运行等是工程验收的基础；施工工序的质量自检、互检是下一道工序施工质量的基础等。重视并加强各个检验环节，用科学的检验方法与科学的施工方法相结合，建筑产品的质量才能得到保证。

二、本课程的要求

“施工技术”是一门独立的、实践性很强的课程，同时又和其他专业课有着密切的联系，是各专业课理论的实践环节。本课程的学习应经两个教学环节，即课堂教学和生产、毕业实习最终完成。两个教学环节都很重要，且相辅相成，不可偏废。

在课堂教学中，应紧紧把握施工技术作为实用性科学的这一特点，用各专业课的专业理论作基础，去理解和掌握使用过程中的有关施工技术理论。为了使教学更感性化，也可借助实物、参观、录像等手段，使学生通过课堂教学基本掌握施工技术的基本理论。

生产实习应在实习工厂或施工现场进行，应以专业施工基本操作技术为主，让学生自己动手完成某些施工操作环节，通过实践提高动手能力。毕业实习应以施工管理或运行管理为主，通过实践使学生明确施工全过程各个阶段，作为一名技术人员应该学到和掌握的施工技术。

本教材为了便于教学活动的进行及学生对理论、实践知识的理解掌握，按模块化的教学方式将所学内容划分为基础模块、选用模块、实践性教学模块（基本实践模块和选用实践模块），除基础模块和基本实践模块的内容为必须完成的内容外，其他的内容，可根据实际需要选择。

三、课程教学目标

（一）基本知识教学目标

1. 掌握土石方工程施工方法、内容及质量检验方法；

2. 掌握施工排、降水的方法及工艺；

3. 理解土的加固方法；

4. 掌握钢筋混凝土的施工技术；

5. 掌握给水排水施工机具及设备安装；

6. 掌握室外管道工程的施工技术；

7. 理解工程质量通病和防治方法；

8. 了解工程竣工验收程序。

（二）能力目标

1. 具有正确使用施工工艺和方法的能力；

2. 具有中小型给水排水工程施工技术管理的能力；

3. 具有材料选用和检验的能力；

4. 具有工程竣工交验的初步能力；

5. 具有了解工程质量通病产生的原因和防治方法的能力。

四、给水排水工程施工的内容

本课程主要介绍与给水排水工程有关的土石方工程、排（降）水、钢筋混凝土工程、室外管道工程等的施工基本知识、基本技能、施工管理和质量控制方面的内容。

施工阶段的质量控制是指为达到质量要求所采取的作业技术和活动。质量控制应贯穿于质量形成的全过程、各环节（事前控制、事中控制和事后控制），要排除这些环节的技术、活动偏离有关规范的现象，使其恢复正常，达到控制的目的。为了保证施工的质量，首先应当做到下列几点：

1. 推行标准化，即在施工过程中严格执行国家颁布的各项技术标准、施工规范，例如给水排水工程施工就应遵守《给水排水构筑物施工与验收规范》（GBJ141—90）及《给水排水管道工程施工与验收规范》（GB50268—97）两项国家标准；

2. 建立质量责任制，使项目的质量保证责任落实到各个部门和工作岗位；

3. 开展质量教育和技术培训，提高施工人员素质；

4. 建立和完善工程质量的检验和评定制度。

本课程的学习重点：在了解给水排水管道工程施工基本工艺的基础上，强化对施工验收规范的理解。

（一）土石方工程

本章需要掌握土石方工程量的计算与调配、土石方的开挖与回填方法；了解土的工程分类和工程性质，常用的土石方施工机械的性能、石方爆破材料和药包用量的计算。施工过程中应注意以下几个内容：

1. 土方

土方开挖前，应首先查明地下水位、土质及地下原有管道、构筑物等情况，然后制订土方开挖、调运方案及沟槽降水、支撑等安全措施。开挖时应注意：

(1) 开挖深度较大时，应合理确定分层开挖的深度，如人工开挖每层的深度不宜超过2m。

(2) 基坑（槽）两侧临时堆土或施加其他荷载时，不得影响临近建筑物、各种管线和其他设施的使用和安全，另外也应考虑对基坑（槽）土壁安全的影响，如人工挖土要求，堆土高度不宜超过1.5m，距槽口边缘不宜小于0.8m。

(3) 采用吊车下管时，可在一侧堆土，另一侧为吊车行驶路线，不得堆土；

(4) 机械挖槽时，应在设计槽底高程以上保留一定余量（不小于20mm），避免超挖，余量由人工清挖。

(5) 挖土机械应距高压线应有一定的安全距离，距电缆1.0m处，严禁机械开挖。

(6) 在有行人、车辆通过的地方开挖，应设护栏及警示灯等安全标志。

(7) 当下步工序与本工序不连续施工时，槽底应预留保护土层不挖，待下步工序开工时再挖。

2. 土方工程支撑与拆除

土方支撑是防止基坑（槽）土方坍塌，保证工程顺利进行及人身安全的重要技术措施。施工时应注意以下要求：

(1) 支撑要牢固可靠，符合强度和稳定性要求；

(2) 支撑应随着挖土的加深及时安装，在软土或其他不稳定土层中，开始支撑的沟槽开挖深度不得超过1.0m，以后开挖与支撑交替进行，每次交替的深度宜为0.4~0.8m；

(3) 遇到下列情况时，支撑应加强：

①当沟槽挖深与建筑物、地下管线或其他设施的水平距离较近（$H/L \leqslant 0.5 \sim 1$，H为建筑物基础底面与开挖沟槽槽底的高差；L为建筑物基础地面至开挖沟槽槽壁的最小距离）时；

②施工便桥的桥台部位；

③地下水排除措施不能疏干槽底土层时；

④雨季施工。

(4) 撑板安装应与沟槽槽壁紧贴，当有空隙时应填实，横撑板应水平，立排撑板应顺直，密排撑板的对接应严密；

(5) 钢板桩支撑，可根据具体情况设计为悬臂、单锚或多层横撑的方式，并应通过计算确定钢板桩的入土深度和横梁的位置，横梁与钢板桩之间的空隙应采用木板垫实；

(6) 支撑应经常检查，当发现支撑的构件有弯曲、松动、移位或劈裂等迹象时应及时处理，特别是雨季和春季解冻时期更应加强检查。

(7) 支撑拆除前应对沟槽两侧的建筑物、构筑物和槽壁进行安全检查，并应制定拆除支撑的实施细则和安全措施；

(8) 支撑的拆除应与回填土的填筑高度配合进行，且在拆除后及时回填；

(9) 采用排水沟的沟槽，应从两座相邻排水井的分水岭向两端延伸拆除；

(10) 多层支撑的沟槽，应待下层回填完成后再拆除其上层槽的支撑；

(11) 拆除单层密排撑板支撑时，应先回填至下层横撑底面，再拆除下层横撑，待回填至半槽以上，再拆除横撑；一次拆除有危险时，宜采取替换拆撑法拆除支撑；

(12) 在回填达到规定要求后，方可拔除钢板桩。拔除后，应及时回填桩孔；回填桩孔时应采取措施填实；当用砂灌填时，可冲水助沉，当控制地面沉降有要求时，宜采取边拔桩边注浆的措施；

(13) 支撑的施工质量应符合下列规定：

①支撑后，沟槽中心线每侧的净宽不应小于施工设计的规定；

②支撑不得妨碍下管和稳管；

③安装应牢固，安全可靠；

④钢板桩的轴线位移不得大于50mm，垂直度不得大于1.5%。

3. 土方回填

地下管道或构筑物施工完毕并经检验合格后，沟槽应及时回填，回填时应注意：

(1) 沟槽回填时，应符合下列规定：

①砖、石、木块等杂物应清除干净；

②采用明沟排水时，应保持排水沟畅通，沟槽内不得有积水；

③采用井点降低地下水位时，其动水位应保持在槽底以下不小于0.5m。

(2) 回填土或其他材料填入槽内时不得损伤管道及其接口，并应符合下列规定：

①根据一层虚铺厚度的用量将回填材料运至槽内，且不得在影响压实的范围内堆料；

②管道两侧和管顶以上50cm范围内的回填材料，应由管槽两侧对称运入槽内，不得直接扔在管道上。回填其他部位时应均匀运入槽内，不得集中推入；

③需要拌合的回填材料，应在运入槽内前拌合均匀，不得集中推入。

(3) 回填土或其他材料的压实，应符合下列规定：

①回填压时应逐层进行，且不得损伤管道；

②管道两侧和管顶以上50cm范围内，应采用轻夯压实，管道两侧压实面的高差不应超过30cm；

③管道基础为土弧基础时，管道与基础之间的三角区应填实。压实时，管道两侧应对称进行，且不得使管道位移或损伤；

④同一沟槽内有双排或多排管道的基础底面位于同一高程时，管道之间的回填压实应与槽壁之间的回填压实对称进行；

⑤同一沟槽内有双排或多排管道但基础底面的高程不同时，应先回填基础较低的沟

槽，当回填至较高基础地面高程后，在按上款规定回填；

⑥分段回填压实时，相邻段的接槎应呈阶梯形，且不得漏夯；

⑦采用木夯、蛙式夯等压实工具时，应夯夯相连，采用压路机时，碾压的重叠宽度不得小于20cm；

⑧采用轮式压路机、振动压路机等压实机械时，其行使速度不得超过2km/h。

（二）施工排、降水

施工排、降水的目的：一是防止沟槽开挖过程中地面水流入槽中，造成槽壁塌方；二是开挖沟槽前，使地下水降低至沟槽以下。为了达到以上目的，施工中常用的有明沟排水法和人工降低地下水位法。

在本节的学习中，需要掌握施工排、降水设备的选择，明沟排水的方法，井点降水的的方法与适用范围；了解施工排、降水的运行与管理。施工时应注意以下内容：

1. 应根据施工现场的水文地质情况，环境因素等选择排、降水方法；

2. 施工排、降水工作，不是孤立的施工过程，它主要是为其他施工工序创造和提供良好的工作环境，所以应与其他工序紧密配合，以利工程顺利进行；

3. 排、降水应连续进行，不得间断，严防泡槽，所以应对排、降水机械及动力进行备份；

4. 排、降水工作必须待沟槽回填土夯实至原来的水位以上方可停止；

5. 排、降水开始前，必须调查了解清楚井位附近现有地下管道及其他构筑物的情况，施工必须确保其安全；

6. 采用明沟排水施工时，为方便施工和保证安全，集水井宜布置在沟槽范围以外，集水井的井壁宜加支护；

7. 当集水井处于细砂、粉砂、或砂质黏土等土层时，应采取过滤或封闭措施。封底后的井底高程应低于沟槽槽底（存水高度），且不宜小于1.2m；

8. 轻型井点井点孔应垂直，其深度应大于井点管所需深度，超挖部分应用滤料回填；填滤料时，应对井点管口临时封堵，灌填高度应高出地下水静水位；

9. 施工排水系统排出的水，应输送至抽水影响半径范围以外，不得影响交通，且不得破坏道路、农田、河岸及其他构筑物；

10. 为确保排、降水施工质量，每根井点管试抽时必须抽出清水且流量稳定。

（三）钢筋混凝土工程

给水排水工程中的许多内容都与钢筋混凝土有关，如取水构筑物、水处理构筑物、水塔及管道工程等。本教材是将上述构筑物共性的部分一并提出进行叙述，这样可减少文字重复，同时更加靠近《给水排水构筑物施工与验收规范》（GBJ141—90）及《给水排水管道工程施工与验收规范》（GB50268—97）两项国家标准。

在本章的学习过程中，需要掌握钢筋混凝土主要材料的性质，混凝土施工配合比的计算，模板的安装工艺和钢筋的加工方法，现浇混凝土处理构筑物的施工工艺；了解装配式水池及预应力混凝土的施工工艺和方法。对以上工作内容施工中应注意以下几个方面：

1. 模板工程

（1）模板及其支撑结构必须保证结构和构件各部分形状尺寸和相互间位置的正

确性；

（2）具有足够的稳定性、刚度和强度，能可靠地承受所浇筑混凝土的重力和侧压力、以及在施工过程中所发生的荷载；

（3）支撑模板的支柱和其他构件，应考虑便于装拆，一般可采用木楔子、千斤顶、砂箱等方法；

（4）模板接缝均应紧密吻合，如有缝隙，应用木条或胶条等紧密嵌塞，以防跑浆；

（5）对于重要结构的模板支设，应进行模板计算和设计；模板上表面高于地面6m时，必须考虑风荷载的影响；

（6）木模板及支架所用的木材，可根据各地区的实际情况采用，扭曲严重、性脆、过分潮湿或容易变形的木材不得使用；

（7）模板及其支架的拆除应按程序进行。重要模板的拆除程序应在模板设计中规定，并制订必要的安全措施，拆除后应将粘附的混凝土等杂物清除干净，以便周转使用。

2. 钢筋工程

（1）选用的钢筋应具有出场质量证明书或试验报告单，在使用前应作机械性能检验，必要时还应进行化学分析复验，需要焊接的钢筋还应做可焊接性试验；

（2）钢筋下料前，应认真核对钢筋规格、级别及加工数量，防止差错；下料后必须挂牌注明所用部位、型号、级别，并应分别堆放；

（3）焊接钢筋的焊工应持焊工证上岗；

（4）热轧钢筋的接头应采用电焊，并以采用闪光接触对焊为宜；冷拔低碳钢丝的接头，只能采用绑扎接头，不允许采用接触对焊或电弧焊；

（5）轴心受拉和小偏心受拉杆件中的钢筋接头，均应焊接，不得采用绑扎接头；

3. 混凝土工程

（1）混凝土的质量应在其拌制和浇筑过程中，按下列规定检查：

①检查混凝土组成材料的质量和用量——每一工作班至少两次；

②检查混凝土在拌制地点及浇筑地点的坍落度或工作度——每一工作班至少二次；

③在一工作班内如混凝土配合比有变动时，应及时检查。

（2）在混凝土强度未达到2.5MPa时，不得使其承受行人、运输工具、模板支架和脚手架等荷载；

（3）混凝土强度检验，一般可作抗压试验；在设计有特殊要求时，应作抗折、抗拉、抗冻、抗渗等试验；

（4）检验评定混凝土质量用的试块，应在浇筑地点制作，抗压强度试块留置应符合下列要求：

①标准养护试块：每工作班不应少于一组，每组三块；每浇筑100m^{3}混凝土不得少于一组，每组三块；

②与结构同条件养护试块：根据施工设计规定按拆模、施加预应力和施工期间临时荷载等的需要数量留置。

（5）如果根据试验确定的混凝土强度不能符合要求，应查明原因，采取措施；在继续浇筑时，对混凝土的配合比作适当的修正，对已浇筑完毕的结构，应以推迟加置荷载的日期和补强等方法加以保证。

（四）室外管道施工技术

本章所讲解的室外管道施工指的是室外管道开槽法施工，学习中需要掌握管道沟槽的开挖、支撑和回填工艺，管道下管和稳管的基本方法，重力管道和压力管道的安装方法以及管渠的施工方法；了解各种管材和配件的性能、要求以及管道防腐的基本方法。施工过程中为了安全生产和保证质量，应注意以下几方面的内容：

1. 下管

(1) 下管前应以施工安全、操作方便为原则，根据工人操作的熟练程度、管材重量、管长、施工环境、沟槽深浅及吊装设备供应条件，合理的确定下管方法；

(2) 下管的关键是安全问题，下管前应根据具体情况和需要，制订必要的安全措施，下管必须由经验较多的人员担任指挥，以确保施工安全；

(3) 起吊管子的下方严禁站人，人工下管时，槽内施工人员必须躲开下管位置；

(4) 下管前应对沟槽进行以下检查，并作必要的处理：

①检查槽底杂物，将槽底清理干净；

②检查地基，对扰动的地基土层进行处理，冬期施工时应保证管道底下没有冻土；

③检查槽底高程与宽度，必须达到挖槽的质量标准；

④检查槽壁，有裂缝及坍塌危险者必须处理；

⑤检查堆土，下管的一侧堆土过高、过陡者，应根据下管需要进行整理。

(5) 采用吊车下管时，应事先从安全的角度确定吊车距槽边的距离，禁止吊车在架空输电线路下工作；在架空输电线路一侧工作时，起重臂、钢丝绳或管子等要与输电线路保持一定的垂直和水平距离；

(6) 吊车下管应由专人指挥，管子起吊速度应均匀，回转应平稳，下落应减速轻放，不得忽快忽慢和突然制动；

(7) 管节下入沟槽时，不得与槽壁支撑及槽下的管道相碰撞，沟内运管不得扰动天然地基。

2. 给水管道铺设

室外给水管道包括铸铁管、钢管、预应力钢筋混凝土管和 UPVC 管等的安装铺设及水压试验，施工中应注意以下几个方面：

(1) 给水管道铺设质量必须符合下列要求：

①接口严密牢固，经水压试验合格；

②平面位置和纵断高程准确；

③地基和管件、阀门等的支墩坚固稳定；

④保持管内清洁，经冲洗消毒，化验水质合格。

(2) 给水管道的接口工序是保证工程质量的关键。接口工人必须经过训练，并必须按照规程认真操作，对每个接口应编号，记录质量情况，以便检查；

(3) 安装管件、阀门等，应位置准确，轴线与管线一致，无倾斜、偏扭现象；

(4) 管件、阀门等安装完成后，应及时按设计做好支墩及阀门井等，支墩及阀门井不得砌筑在松软土上，侧向支墩应与原土紧密相接；

(5) 在给水管铺设过程中，应注意保持管子、管件、阀门等内部的清洁，必要时应进行洗刷或消毒；

(6) 当管道铺设中断时，应将管口堵好，以防杂物进入，并且每日应对管堵进行检查；

(7) 铸铁管铺设前应检查有无裂纹；管子接口成活后，不得受重大碰撞或扭转；为防止稳管时振动，接口与下管的距离，麻口不应小于1个口，石棉水泥接口不应小于3个口；为防止铸铁管曝晒或冷冻而胀缩，或受外力时发生位移，管身应及时进行填土；

(8) 钢管安装对口前必须首先修口，使管子端面、坡口角度、钝边、圆度等均符合对口接头尺寸的要求；不同壁厚的管子对口的管壁厚度，相差不得超过3mm；

(9) 预应力钢筋混凝土管必须逐件测量承口内径、插口外径及其椭圆度，对个别间隙偏大偏小的接口，可配用截面直径较大或较小的胶圈；安装接口时应由专人查看胶圈滚入情况，如发现滚入不匀，可用錾子调整均匀后再继续顶拉；

(10) 硬聚氯乙烯管焊接或粘接的表面，应清洁平整、无油垢、并具有毛面，焊接周围环境温度不得低于5℃；

(11) 水压试验一般应在管件支墩做完并达到要求强度后进行，对未作支墩的管件应做临时后背。为了安全，水压试验的管段长度一般不超过1000m，并且采用逐步升压的方式进行；试验时，后背、支撑、管端等附近均不得站人。

3. 排水管道铺设

室外排水管道包括混凝土管、钢筋混凝土管和缸瓦管等的安装铺设及闭水试验，施工中应注意以下几个方面：

(1) 铺设所用的混凝土管、钢筋混凝土管和缸瓦管等必须符合质量标准并具有出厂合格证，不得有裂纹，管口不得有残缺，采用水泥砂浆抹带应对管口作凿毛处理（管径800mm以内外口做处理，等于或大于800mm里口作处理）；

(2) 施工时应根据工人操作熟练程度，地基情况及管径大小等条件，合理的选择铺设方法，一般小管径者应采用四合一施工法（即平基、稳管、管座、抹带四个工序合在一起的施工方法），大管径者，污水管道应在垫块上稳管，雨水管亦应尽量在垫块上稳管，避免平基和管座分开浇筑，雨期施工或地基不良者，可先打平基；

(3) 排水管道安装质量，必须符合下列要求：

①纵断高程和平面位置准确，对高程应严格要求；

②接口严密坚固，污水管道必须闭水试验合格；

③混凝土基础与管壁结合严密，坚固稳定。

(4) 凡暂时不接支线管的预留管口应用水泥砂浆封闭，但同时应考虑以后接支线管时拆除方便；

(5) 闭水试验应在管道灌满水后浸泡1~2昼夜再进行，以接口和管身无漏水及严重渗水为合格。

（五）地下管道不开槽施工

地下管道不开槽施工主要是指采用顶管的方法进行室外管道的铺设，本章需要了解地下管道不开槽施工的方法与适用范围、掌握大口径及小口径顶管的工艺特点及顶进方式。在施工过程中应注意下列问题：

1. 管道顶进方法的选择，应根据管道所处土层性质、管井、地下水位、附近地下与地上建筑物、构筑物和各种设施等因素，经技术经济比较后确定，如黏性土层且无地下水影响时，宜选择掘进式或机械挖掘式顶管法；在软土层且无障碍物的条件下，可采用挤压式顶管法；

2. 顶进开始时，应缓慢进行，待各接触部位密合后，再按正常速度顶进，顶进中若发现油压突然增高，应立即停止顶进，检查原因并处理后方可继续顶进；

3. 下管时工作坑内严禁站人，当管节距导轨小于500mm时，操作人员方可近前工作；顶进时，工作人员不得在顶铁上方及侧面停留，并应随时观察顶铁有无异常现象；

4. 顶进管道的施工质量应符合下列规定：

(1) 管内清洁，管节无破损；

(2) 管底高程与相邻管间错口偏差应符合规范要求；

(3) 有严密性要求的管道应按有关规定进行检验；

(4) 钢筋混凝土管道的接口应填料饱满、密实，且与管节接口内侧表面齐平，接口套环对正管缝、贴紧、不脱落；

(5) 顶管时地面沉降或隆起的允许量应符合施工设计的规定。

第1章 土石方工程

在基本建设活动中，无论是土建工程施工，还是给水排水工程施工都是由土石方工程开始的。常见的土石方工程有：场地平整，基坑（槽）与管沟的开挖，人防工程及地下建筑物的土方开挖，路基填土及碾压等。土石方工程的施工包括土的开挖或爆破、运输、填筑、平整和压实等主要施工过程，以及排水、降水和土壁支撑等准备工作与辅助工作。

土石方工程的施工特点：一是工程量大，施工工期长，劳动强度大；二是土方施工条件复杂，又多为露天作业，受气候、水文、地质等影响较大，难以确定的因素较多。建筑工地的场地平整，大型水池土方开挖，土方工程量可达数百万立方米以上，施工面积达数平方公里。因此在组织土方工程施工前，必须做好施工组织设计，选择好施工方法和机械设备，制订合理的调配方案，实行科学管理，以保证工程质量，取得预期的经济效果。

1.1 土石的工程分类及工程性质

1.1.1 土石的工程分类

土石的分类方法较多，可根据土的颗粒级配或塑性指数分类；也可根据土的沉积年代及土的工程特点分类。在工程上，土石根据开挖难易程度分为八类：即松软土、普通土、坚土、砂砾坚土、软石、次坚石、坚石和特坚石。土石的工程分类见表1.1，其中：一~四类为土，五~八类为岩石。表中列出的土石工程分类及鉴别方法，就是根据开挖的难易程度和开挖中使用的不同工具和方法来进行分类的。

土石的开挖难易程度直接影响土方工程的施工速度、劳动量消耗和工程费用。土石体越坚硬，劳动力消耗越多，工程成本越高；土石的软硬情况不一样，采用的施工方法也就不同，如松软土、普通土、一般能用铁锹直接开挖或用铲运机、推土机、挖土机等施工；而坚土、砂砾坚土则主要用镐、撬棍或专用挖掘机械施工，其中如以铲运机、推土机及挖土机施工时，宜预先松土，以提高机械的生产效率；岩石类土多用爆破法施工。

1.1.2 土石的工程性质

土石的工程性质对土方工程施工方法的选择、劳动量和机械台班的消耗及工程费用都有较大的影响，施工前应全面掌握施工项目土石的工程性质。

土石在天然埋藏条件下，由土颗粒（固相）、水（液相）和空气（气相）三部分组成，这三部分之间的比例关系随着周围条件的变化而变化，三者相互间比例不同，反映出土的物理状态不同，如干燥、稍湿或很湿，密实、稍密或松散。这些指标对评价土的工程性质具有重要意义。

土的三相物质是混合分布的，为阐述方便，一般用三相图（图1.1）表示，三相图中，把土的固体颗粒、水、空气项划分开来。

1. 土的天然含水量

在天然状态下，土中水的质量与固体颗粒质量之比的百分率叫土的天然含水量，反映了土的干湿程度，用 w 表示，即：

$$w = m_w / m_s \times 100\% \tag{1-1}$$

2. 土的天然密度和干密度

(1) 土在天然状态下单位体积的质量，叫土的天然密度（简称密度）。一般黏土的密度约为 1800～2000kg/m^3，砂土约为 1600～2000 kg/m^3。土的密度按下式计算：

$$\rho = m / v \tag{1-2}$$

式中 m——土的总质量，kg；

V——土的体积，m^3。

(2) 干密度是土的固体颗粒质量与总体积的比值，用下式表示：

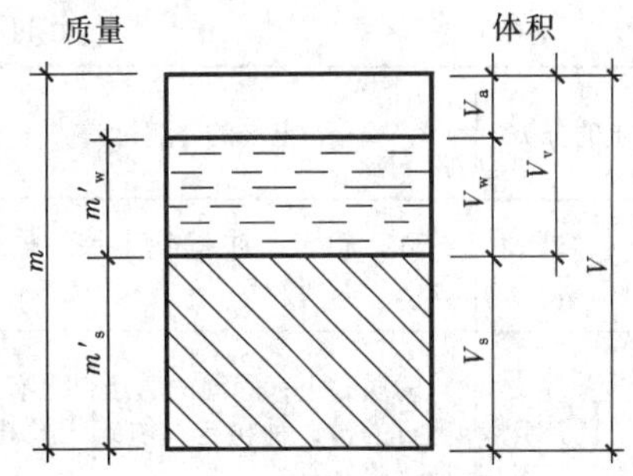

图 1.1　土的三相示意

图中符号：m—土的总质量（$m = m_s + m_w$），kg；

m'_s—土中固体颗粒的质量，kg；

m'_w—土中水的质量，kg；

V—土的总体积（$V = V_a + V_w + V_s$），m^3；

V_s—土的固体颗粒体积，m^3；

V_a—土中空气体积，m^3；

V_w—土中水所占的体积，m^3；

V_v—土中孔隙体积（$V_V = V_a + V_w$），m^3

$$\rho_d = m_s / V \tag{1-3}$$

3. 土的孔隙比和孔隙率

(1) 孔隙比和孔隙率反映了土的密实程度。孔隙比和孔隙率越小土越密实。

孔隙比 e 是土的孔隙体积 V_v 与固体体积 V_s 的比值，用下式表示：

$$e = V_v / V_s \tag{1-4}$$

(2) 孔隙率 n 是土的孔隙体积 V_v 与总体积 V 的比值，用百分率表示：

$$n = V_v / V \times 100\% \tag{1-5}$$

4. 土的可松性与可松性系数

天然土经开挖后，其体积因松散而增加，虽经振动夯实，仍然不能完全复原的现象称为土的可松性。土的可松性用可松性系数表示：即：

最初可松性系数：

$$K_s = V_2 / V_1 \tag{1-6}$$

最后可松性系数：

$$K'_s = V_3 / V_1 \tag{1-7}$$

式中 K_s、K'_s——土的最初、最后可松性系数；

V_1——土在天然状态下的体积，m^3；

V_2——土挖后的松散状态下的体积，m^3；

V_3——土经压（夯）实后的体积，m^3。

可松性系数对土方的调配、场地设计标高的调整和计算土方运输量都有影响。各类土的可松性系数见表 1.1。

土的工程分类与现场鉴别方法 **表 1.1**

土的分类	土 的 名 称	可松性系数		开挖方法及工具	密 度 kg/m³
		K_s	K'_s		
一类土（松软土）	砂；粉土；冲积砂土层；种植土；泥炭（淤泥）	1.08～1.17	1.01～1.03	能用锹、锄头挖掘	600～1000
二类土（普通土）	粉质黏土；潮湿的黄土；夹有碎石、卵石的砂；种植土；填筑土及粉土混卵（碎）石	1.14～1.28	1.02～1.05	用锹、条锄挖掘，少许用镐翻松	1100～1600
三类土（坚土）	中等密实黏土；重粉质黏土；粗砾石；干黄土及含碎石、卵石的黄土、粉质黏土；压实的填筑土	1.24～1.30	1.04～1.07	主要用镐、少许用锹、条锄挖掘	1800～1900
四类土（砂砾坚土）	坚硬密实的黏性土及含碎石卵石的黏土；粗卵石；密实的黄土；天然级配砂石；软泥灰岩及蛋白石	1.26～1.32	1.06～1.09	整个用镐、条锄挖掘，少许用撬棍挖掘	1900～2000
五类土（软石）	硬质黏土；中等密实的页岩、泥灰岩、白垩土；胶结不紧的砾岩；软的石灰岩	1.30～1.45	1.10～1.20	用镐或撬棍、大锤挖掘，部分用爆破方法	1200～1700
六类土（次坚石）	泥岩；砂岩；砾岩；坚实的页岩；泥灰岩；密实的石灰岩；风化花岗岩；片麻岩	1.30～1.45	1.10～1.20	用爆破方法开挖，部分用风镐	2200～2900
七类土（坚石）	大理岩；辉绿岩；玢岩；粗、中粒花岗岩；坚实的白云岩；砂岩、砾岩、片麻岩、石灰岩、微风化的安山岩、玄武岩	1.30～1.45	1.10～1.20	用爆破方法开挖	2500～2900
八类土（特坚石）	安山岩；玄武岩；花岗片麻岩、坚实的细粒花岗岩，闪长岩、石英岩、辉长岩、辉绿岩、玢岩	1.45～1.50	1.20～1.30	用爆破方法开挖	2700～3300

注：K_s—最初可松性系数；K'_s—最后可松性系数。

5. 土的渗透性系数

土的渗透性系数表示单位时间内水穿透土层的能力，以 m/d 表示。根据土的渗透系数不同，可分为透水性土（如砂土）和不透水性土（如黏土）。它影响施工降水与排水的速度。一般土的渗透系数见表 1.2。

土的渗透系数参考表 **表 1.2**

土的名称	渗透系数 K（m/d）	土的名称	渗透系数 K（m/d）
黏　土	<0.005	中　砂	5.00.20.00
粉质黏土	0.005.0.10	均质中砂	35.50
粉　土	0.10.0.50	粗　砂	20.50
黄　土	0.25.0.50	圆砾石	50.100
粉　砂	0.50.1.00	卵　石	100.500
细　砂	1.00.5.00		

1.2 土石方工程量计算及土方调配

在土石方工程施工之前，必须计算土石方的工程量，以便选择和确定施工力量。但各施工项目的土石方工程的形体有时很复杂，而且非常不规则。一般情况下，应将其划分为一定的几何形体，采用具有一定精度而又和实际情况近似的方法进行计算。

土石方形体按开挖和填筑的几何特征不同，可分为平整场地、挖地槽（管沟）、挖地坑、挖土方、回填土等。各土石方形体的特征规定如下：

1. 场地平整系指厚度在 300mm 以内的挖填和找平工作。

2. 挖地槽系指挖土宽度在 3m 以内，且长度等于或大于宽度 3 倍者。

3. 挖地坑系指挖土底面积在 $20m^2$ 以内，且底长为底宽 3 倍以内者。

4. 挖土方系指山坡挖土或地槽宽度大于 3m，坑底面积大于 $20m^2$ 或场地平整挖填厚度超过 300mm 者。

5. 回填土分夯填和松填。

1.2.1 基坑与基槽的土方量计算

1. 基坑　基坑土方量可按立体几何中的垂直拟柱体体积公式计算（图 1.2）。即：

$$V = H(A_1 + 4A_0 + A_2)/6 \qquad (1\text{-}8)$$

式中　H——基坑深度，m；

A_1、A_0、A_2——基坑上、中、下的面积，m^2；

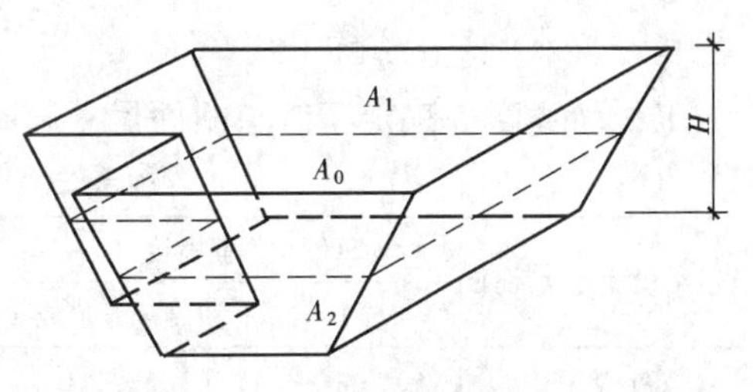

图 1.2　基坑土方量计算

2. 基槽　基槽的土方量应沿长度方向分段后，再按立体几何中的水平柱体体积公式计算（图 1.3）即：

$$V_I = L_I(A_1 + 4A_0 + A_2)/6 \qquad (1\text{-}9)$$

式中　V_I——第 I 段的土方量，m^3；

L_I——第 I 段的长度，m。

将各段土方量相加即 m 得总土方量 $V_总$。即：

$$V_总 = \Sigma V_I \qquad (1\text{-}10)$$

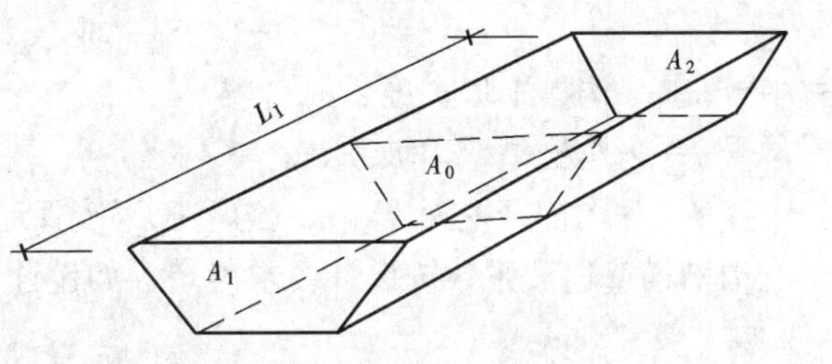

图 1.3　基槽土方量计算

1.2.2 管沟土方量计算

1. 管沟的断面形式

常用的沟槽断面形式有直槽、梯形槽、混合槽和联合槽等，如图 1.4 所示。

正确选择沟槽断面形式，可以为管道施工创造良好的施工条件，在保证工程质量和施工安全的前提下，减少土石方开挖量，降低工程造价，加快施工速度。要使沟槽断面形式选择合理，应综合考虑土的种类、地下水情况、管道断面尺寸、埋深和施工环境等因素。

沟槽底宽由式（1-11）确定，如图 1.5 所示。

$$W = B + 2b \qquad (1\text{-}11)$$

式中　W——沟槽底宽，m；

B——基础结构宽度，m；

b——工作面宽度，m。

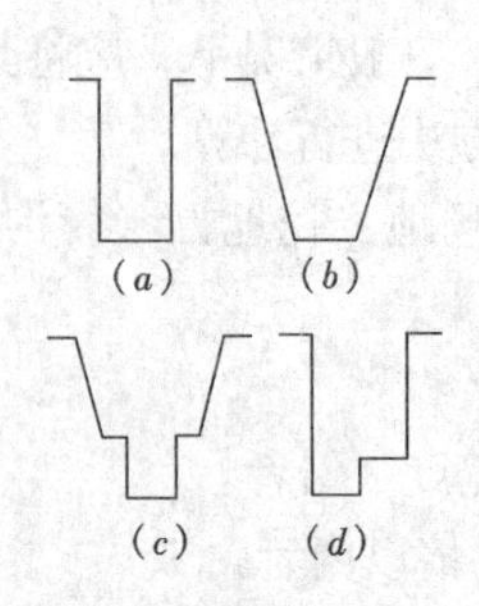

图 1.4　沟槽断面种类

(a) 直槽；(b) 梯形槽；

(c) 混合槽；(d) 联合槽

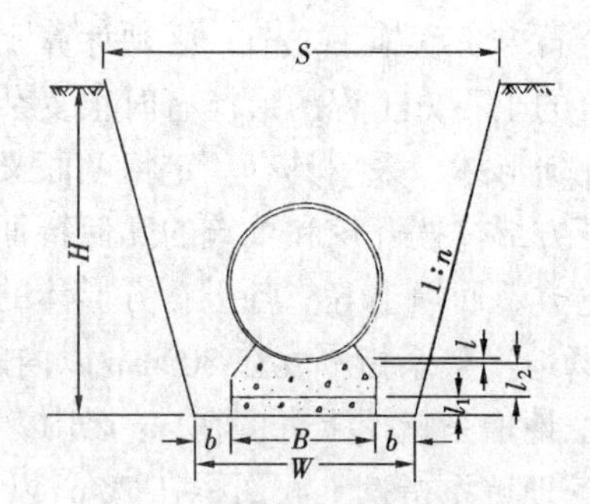

图 1.5　沟槽底宽和挖深

t—管壁厚度；l_2—管座厚度；

l_1—基础厚度

工作面宽度 b 决定于管道断面尺寸和施工方法，每侧工作面宽度参见表 1.3。

沟槽底部每侧工作面宽度　　**表 1.3**

管道结构宽度（mm）	每侧工作面宽度（mm）		管道结构宽度（mm）	每侧工作面宽度（mm）	
	非金属管道	金属管道或砖沟		非金属管道	金属管道或砖沟
200～500	400	300	1100～1500	600	600
600～1000	500	400	1600～2500	800	800

注：1. 管道结构宽度无管座时，按管道外皮计；有管座时，按管座外皮计；砖砌或混凝土按管沟外皮计。

2. 沟底需设排水沟时，工作面宽度应适当加大。

3. 有外防水的砖沟或混凝土沟，每侧工作面宽度宜取 800mm。

沟槽上口宽度 S 由下式计算：

$$S = W + 2mH$$

式中　S——沟槽上口宽度，m；

m——沟槽槽壁边坡系数；

H——沟槽开挖深度，m。沟槽挖深按管道纵断面图的要求确定。

沟槽槽壁边坡系数按设计要求确定，如设计无明确规定时参见表 1.4。

边 坡 系 数 表　　**表 1.4**

土壤类别	人工开挖	机 械 开 挖	
		有槽坑沟底开挖	有槽坑边上挖土
一、二类土	1:0.5	1:0.33	1:0.75
三类土	1:0.33	1:0.25	1:0.67
四类土	1:0.25	1:0.1	1:0.33

2. 管沟土方量计算公式

管沟土方量计算通常采用平均断面法，由于管径和地面起伏的变化，为了更准确地计算土方量，应沿长度方向分段计算，如图 1.6 所示。其计算公式：

$$V_{\mathrm{I}} = (F_1 + F_2) \cdot L_{\mathrm{I}}/2 \tag{1-12}$$

式中　V_{I}——各计算段的土方量，m^3；

　　　L_{I}——各计算段的沟槽长度，m；

　F_1、F_2——各计算段两端断面面积，m^2。

将各计算段土方量相加即得总土方量。

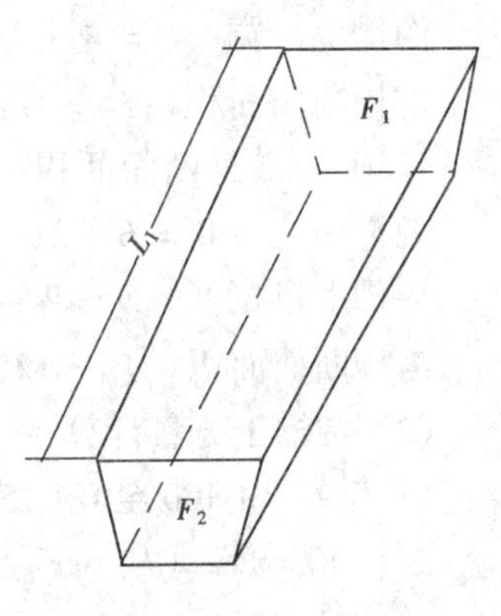

图 1.6　管沟土方量计算简图

【例 1-1】　已知某一给水管线纵断面图设计如图 1.7 所示，土质为黏土，无地下水，采用人工开槽法施工，其开槽边坡采用 1:0.25，工作面宽度 $b=0.4$m，计算土方量。

解：根据管线纵断面图，可以看出地形是起伏变化的。为此将沟槽按桩号 0+100 至 0+150，0+150 至 0+200，0+200 至 0+225，分为 3 段计算。

(1) 各断面面积计算：

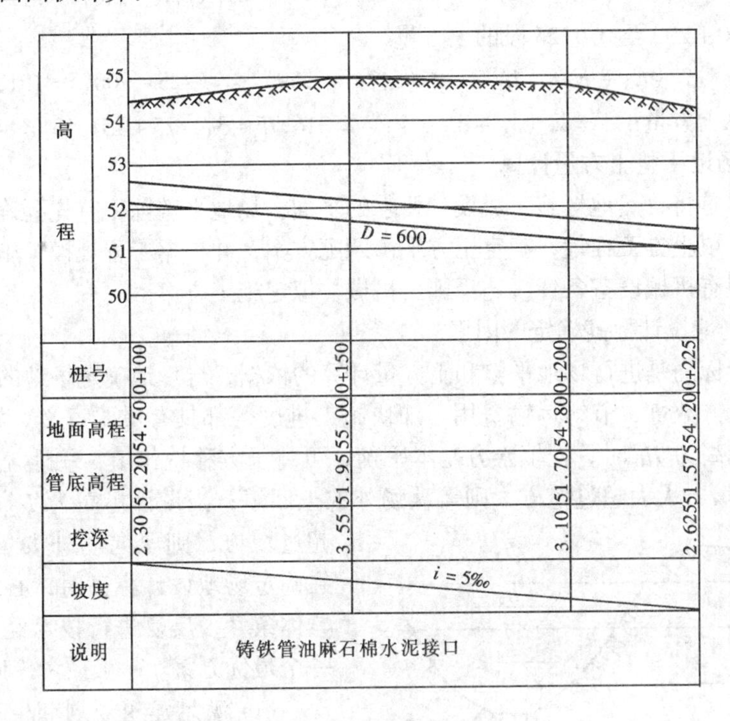

图 1.7　管线纵断面图

1) 0+100 处断面面积：

沟槽底宽　$W=B+2b=0.6+2\times0.4=1.4$m

沟槽上口宽度 $S=W+2mh_1=1.4+2\times0.25\times2.30=2.55$m

沟槽上口宽度 $F_1=1/2\,(S+W)\,H_1=1/2\,(2.55+1.4)\times2.30=4.54m^2$

2) 0+150 处断面面积：

沟槽底宽　$W=B+2b=0.6+2\times0.4=1.4$m

沟槽上口宽度　$S=W+2mh_2=1.4+2\times0.25\times3.55=3.18$m

沟槽断面面积　$F_2=1/2\,(S+W)\,H_2=1/2\,(3.18+1.4)\times3.55=8.13m^2$

3) 0+200 处断面面积：

沟槽底宽　$W=B+2b=0.6+2\times0.4=1.4$m

沟槽上口宽　$S = W + 2mh_3 = 1.4 + 2 \times 0.25 \times 3.10 = 2.95\text{m}$

沟槽断面面积　$F_3 = 1/2\ (S + W)\ H_2 = 1/2\ (2.95 + 1.4)\ \times 3.10 = 6.74\text{m}^2$

4）0+225 处断面面积：

沟槽底宽　$W = B + 2b = 0.6 + 2 \times 0.4 = 1.4\text{m}$

沟槽上口宽度　$S = W + 2mh_4 = 1.4 + 2 \times 0.25 \times 2.625 = 2.71\text{m}$

沟槽断面面积　$F_4 = 1/2\ (S + W)\ H_4 = 1/2\ (2.71 + 1.4)\ \times 2.625 = 5.39\text{m}^2$

(2) 沟槽土方量计算：

1）桩号 0+100 至 0+150 段的土方量

$V_1 = 1/2\ (F_1 + F_2)\ \cdot L_1 = 1/2\ (4.54 + 8.13)\ \times\ (150 - 100)\ = 316.75\text{m}^3$

2）桩号 0+150 至 0+200 段的土方量

$V_2 = 1/2\ (F_2 + F_3)\ \cdot L_2 = 1/2\ (8.13 + 6.74)\ \times\ (200 - 150)\ = 371.75\text{m}^3$

3）桩号 0+200 至 0+225 段的土方量

$V_3 = 1/2\ (F_3 + F_4)\ \cdot L_3 = 1/2\ (6.74 + 5.39)\ \times\ (225 - 200)\ = 151.63\text{m}^3$

故沟槽总土方量　$V = \Sigma\ (V_1 + V_2 + V_3)\ = 316.75 + 371.75 + 151.63\ = 840.13\text{m}^3$

1.2.3 场地平整土方量计算

场地平整是将自然地形施工成设计要求的平面。场地平整前，首先要确定场地设计标高，计算挖、填土方工程量，确定土方平衡调配方案，并根据工程规模、施工期限、土石体的性质及现有机械设备条件，选择施工机械，拟定施工方案。

1. 影响场地设计标高确定的因素

场地设计标高是进行场地平整和土方量计算的依据，合理地确定场地的设计标高，对于减少挖填土方数量、节约运输费用、加快施工进度等都具有重要意义。如图 1.8 所示，当场地设计标高为 H_0 时，挖填土方基本平衡，可将土方移挖作填，就地处理；当设计标高为 H_1 时，填方大大超过挖方，则需从场外取土回填；当设计标高为 H_2 时，挖方大大超过填方，则要向场外大量弃土。因此，在确定场地设计标高时，必须结合现场的具体条件，反复进行技术经济比较，选择一个最优方案。一般应考虑以下因素：

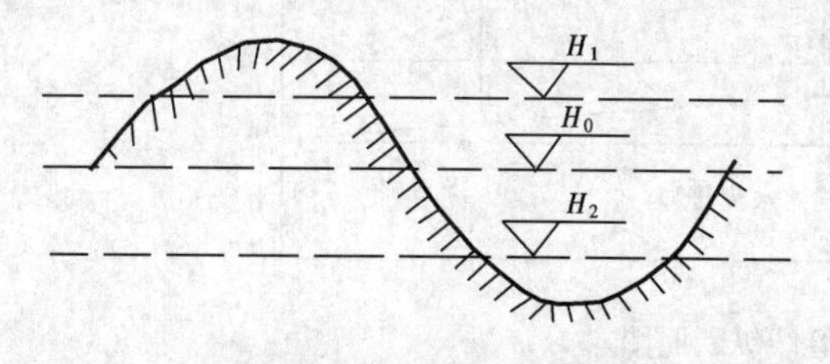

图 1.8　场地不同设计标高

(1) 满足建筑规划和生产工艺及运输的要求；

(2) 尽量利用地形，减少挖填方数量；

(3) 场地内的挖、填土方量力求平衡，使土方运输费用最少；

(4) 有一定的排水坡度，满足排水要求；

(5) 考虑最高洪水位的影响。

2. 场地土方量计算的比较

大面积场地平整的土方量，通常采用方格网法计算。即根据方格网各方格角点的自然地面标高和实际采用的设计标高，算出相应的角点填挖高度（施工高度），然后计算每一方格的挖填土方量及场地边坡的土方量。这样便可求得整个场地的填、挖土方总量。其步骤如下：

(1) 划分方格网络并计算各方格角点的施工高度

根据已有地形图（一般用 1/500 的地形图）划分成若干个方格网，尽量使方格网与测量的纵、横坐标网对应，方格的边长一般采用 20～40m，将设计标高和自然地面标高分别标注在方格点的右上角和右下角。各方格角点的施工高度按下式计算：

$$h_n = H_n \cdot H \tag{1-13}$$

式中 h_n——角点施工高度，即填挖高度，以“+”为填，“-”为挖；

H_n——角点的设计标高（若无泄水坡度时，即为场地的设计标高）；

H——角点的自然地面标高。

(2) 计算零点位置

在一个方格网内同时有填方或挖方时，要先算出方格网边的零点位置，并标注于方格网上，连接零点就得零线，它是填方区与挖方区的分界线（图 1.9）。零点的位置按下式计算：

$$x_1 = h_1 a/(h_1 + h_2); \qquad x_2 = h_2 a/(h_1 + h_2) \tag{1-14}$$

式中 x_1、x_2——角点至零点的距离，m；

h_1、h_2——相邻两角点的施工高度，m，均用绝对值；

a——方格网的边长，m。

在实际工作中，为省略计算，常采用图解法直接求出零点，如图 1.10 所示，用尺在各角上标出相应比例，用尺相连，与方格相交点即为零点位置，此法甚为方便。

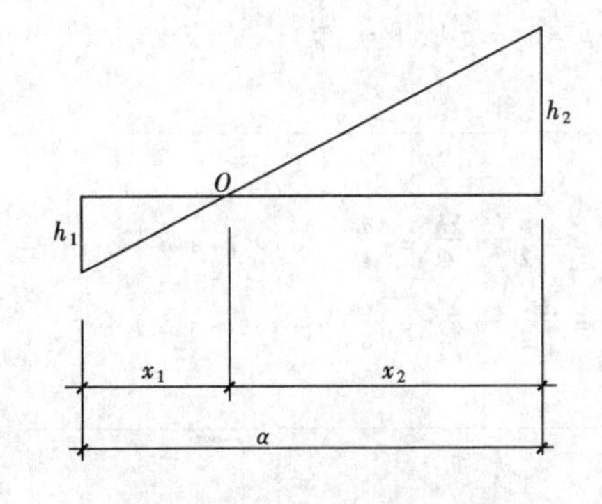

图 1.9 零点位置计算图

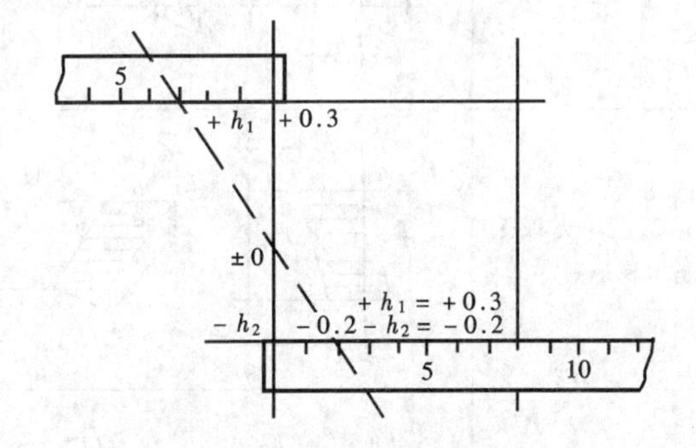

图 1.10 零点位置图解法

(3) 计算方格土方工程量

按方格网底面积图形和表 1.5 所列公式，计算每个方格网的挖方或填方量。

(4) 边坡土方量计算

边坡的土方量可以划分为两种近似几何形体计算，一种为三角棱锥体，另一种为三角棱柱体，其计算公式如下：

1) 三角棱锥体边坡体积 三角棱锥体边坡体积（图 1.11 中的①）计算公式如下：

$$V_1 = A_1 l_1/3 \tag{1-15}$$

式中 l_1——边坡①的长度；

A_1——边坡①的端面积，即：$A_1 = h_2(mh_2)/2 = mh_2^2/2$；

h_2——角点的挖土高度；

m——边坡的坡度系数，m = 宽/高。

2) 三角棱体柱边坡体积　三角棱柱体边坡体积（图 1.11 中的④）计算公式如下：

$$V_4 = (A_1 + A_2) l_4 / 2 \quad (1\text{-}16)$$

当两端横断面面积相差很大的情况下，则

$$V_4 = l_4 (A_1 + 4A_0 + A_2) / 6 \quad (1\text{-}17)$$

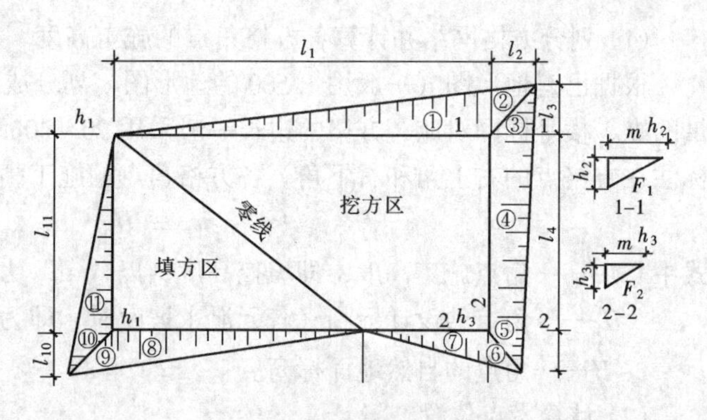

图 1.11　场地边坡平面图

式中　l_4——边坡④的长度；

A_1、A_2、A_0——边坡④两端及中部的横断面面积，算法同上（图 1.11 剖面系近似表示，实际上，地表面不完全是水平的）。

常用方格网点计算公式　　**表 1.5**

项　目	图　式	计 算 公 式
一点填方或挖方（三角形）	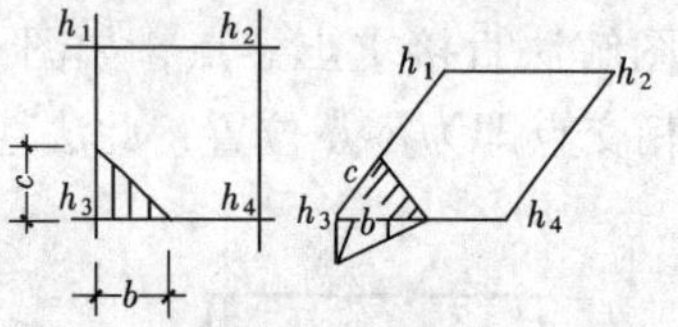	$V = \frac{1}{2} bc \frac{\Sigma h}{3} = \frac{bch_3}{6}$ 当 $b = c = a$ 时，$V = \frac{a^2 h_3}{6}$
二点填方或挖方（梯形）	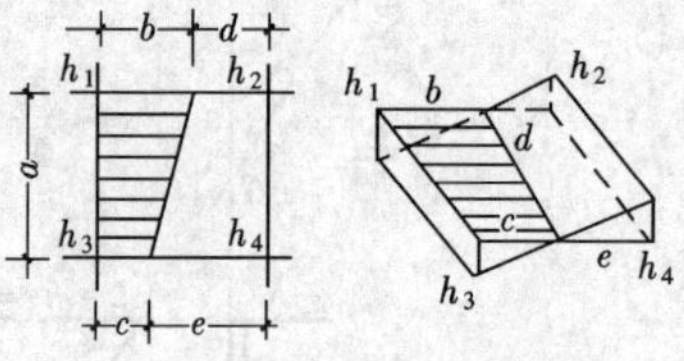	$V_+ = \frac{b+c}{2} a \frac{\Sigma h}{4} = \frac{a}{8}(b+c)(h_1+h_3)$ $V_- = \frac{d+e}{2} a \frac{\Sigma h}{4} = \frac{a}{8}(b+e)(h_2+h_4)$
三点填方或挖方（五角形）	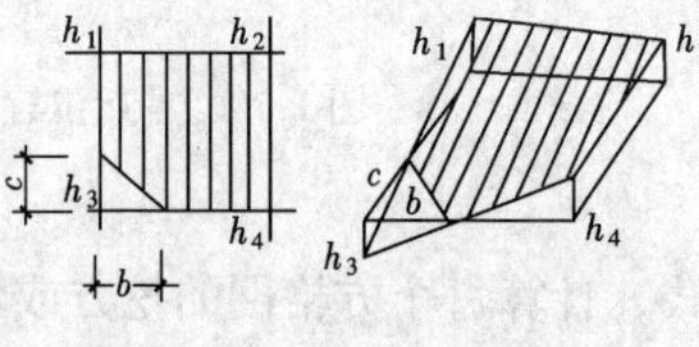	$V = \left(a^2 - \frac{bc}{2}\right) \frac{\Sigma h}{5} = \left(a^2 - \frac{bc}{2}\right) \frac{h_1+h_2+h_4}{5}$
四点填方或挖方（正方形）	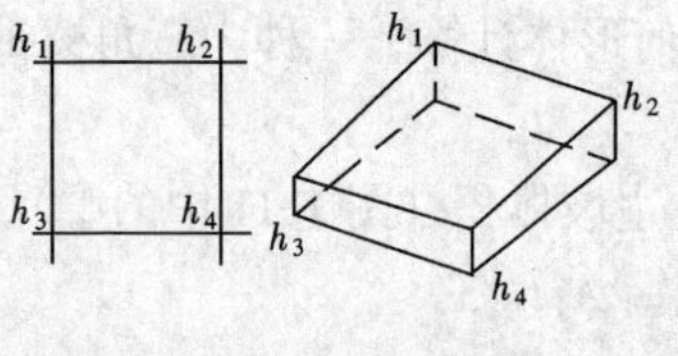	$V = \frac{a^2}{4} \Sigma h = \frac{a^2}{4}(h_1+h_2+h_3+h_4)$

注：1. a—方格网的边长（m）；b、c—零点到一角的边长（m）；h_1、h_2、h_3、h_4—方格网四角点的施工高程（m），用绝对值代入；Σh—填方或挖方施工高程的总和（m），用绝对值代入；V—挖方或填方体积（m^3）。

2. 本表公式是按各计算图形底面积乘以平均施工高程而得出的。

(5) 计算土方总量

将挖（或填）方区所有方格土方量和边坡土方量汇总即得场地平整挖（填）方的土方工程量。

【例 1-2】 某污水处理项目场地地形图和方格网（$a = 20\text{m}$），如图 1.12 所示。土质为粉质黏土，场地设计泄水坡度：$I_x = 3‰$，$I_y = 2‰$。建筑设计、生产工艺和最高洪水位等方面均无特殊要求。试确定场地设计标高（不考虑土的可松性影响，如有余土，用以加宽边坡），并计算填、挖土方量（不考虑边坡土方量）。

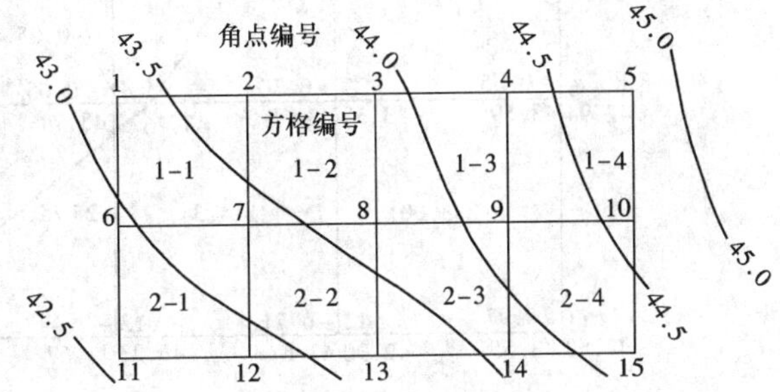

图 1.12　某建筑场地地形图和方格网布置

解：（1）计算各方格角点的地面标高

各方格角点的自然地面标高，可根据地形图上所标的等高线来求。即假定两等高线之间的地面坡度按直线变化，用插入法求得。如求角点 4 的自然地面标高（H_4），由图 1.13 有：

$h_x : 0.5 = x : l$　　即：$h_x = 0.5x / l$

故 $h_4 = 44.00 + h_x$

为了避免繁琐的计算，通常采用图解法（图 1.14）。用一张透明纸，上面画 6 根等距离的平行线。把该透明纸放到标有方格网的地形图上，将 6 根平行线的最外边两根分别对准 A 点和 B 点，这时 6 根等距的平行线将 A、B 之间的 0.5m 高差分成 5 等分，于是便可直接读得角点 4 的地面标高 $H_4 = 44.34\text{m}$。其余各角点标高均可用图解法求出。本例各方格角点标高如图 1.15 所示中地面标高各值。

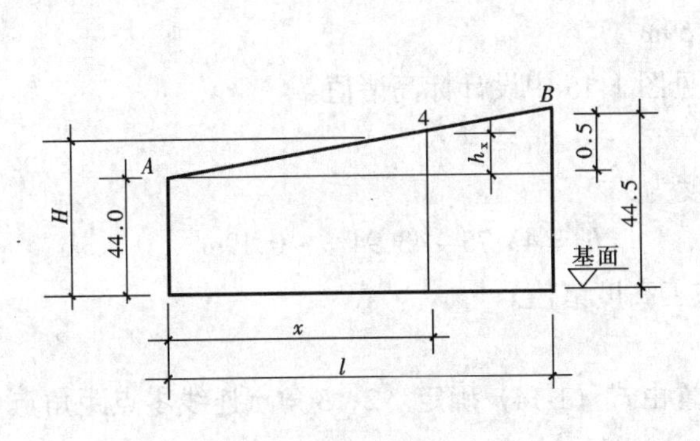

图 1.13　插入法计算简图

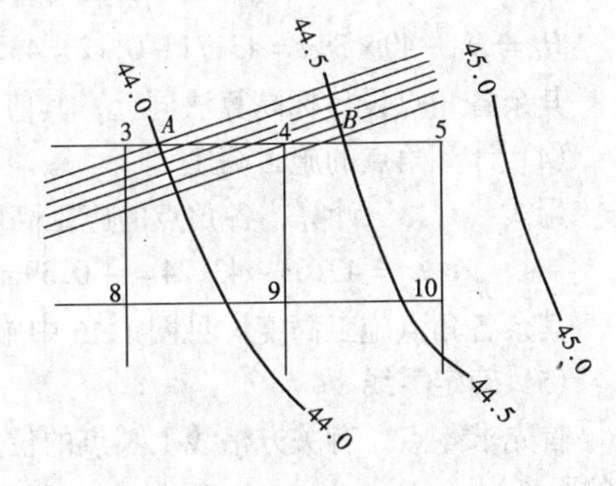

图 1.14　插入法的图解法

（2）计算场地设计标高 H_0

$$\Sigma H_1 = 43.24 + 44.80 + 44.17 + 42.58 = 174.79\text{m}$$

$$2\Sigma H_2 = 2 \times (43.67 + 43.94 + 44.34 + 44.67 + 43.67 + 43.23 + 42.90 + 42.94)$$

$$= 698.72\text{m}$$

$$3\Sigma H_3 = 0$$

$$4\Sigma H_4 = 4 \times (43.35 + 43.76 + 44.17) = 525.12\text{m}$$

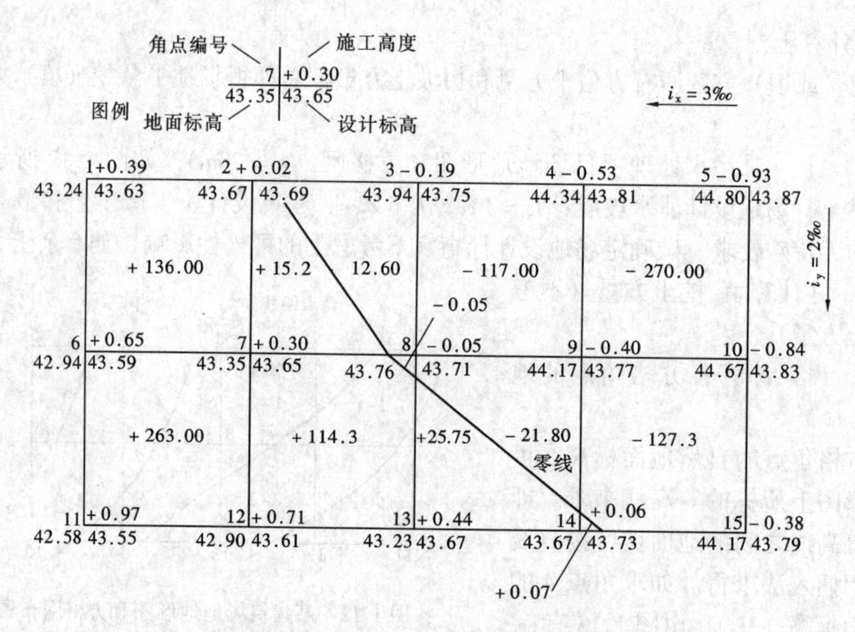

图 1.15 方格网法计算土方工程量图

由公式得：$H_0 = \Sigma H_1 + 2\Sigma H_2 + 3\Sigma H_3 + 4\Sigma H_4/4N = 174.79 + 698.72 + 525.12/4 \times 8 = 43.71\text{m}$

(3) 计算方格角点的设计标高

以场地中心角点 8 为 H_0（图 1.15），由已知泄水坡度 I_x 和 I_y，各方格角点设计标高按公式计算：

$H_1 = H_0 - 40 \times 3‰ + 20 \times 2‰ = 43.71 - 0.12 + 0.04 = 43.63\text{m}$

$H_2 = H_1 + 20 \times 3‰ = 43.63 + 0.06 = 43.69\text{m}$

$H_6 = H_0 - 40 \times 3‰ = 43.71 - 0.12 = 43.59\text{m}$

其余各角点设计标高算法同上，其值见图 1.15 中设计标高诸值。

(4) 计算角点的施工高度

用式（1.13）计算，各角点的施工高度为：

$h_1 = 43.63 - 43.24 = +0.39\text{m}$；　　$h_3 = 43.75 - 43.94 = -0.19\text{m}$

其余各角点施工高度详见图 1.15 中施工高度诸值。

(5) 确定零线

首先求零点，有关方格线上零点的位置由式（1-14）确定。2、3 角点连线零点距角点 2 的距离为：

$x_{2-3} = 0.02 \times 20/0.02 + 0.19 = 1.9\text{m}$，则 $x_{3-2} = 20 - 1.9 = 18.1\text{m}$

同理求得：

$x_{7-8} = 17.1\text{m}$；$x_{8-7} = 2.9\text{m}$；$x_{13-8} = 18.0\text{m}$；$x_{8-13} = 2.0\text{m}$；

$x_{14-9} = 2.6\text{m}$；$x_{9-14} = 17.4\text{m}$；$x_{14-15} = 2.7\text{m}$；$x_{15-14} = 17.3\text{m}$。

相邻零点的连线即为零线（图 1.15）

(6) 根据方格网挖填图形，按表 1.5 所列公式计算土方工程量。

方格 1-1、1-3、1-4、2-1 四角点全为挖（填）方，按正方形计算，其土方量为：

$V_{1-1} = a^2/4\ (h_1 + h_2 + h_3 + h_4) = 100\ (0.39 + 0.02 + 0.30 + 0.65) = (-)\ 136\text{m}^3$

同理计算得：$V_{2-1} = (+)\ 263\text{m}^3$；$V_{1-3} = (-)\ 117\text{m}^3$；$V_{1-4} = (-)\ 270\text{m}^3$

方格 1-2，2-3 各有两个角点为挖方；另两角点为填方，按梯形公式计算，其土方量为：

$V^{填}_{1-2} = a/8\ (b + c)(h_1 + h_3) = 20/8\ (1.9 + 17.1)(0.02 + 0.3) = (+)\ 15.2\text{m}^3$

$V^{填}_{1-2} = a/8\ (d + e)(h_2 + h_4) = 20/8\ (18.1 + 2.9)(0.19 + 0.05) = (-)\ 12.6\text{m}^3$

同理计算得：$V^{挖}_{2\text{-}2} = (a^2 - bc/2)\ h_1 + h_2 + h_3/5 = (20^2 - 2.9 \times 2)\ 0.3 + 0.71 + 0.44/5$

$= (+)\ 114.3\text{m}^3$

$V^{挖}_{2\text{-}4} = (+)\ 0.07\text{m}^3 \qquad V^{挖}_{2-4} = (-)\ 127.3\text{m}^3$

将计算出的土方量填入相应的方格中（图 1.15）场地各方格土方量总计：挖方 548.75m^3；填方 528.55m^3。

1.2.4 土方调配

土方量计算完成后，即可着手土方的调配工作。土方调配，就是对挖土的利用、堆弃和填土的取得三者之间的关系进行综合协调的处理。好的土方调配方案，应该是使土方运输量或费用达到最小，而且又能方便施工。

1. 土方调配原则

(1) 应力求达到挖方与填方基本平衡和就近调配，使挖方量与运距的乘积之和尽可能为最小，即土方运输量或费用最小。

(2) 土方调配应考虑近期施工与后期利用相结合的原则，考虑分区与全场相结合的原则，还应尽可能与大型地下建筑物的施工相结合，以避免重复挖运和场地混乱。

(3) 合理布置挖、填方分区线，选择恰当地调配方向、运输线路，使土方机械和运输车辆的性能得到充分发挥。

(4) 好土用在回填质量要求高的地区。

总之，进行土方调配，必须根据现场具体情况、有关技术资料、工期要求、土方施工方法与运输方法综合考虑，并按上述原则，经计算比较，来选择经济合理的调配方案。

2. 土方调配图表的编制

场地土方调配，需作成相应的土方调配图表，如图 1.16 所示，其编制的方法如下：

土方量调配平衡表 **表 1.6**

挖方区编号	挖方数量 (m^3)	各填方区填方数量（m^3）						
		T_1		T_2		T_3		合　计
		800		600		500		1900
W_1	500	400	50	100	70			
W_2	500			500	40			
W_3	500	400	60			100	70	
W_4	400					400	40	
合　计	19000							

注：表中土方数量栏右边小方格的数字系平均运距（有时可为土方的单方运价）。

(1) 划分调配区

在划分调配区时应注意：

1) 配区的划分应与房屋或构筑物的位置相协调，满足工程施工顺序和分期分批施工的要求，使近期施工与后期利用相协调，满足工程施工顺序和分期分批的要求，使近期施工与后期利用相结合。

2）配区的大小应使土方机械和运输车辆的功效得到充分发挥。

3）土方运距较大或场区内土方不平衡时，可根据附近地形，考虑就近借土或就近弃土，每一个借土区或弃土区均要作为一个独立的调配区。

(2) 计算土方量

按前述计算方法，求得各调配区的挖填土方量，并标写在图上。

(3) 计算调配区之间的平均运距

平均运距即挖方区土方重心至填方区土方重心的距离。因此，确定平均运距需先求出各个调配区土方重心。其方法如下：

取场地或方格网中的纵横两边为坐标轴，分别求出各区土方的重心位置，即：

$$x = V/\Sigma V \qquad y = V/\Sigma V \tag{1-18}$$

式中 x、y——挖或填方调配区的重心坐标；

V——各个方格的土方量。

为了简化计算，可用作图法近似地求出形心位置来代替重心位置。

重心求出后，标于相应的调配区图上，然后用比例尺量出每对调配区之间的平均运距。

(4) 确定土方量优调配方案

最优调配方案的确定，是以线性规划为理论基础的，常用“表上作业法”求得。

(5) 绘制土方调配图、调配平衡表

根据表上作业法求得的最优调配方案，在场地地形图上绘出土方调配图，图上应标出土方调配方向，土方数量及平均运距，如图 1.16 所示。

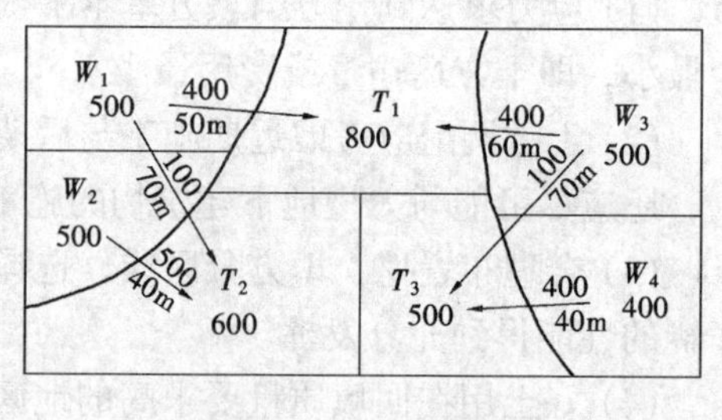

图 1.16 土方调配图

除土方调配图外，还应列出土方量调配平衡表。表 1.6 是按图 1.16 所示调配方编制的土方量调配平衡表。

1.3 土方开挖与回填

1.3.1 施工准备

土方开挖前需做好下列主要准备工作：

1. 场地清理

场地清理包括拆除房屋、古墓，拆迁或改建通讯、电力线路、上下水道以及其他建筑物，迁移树木，去除耕植土及河塘淤泥等工作。

2. 排除地面水

场地内低洼地区的积水必须排除，同时应注意雨水的排除，使场地保持干燥，便于土方施工。

地面水的排除一般采用排水沟、截水沟、挡水土坝等措施。应尽量利用自然地形来设置排水沟，使水直接排至场外，或流向低洼处再用水泵抽走。主排水沟最好设置在施工区域的边缘或道路的两旁，其横断面和纵向坡度应根据最大流量确定。一般排水沟的横断面不大于0.5m×0.5m，纵向坡度一般不大于3‰。平坦地区，如出水困难，其纵向坡度不应小于2‰，沼泽地区可减至1‰。场地平整过程中，要注意保持排水沟畅通。

山区的场地平整施工，应在较高一面的山坡上开挖截水沟。在低洼地区施工时，除开挖排水沟外，必要时应修筑挡水土坝，以阻挡雨水的流入。

3. 修筑临时设施

修筑临时道路、供水、供电及临时停机棚与修理间等临时设施。

1.3.2 土方边坡与土壁支撑

为了防止塌方，保证施工安全，在基坑（槽、管沟）开挖深度超过一定限度时，土壁应做成有斜率的边坡，或者加以临时支撑以保持土壁的稳定。

1. 土方边坡

土方边坡的坡度是以土方挖方深度 H 与底宽 B 之比表示。即：

$$土方边坡坡度 = H/B = 1/B/H = 1:m$$

式中　$m = B/H$ 称为边坡系数。

土方边坡的大小主要与土质、开挖深度、开挖方法、边坡留置时间的长短、边坡附近的各种荷载状况及排水情况有关。

(1) 垂直开挖

当地质条件良好，土质均匀且地下水位低于基坑（槽）或管沟底面标高时，挖方边坡可做成直立壁不加支撑，但深度不宜超过下列规定：

密实、中密的砂土和碎石类土（充填物为砂土）　1.0m；

硬塑、可塑性粉土及粉质黏土　1.25m；

硬塑、可塑性黏土和碎石类土（充填物为黏性土）　1.5m；

坚硬性黏土　2m

(2) 放坡

挖方深度超过上述规定时，应考虑放坡或做成直立壁加支撑。当地质条件良好，土质均匀且地下水位低于基坑（槽）或管沟底面标高时，挖方深度在5m以内不加支持的边坡的最陡坡度应宜参考表1.7要求。

深度在5m内的基坑（槽）、管沟边坡的最陡坡度（不加支撑）　表1.7

土 的 类 别	边坡坡度（高:宽）		
	坡顶无荷载	坡顶有静载	坡顶有动载
中密的砂土	1:1.00	1:1.25	1:1.50
中密的碎石类土（充填物为砂土）	1:0.75	1:1.00	1:1.25
硬塑性粉土	1:0.67	1:0.75	1:1.00
中密的碎石类土（充填物为黏性土）	1:0.50	1:0.67	1:0.75
硬塑性粉质黏土、黏土	1:0.33	1:0.50	1:0.75
老黄土	1:0.10	1:0.25	1:0.33
软土（经井点降水后）	1:1.00	—	—

注：静载指堆土或材料等，动载指机械挖土或汽车运输作业等。静载或动载距挖方边缘的距离应保证边坡和直立壁的稳定，堆土或材料应距挖方边缘0.8m以外，高度不超过1.5m。当有成熟施工经验时，可不受本表限制。

(3) 永久性挖方边坡坡度

使用时间较长、高 10m 以内的临时性挖方边坡坡度值　　表 1.8

土的类别		边坡坡度（高:宽）
砂土（不包括细砂、粉砂）		1:1.25～1:1.5
一般黏性土	坚硬	1:0.75～1:1
	硬塑	1:1～1:1.25
碎石类土	充填坚硬、硬塑黏性土	1:0.5～1:1
	充填砂土	1:1～1.15

注：1. 使用时间较长的临时性挖方是指使用时间超过一年的临时道路、临时工程的挖方。
2. 挖方经过不同类别的土（岩）层或深度超过 10m 时，其边坡可做成折线或台阶形。
3. 有成熟施工经验时，可不受本表限制。

永久性挖方边坡坡度应按设计要求放坡。对使用时间较长的临时性挖方边坡坡度，在山坡整体稳定情况下，如地质条件良好，土质较均匀，高度在 10m 以内的应符合表 1.8 规定。

2. 土壁支撑

在基坑或沟槽开挖时，为了缩小施工面，减少土方量或因受场地条件的限制不能放坡时，可采用设置土壁支撑的方法施工。

(1) 支撑类型及适用范围

开挖较窄的沟槽及基槽多用横撑式支撑。横撑式支撑根据挡土板的不同，分为水平挡土板（图 1.17*a*）和垂直挡土板（图 1.17*b*）两类，前者挡土板的布置又分断续式和连续式两种。湿度小的黏性土挖土深度小于 3m 时，可用断续式水平挡土板支撑；松散、湿度大的土可用连续式水平挡土板支撑，挖土深度可达 5m。对松散和湿度很大的土可用垂直挡土板支撑，挖土深度不限。

(2) 支撑作业要求

1) 应随沟槽的开挖及时支撑，雨期施工不得不加支撑空槽过夜。

2) 横撑、垫板、撑板应当相互靠牢。横撑支在垂直垫板上，须在横撑端下方钉托木。

3) 考虑下道工序的方便，以安管时尽量不倒撑或少倒撑为原则，确定横撑支撑位置。

4) 横撑应尽量使用支撑调节器，以减少木材的消耗。若用方、圆木作横撑时，撑木长度比支撑未打紧之前的空间长 2.5cm 为宜，如果横撑稍短时，可在端头加木楔。

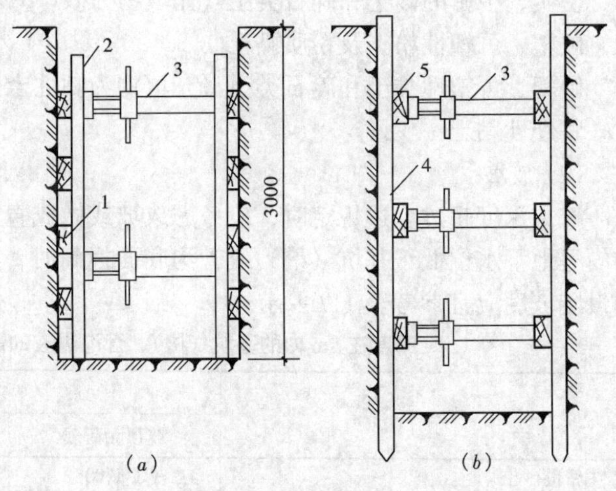

图 1.17　横撑式支撑

(*a*) 断续式水平挡土板支撑；(*b*) 垂直挡土板支撑

1—水平挡土板；2—竖楞木；3—工具式横撑；

4—竖直挡土板；5—横楞木

5) 采用水平密撑时，若一次挖至沟底再支撑有危险，可挖至一半先行初步支撑，见底后再行倒撑。

6) 撑板厚度一般为 4.5cm，支撑应稳固可靠，支撑材料应坚实，撑木不得有劈裂或腐烂情况。

7）禁止攀登沟槽支撑的横撑上下。

8）在沟槽边不得安放施工机械。

(3) 支撑拆除基本要求

拆撑前要仔细检查沟槽两侧的建筑物、电杆及其他外管道是否安全，必要时要加固后再拆撑。

1）拆撑应注意安全，认真检查槽壁有无裂缝，发现沟壁有坍塌危险，可先还土，再用捯链将支撑拉出，在土质良好条件下，一般可随填土随拆撑。

2）采用排水井排水的沟槽，可由两座排水井的分水岭向两端延伸拆除。

3）多层撑的沟槽，可按自下而上的顺序逐层拆除，待下层拆撑还土之后，再拆上层支撑。

4）对密撑与板桩，一般可先填土至下层横撑底面，再拆下面横撑，然后还土至半槽，拆除上层横撑，再将木板或桩拔出。

5）一次拆除水平撑板尚感危险时，应考虑倒撑，另外用横撑将上半槽撑好之后，再将原横撑与下半槽撑板拆除；下半槽还土后，再将上半槽支撑拆除。

3. 板桩支撑

板桩是一种支护结构，可用它来抵抗土和水所产生的水平压力，既挡土又挡水。当开挖的基坑较深、地下水位较高又有可能出现流砂现象时，如果未采用井点降水方法，则宜采用板桩打入土中，使地下水在土中渗流的路线延长，降低水力坡度，阻止地下水渗入基坑内，从而防止流砂产生。在靠近原有建筑物开挖基槽（坑）时，为了防止原有建筑物基础下沉，通常也多采用打板桩的方法进行支护。

板桩的种类有：钢板柱、木板柱和钢筋混凝土板桩等。钢板桩在临时工程中可多次重复使用，打设方便，强度高，应用最广泛。

钢板桩是由带锁口或钳口的热扎型钢制成，把这种钢板桩互相连接就形成钢板桩墙，可用于挡土和挡水。常用的钢板桩有平板桩与波浪形板桩（通常称为“拉森”板桩）两类(图 1.18)。平板桩容易打入地下，挡水和承受轴向力的性能良好，但长轴方向抗变形能力较差。波浪形板桩挡水和抗弯性能都较好。

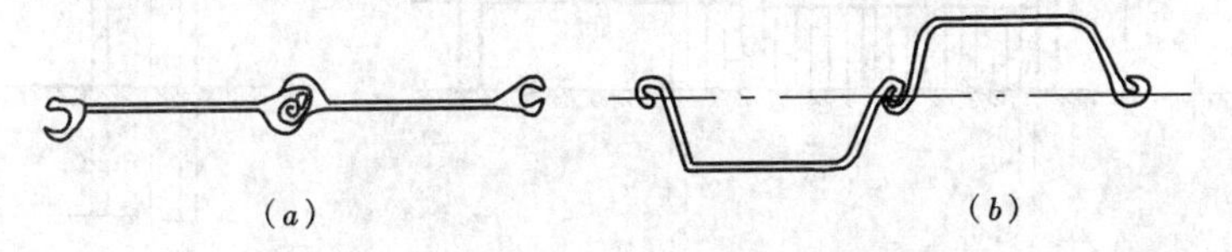

图 1.18　常用的钢板桩

(a) 平板桩；(b) 波浪形板桩（“拉森”板桩）

板桩支撑根据有无设置锚碇结构，分为无锚碇板桩和有锚碇板桩两类。无锚碇板桩即为悬壁式板桩，这种板桩对于土的性质、荷载大小等非常敏感，由于它仅依靠入土部分的土压力来维持板桩的稳定，所以其高度一般不大于 4m，否则就不经济，这种板桩仅适用较浅的基坑土壁支护。有锚锭板桩是在板桩上部用拉锚装置加以固定，以提高板桩的支护能力。单锚板桩是常用的有锚碇桩的一种支护形式，它是由板桩、横梁、拉杆、锚碇桩和螺母等组成（图 1.19)，钢板桩顶端通过横梁（槽钢)、钢拉杆，螺母固定在锚碇桩上。

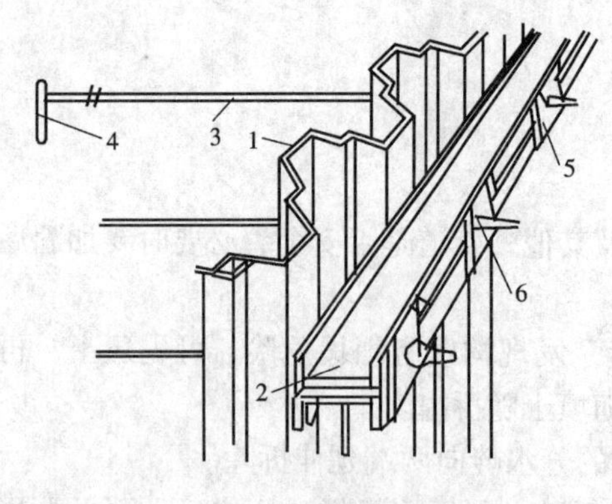

图 1.19　单锚板桩
1—钢板桩；2—横梁；3—钢拉杆；
4—锚碇状；5—垫板；6—螺杆

单锚板桩的设计主要取决于板桩入土深度、截面弯矩和锚杆拉力三个要素，应使板桩支护结构的强度和稳定性有足够的保证。

板桩施工时要正确选择打桩方法、打桩机械和流水段划分，以便使打设后的板桩墙有足够的刚度和良好的挡水作用。对封闭式的钢板桩墙，要求做到墙面平直、平面尺寸准确、封闭合龙好。打桩流水段大小的划分，直接影响合龙点的数量和误差积累。如流水段长则合龙点少，误差积累大，封闭合龙时需调整的范围就大；如流水段短，则合龙点多，积累误差小，轴线位置较准确，但封闭合龙时调整的次数多。一般情况下，打桩流水段大小，要根据打桩工程规模和打桩机械的特点加以正确划分。

钢板桩的打设，通常可采用下面方法：

(1) 单独打入法　此法是从板桩墙一角开始逐根打入，直至打桩工程结束。其优点是桩打设时不需要辅助支架，施工简便，打设速度快；缺点是易使桩的一侧倾斜，且误差积累后不容易纠正。因此，这种打入法只适于对板桩墙质量要求一般，且板桩长度较小（如小于 10m）的情况。

(2) 围檩插桩法　此法是打桩前先在地面上沿板桩墙两侧每隔一定距离打入围檩桩，并在其上面安装单层围檩（图 1.20）或双层围檩，然后根据钢围檩上的画线，将钢板桩逐根插入，并以 10～20 根桩为一组，每组桩打设时，先将两端的钢板打入地下，作为定位板桩，而后再按顺序打设其他钢板桩。这样一组一组的进行打设。

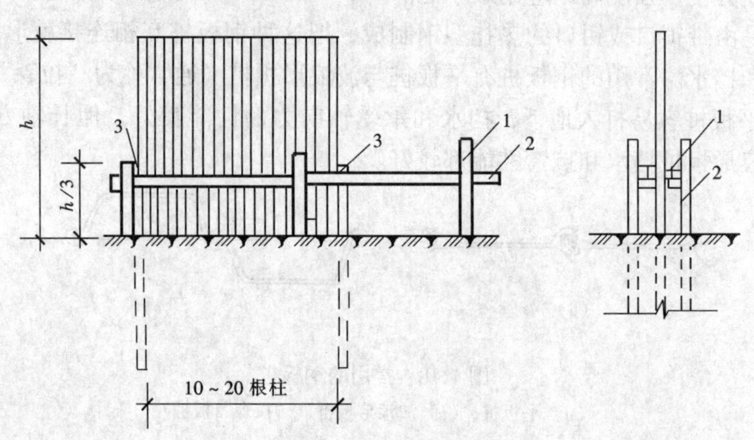

图 1.20　单层围檩插桩
1—围檩桩；2—围檩；3—两端先打入的定位钢板桩

这种打桩方法的优点是可以减少桩倾斜误差积累，防止板桩过大的倾斜和扭转，且易于实现封闭合龙，板桩墙施工质量较好。其缺点是插桩的自立高度较大，要注意插桩的稳定和施工安全。一般情况下多采用此法打设桩墙。如果对板桩墙质量要求很高时，可以采用双层围檩插桩法。

4. 土层锚杆

当开挖深度大的基坑，采用钢板桩、钢筋混凝土桩作坑壁支撑时，若受周围场地限制，挡土桩顶端既不能作拉锚，又不能作悬壁桩，在这种情况下，采用土层锚杆是一种较好的方法。

土层锚杆是由锚头、拉杆和锚固体等组成（图 1.21）。锚杆根据主动滑动面分为锚固段（有效锚固长度）和非锚固段（自由段）。施工时，先在基坑侧壁钻倾孔（沿水平线向下倾斜 10～45°），然后在孔中插入拉杆（螺纹钢筋、高强度钢丝束或钢绞线等），再灌注水泥砂浆，必要时进行预应力张拉锚固。

土层锚杆一端插入土层中，另一端与挡土桩拉接，借助锚杆与土层的摩擦阻力产生的水平抗力来抵抗土的侧压力，维护挡土桩的稳定。

土层锚杆的类型主要有以下几种：

(1) 一般灌浆锚杆　用水泥砂浆（或水泥浆）灌注入孔中，将拉杆锚固于地层内部，拉杆所受的拉力通过锚固段传递到周围地层中。

(2) 预压锚杆　它与一般灌浆锚杆不同的是在灌浆时施加一定压力，在压力下水泥砂浆渗入孔壁四周的裂缝中，并在压力下固结，从而使锚杆具有较大的抗拔力。

(3) 预应力锚杆　先对锚固段用快凝水泥砂浆进行一次压力灌浆，然后将锚杆与挡土桩相连接，并施加预应力和锚固，最后再在非锚固段进行不加压力的二次灌浆。这种锚杆先受地层和砂浆的预加压力，在土压力作用下，可以减少挡土桩的位移。

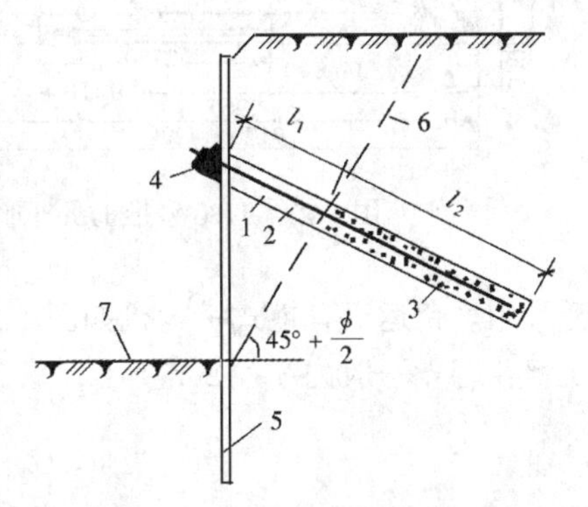

图 1.21　土层锚杆示意图

1—钻孔；2—拉杆；3—锚固体；4—锚头；5—挡土桩；6—主动滑动面；7—基坑

l_1—非锚固段长度；l_2—锚固段长度

(4) 扩孔锚杆　一般土层锚杆钻孔直径为 90～130mm，如用特制的内部扩孔钻头扩大锚固段的钻孔直径，一般可将直径加大 3.5 倍，或用炸药爆扩法扩大钻孔端头，均可提高锚杆的抗拔力。这种扩孔锚杆主要用于松软土层中。

深基础施工中，采用挡土桩并加设单层或多层锚杆，在维护坑壁稳定、防止塌方、保证施工安全、改善施工条件、加快施工进度等方面起着很大作用。土层锚杆是一项新技术，在我国北京、上海等地一些高层建筑深基础施工中，已成功地加以应用，并取得了良好的效果。

1.3.3　土方机械化施工

1. 场地土方施工

场地土方施工由土方开挖、运输、填筑等施工过程组成。

(1) 场地土方开挖与运输

场地土方开挖与运输通常采用人工、半机械化、机械化和爆破等方法，目前主要采用机械化施工法。下面介绍几种常用的土方施工机械。

1) 推土机

推土机是土方工程施工的主要机械之一，是在拖拉机上安装推土板等工作装置的机械。图 1.22 所示为油压操纵的 T180 型推土机。

推土机施工特点是：构造简单，操作灵活运输方便，所需工作面较小，功率较大，行驶速度快，易于转移，能爬 30°左右的缓坡。

推土机多用于场地清理和平整，在其后面可安装松土装置，破松硬土和冻土，还可以牵引其他无动力土方施工机械，可以推挖一～三类土，经济运距 100m 以内，效率最高时运距为 60m。

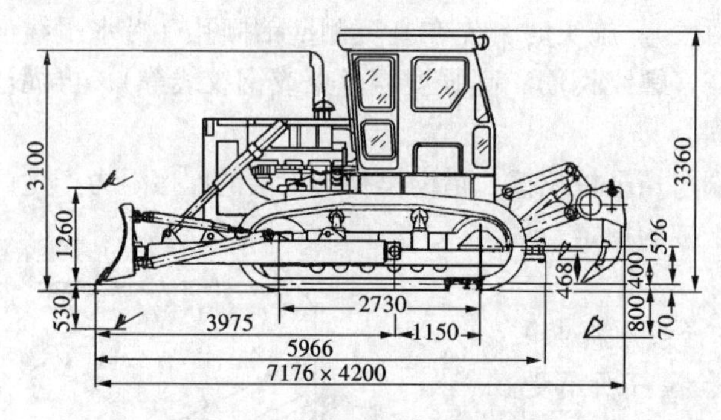

图 1.22　T180 型推土机外形图

推土机的生产效率主要取决于推土刀推移土的体积及切土、推土、回程等工作的循环时间，所以缩短推土时间和减少土的损失是提高推土效率的主要影响因素。施工时可采用下坡推土、并列推土和利用前次推土的槽推土等方法。

2）铲运机

铲运机是一种能综合完成土方施工工序的机械。在场地土方施工中广泛采用。铲运机有拖式铲运机如图 1.23（*a*）和自行式铲运机如图 1.23（*b*）两种，铲运机铲斗容量一般为 3～12m³。

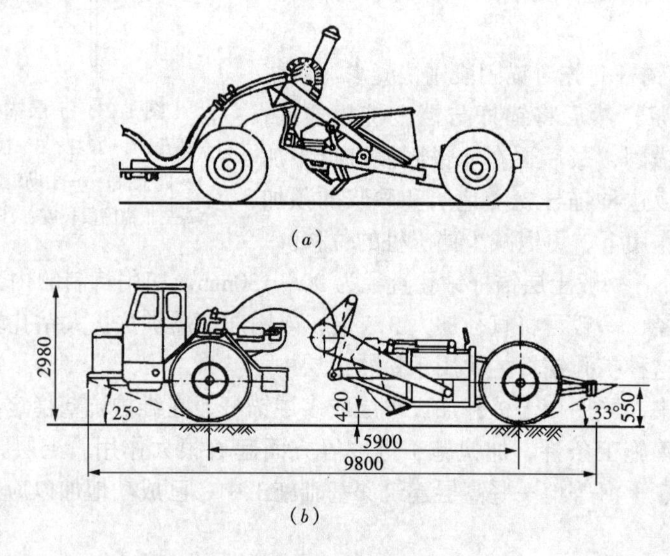

图 1.23　铲运机外形图

（*a*）拖式铲运机；（*b*）自行式铲运机

铲运机操纵简单灵活，行驶速度快，生产率高，且运转费低。宜用于场地地形起伏不大，坡度在 20°以内，土的天然含水量不超过 27％的大面积场地平整。当铲运三、四类较坚硬土时，宜先用松土机配合，以减少机械磨损、提高施工效率。自行式铲运机适于运距在 800～3500m 的大型土方工程中施工，运距在 800～1500m 范围内的生产效率最高；拖式铲运机适于运距在 80～800m 的土方工程施工，运距在 200～350m 范围内的生产效率最高。

(2) 场地填筑与压实

1）填方的质量要求

在场地土方填筑工程中，只有严格遵守施工质量验收规范，正确选择填料和填筑方法，才能保证填土的强度和稳定性。

a. 填方施工前基底处理：根据填方的重要性及填土厚度确定天然地基是否需要处理。

当填方厚度在 1.0~1.5m 以上时可以不处理；当在建筑物和构筑物地面以下或填方厚度小于 0.5m 的填方，应清除基底的草皮和垃圾；当在地面坡度不大于 1/10 平坦地上填方时，可不清除基底上草皮；当在地面坡度大于 1/5 的山坡上填方时，应将基底挖成阶梯形，阶宽不小于 1m；当在水田、池塘或含水量较大的松软地段填方时，应根据实际情况采取适当措施处理，如排水晾干、全部挖土、抛块石等。

b. 填方土料的选择：用于填方的土料应保证填方的强度和稳定性。土质、天然含水量等应符合有关规定。含水量大的黏性土、含有 5%以上的水溶性硫酸土、有机质含量在 8%以上的土一般都不做回填用。通常同一填方工程应尽量采用同一类土填筑，若填方土料不同时，必须分层铺填。

c. 填筑方法：填方每层铺土厚度和压实遍数应根据土质、压实系数和机械性能来确定，按表 1.9 选用。填方施工应接近水平地分层填土、压实，测定压实后土的干密度，检验其压实系数和压实范围符合设计要求后，才能填筑上层。分段填筑时，每层接缝处应做成斜坡形，碾迹重叠 0.5~1.0m。上下层错缝距离不应小于 1.0m。

填方每层的铺土厚度和压实遍数 **表 1.9**

压实机具	每层铺土厚度（mm）	每层压实遍数（遍）	压实机具	每层铺土厚度（mm）	每层压实遍数（遍）
平　碾	200~300	6~8	蛙式打夯机	200~250	3~4
羊足碾	200~350	8~16	人工打夯	不大于 200	3~4

注：人工打夯时，土块粒径不应大于 5cm。

d. 填方的质量：填土必须具有一定的密实度，填土密实度以设计规定的控制干密度 ρ_d 作为检查标准。

土的最大干密度一般在试验室由击实试验确定，再根据规范规定的压实系数，即可算出填土的控制干密度 ρ_d 的值。在填土施工时；土的实际干密度大于或等于 ρ_d 时，则符合质量要求。土的实际干密度可用"环刀法"测定。其取样组数：基坑回填按面积每 20~50m^2 取样一组；基槽、管沟回填每层按长度 20~50m 取样一组；室内填土每层按 100~500m^2 取样一组；场地平整填土每层按 400~900m^2 取样一组，取样部位应在每层实后的下半部。试样取出后称出土的自然密度并测出含水量，然后用下式计算土的实际密度 ρ_0。

$$\rho_0 = \rho/(1 + 0.1)\omega \tag{1-19}$$

式中　ρ——土的天然密度，kg/m^3；

　　　ω——土的天然含水量。

2）影响填方压实的因素

填方压实质量与许多因素有关，其中主要影响因素为：

压实功、土的含水量每层铺土厚度。

a. 压实功的影响：压实机械在土上施加功，土的密度增加，但土的密度大小并不与机械施加功成正比。土的密度与机械所耗功的关系见图 1.24 所示。当土的含水量一定，在开始压实时，土的密度急剧增加，待到接近土的最大密度时，压实功虽然增加许多，而土的密度则没有变化，因此，在实际施工中应选择合格的压实机械和压实遍数。

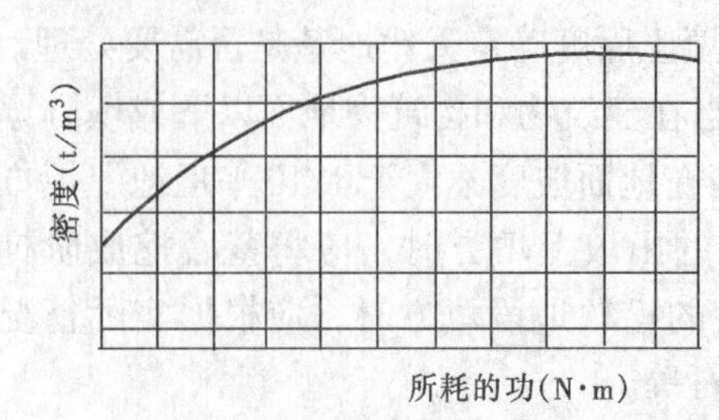

图 1.24 土的密度与功的关系

b. 含水量的影响：在同一压实功条件下，填土的含水量对压实质量有直接影响，较干燥的土不易压实，较湿的土也不易压实。当土的含水量最佳时，土经压实后的密度最大，压实系数最高。各种土的最佳含水量和最大干密度见表 1.10。工地简单检验方法一般是用手握成团，落地开花为宜。实际施工中，为保证土的最佳含水量，当土过湿时，应予翻松晒干，当土过干时，则应洒水湿润。

c. 铺土厚度的影响：土在压实功的作用下其应力是随深度增加而减少的，而压实机械的作用深度与压实机械、土的性质和含水量等有关。要保证压实土层各点的密实度，而机械功耗费最少，这一铺土厚度称为最优铺土厚度。按表 1.10 选用。

土的最佳含水量和最大干密度参考表 **表 1.10**

项次	土的种类	变动范围		项次	土的种类	变动范围	
		最佳含水量%（重量比）	最大干密度（g/cm^3）			最佳含水量%（重量比）	最大干密度（g/cm^3）
1	砂土	8~12	1.80~1.88	3	粉质黏土	12~15	1.85~1.95
2	黏土	19~23	1.58~1.70	4	粉土	16~22	1.61~1.80

注：1. 表中土的最大密度应根据现场实际达到的数字为准。
2. 一般性的回填可不作此项测定。

2. 基坑、槽及管沟的土方施工

(1) 挖方的一般规定

在基坑（槽）或管沟工程等开挖施工中，现场不宜进行放坡开挖，当可能对邻近建（构）筑物、地下管线、永久性道路产生危害害时，应对基坑（槽）、管沟进行支护后再开挖。

1）基坑（槽）、管沟开挖前应做好下述工作：

a. 基坑（槽）、管沟开挖前，应根据支护结构形式、挖深、地质条件、施工方法、周围环境、工期、气候和地面载荷等资料制定施工方案、环境保护措施、监测方案，经审批后方可施工。

b. 土方工程施工前，应对降水、排水措施进行设计，系统应经检查和试运转，一切正常时方可开始施工。

c. 有关围护结构的施工质量验收规定执行，验收合格后方可进行土方开挖。

2）土方开挖顺序、方法必须与设计工况相一致，并遵循“开槽支撑、先撑后挖、分层开挖、严禁超挖”的原则。

3）基坑（槽）、管沟的挖土应分层进行。在施工过程中基坑（槽）、管沟边堆置土方不应超过设计荷载，挖方时不应碰撞或损伤支护结构、降水设施。

4）基坑（槽）、管沟土方施工中应对支护结构、周围环境进行观察和监视，如出现异常情况应及时处理，待恢复正常后方可继续施工。

5）基坑（槽）、管沟开挖至设计标高后，应对坑底进行保护，经验槽合格后，方可进行垫层施工。对特大型基坑，宜分区分块挖至设计标高，分区分块及时浇筑垫层。必要时，可加强垫层。

6）基坑（槽）、管沟土方工程验收必须确保支护结构安全和周围环境安全为前提。当设计有指标时，以设计要求为依据，如无设计指标时应按表1.11的规定执行。

基坑变形的监控值（cm） **表1.11**

基坑类别	围护结构墙顶位移监控值	围护结构墙体最大位移监控值	地面最大沉降监控值
一级基坑	3	5	3
二级基坑	6	8	6
三级基坑	8	10	10

注：1. 符合下列情况之一，为一级基坑：

1）重要工程或支护结构做主体结构的一部分；

2）开挖深度大于10m；

3）与临近建筑物、重要设施的距离在开挖深度以内的基坑；

4）基坑范围内有历史文物、近代优秀建筑、重要管线等需严加保护的基坑。

2. 三级基坑为开挖深度小于7m，且周围环境无特别要求时的基坑。

3. 除一级和三级外的基坑属二级基坑。

4. 当周围已有的设施有特殊要求时，尚应符合这些要求。

(2) 开挖方法

沟槽、基坑土方开挖分为人工开挖和机械开挖两种方法。为了减轻繁重的体力劳动，加快施工速度，提高劳动生产率，应尽量采用机械化开挖。

沟槽、基坑开挖常用的施工机械有单斗挖土机和多斗挖土机两个种类。

1）单斗挖土机

单斗挖土机在沟槽或基坑开挖施工中应用广泛，种类很多。按其工作装置不同，分为正铲、反铲、拉铲和抓铲等。按其操纵机构的不同，分为机械式和液压式两类，如图1.25所示。目前，多采用的是液压式挖土机，它的特点是能够比较准确地控制挖土深度。

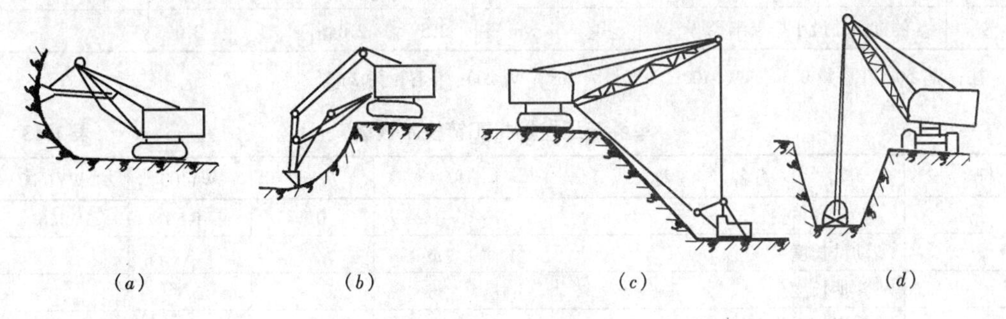

图1.25 挖土机

(a) 正铲；(b) 反铲；(c) 拉铲；(d) 抓铲

a. 正铲挖土机

它适用于开挖停机面以上的一～三类土，一般与自卸汽车配合完成整个挖运任务。可用于开挖高度大于 2.0m 的大型基坑及土丘。其特点是：开挖时土斗前进向上，强制切土，挖掘力大，生产率高。其外形如图 1.26 所示。正铲挖土机技术性能见表 1.12 和表 1.13。

正铲挖土机挖土方式有两种，正向工作面挖土和侧向工作面挖土。

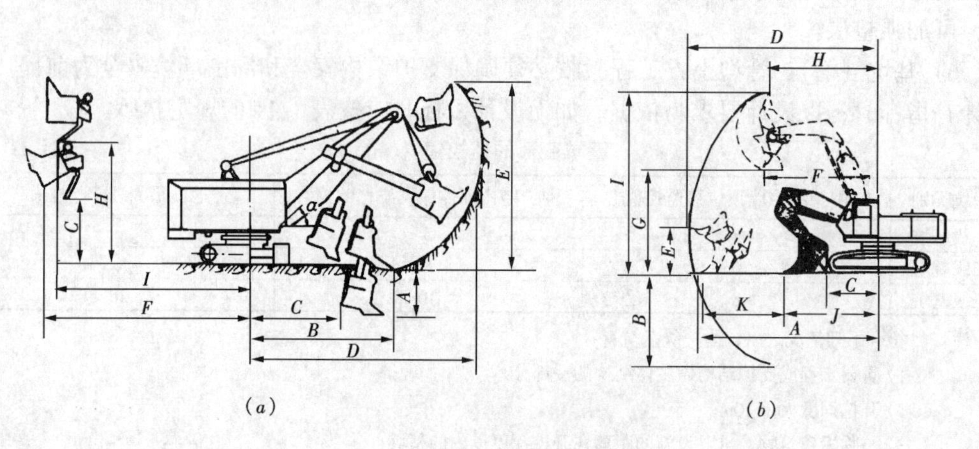

图 1.26　正铲挖土机与外形图

(a) 机械式；(b) 液压式

正铲挖土机技术性能　　表 1.12

项次	工　作　项　目	符号	单位	W_1-50		W_1-100		W_1-200	
1	动臂倾角	A	m	45°	60°	45°	60°	45°	60°
2	最大挖土高度	H_1	m	6.5	7.9	8.0	9.0	9.0	10.0
3	最大挖土半径	R	m	7.8	7.2	9.8	9.0	11.5	10.8
4	最大卸土高度	H_2	m	4.5	5.6	5.5	6.8	6.0	7.0
5	最大卸土高度时卸土半径	R_2	m	6.5	5.4	8.0	7.0	10.2	8.5
6	最大卸土半径	R_3	m	7.1	6.5	8.7	8.0	10.8	9.6
7	最大卸土半径时卸土高度	R_3	m	2.7	3.0	3.3	3.7	3.75	4.7
8	停机面处最大挖土半径	R_1	m	4.7	4.35	6.4	5.7	7.4	6.25
9	停机面处最小挖土半径	R_1	m	2.5	2.8	3.3	3.6		

注：W_1-50：斗容量 0.5m^3；W_1-100：斗容量为 1m^3；W_1-200：斗容量为 2m^3。

单斗液压挖掘机正铲技术性能　　表 1.13

符　号	名　　称	单　位	WY60	WY100	WY1600
	铲斗容量	m^3	0.6	1.5	1.6
	动臂长度	m		3	
	斗柄长度	m		2.7	
A	停机面上最大挖掘半径	m	7.6	7.7	7.7
B	最大挖掘深度	m	4.36	2.9	3.2
C	停机面上最小挖掘半径	m			2.3

续表

符　号	名　　　　称	单　位	WY60	WY100	WY1600
D	最大挖掘半径	m	7.78	7.9	8.05
E	最大挖掘半径时挖掘高度	m	1.7	1.8	2
F	最大卸载高度时卸载半径	m	4.77	4.5	4.6
G	最大卸载高度	m	4.05	2.5	5.7
H	最大挖掘高度时挖掘半径	m	6.16	5.7	5
I	最大挖掘高度	m	6.34	7.0	8.1
J	停机面上最小装载半径	m	2.2	4.7	4.2
K	停机面上最大水平装载行程	m	5.4	3.0	3.6

开挖基坑一般采用正向工作面挖土，方便汽车倒车装土和运土，如图1.27（*b*）所示。

开挖土丘一般采用侧向工作面挖土，挖土机回转卸土的角度小，且避免汽车的倒车和转弯多的缺点，如图1.27（*a*）所示。

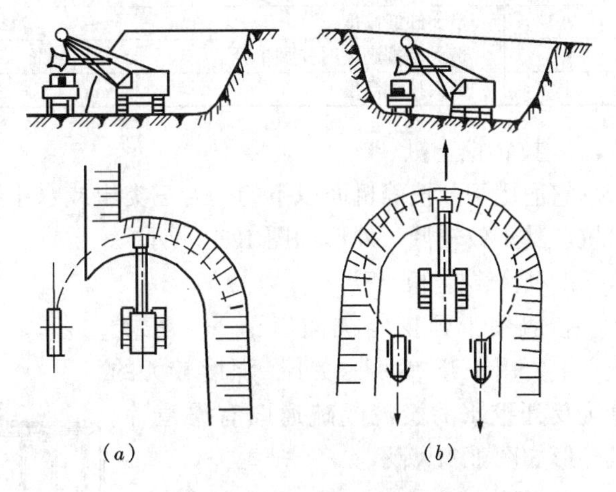

图1.27　正铲挖土机开挖方式
（*a*）侧向开挖；（*b*）正向开挖

b. 反铲挖土机

反铲挖土机开挖停机面以下的一~三类土方，其机身和装土都在地面上操作，受地下水的影响较小。它适用于开挖沟槽和深度不大的基坑，其外形如图1.28所示。反铲挖土机的技术性能见表1.14。反铲挖土机挖土方法通采用沟端开挖或沟侧开挖两种，如图1.29所示。

后者挖土的宽度与深度小于前者，但弃土距沟边较远。

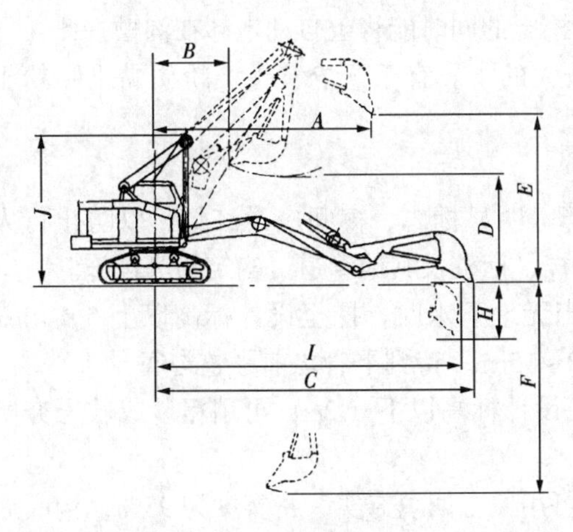

图1.28　反铲挖土机和外形

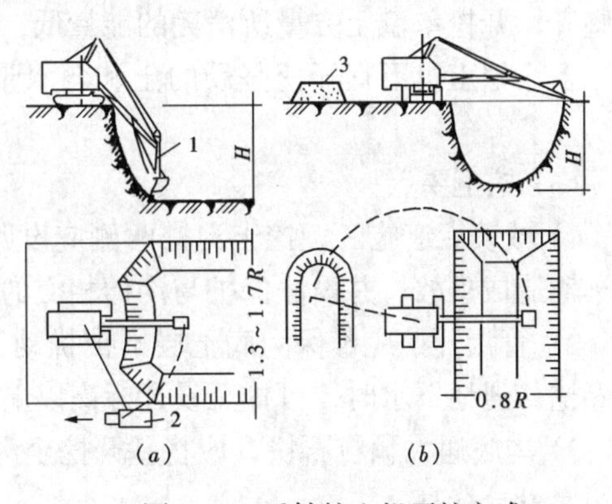

图1.29　反铲挖土机开挖方式
（*a*）沟端开挖；（*b*）沟侧开挖
1—反铲挖土机；2—自卸汽车；3—弃土堆

单斗液压挖掘机反铲技术性能　　表 1.14

符号	名　　称	单位	WY40	WY60	WY100	WY160
	铲斗容量	m^3	0.4	0.6	1~1.2	1.6
	动臂长度	m			5.3	
	斗柄长度	m			2	2
A	停机面上最大挖掘半径	m	6.9	8.2	8.7	9.8
B	最大挖掘深度时挖掘半径	m	3.0	4.7	4.0	4.5
C	最大挖掘深度	m	4.0	5.3	5.7	6.1
D	停机面上最小挖掘半径	m		8.2		3.3
E	最大挖掘半径	m	7.18	8.63	9.0	10.6
F	最大挖掘半径时挖掘高度	m	1.97	1.3	1.8	2
G	最大卸载高度时卸载半径	m	5.267	5.1	4.7	5.4
H	最大卸载高度	m	3.8	4.48	5.4	5.83
I	最大挖掘高度时挖掘半径	m	6.367	7.35	6.7	7.8
J	最大挖掘高度	m	5.1	6.025	7.6	8.1

c. 拉铲挖土机

它适用于开挖停机面以下的一~三类土或水中开挖，主要开挖较深较大面积的沟槽、基坑。其工效较低。外形如图 1.30 所示。

d. 抓铲挖土机

它适用于开挖停机面以下一~三类土，主要用于开挖面积较小，深度较大的基坑及开挖水的淤泥或疏通旧有渠道等。其外形如图 1.31 所示。

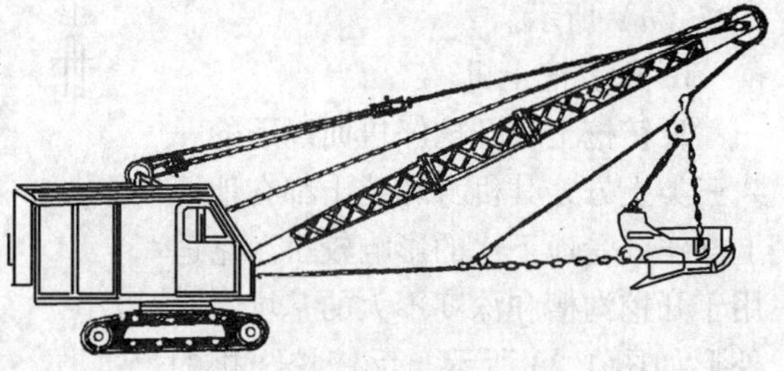

图 1.30　拉铲挖土机外形图

2) 多斗挖土机

多斗挖土机种类：按工作装置分，有链斗式和轮斗式两种；按卸土方法分，有装卸土皮带运输器和未装卸土皮带运输器两种。

多斗挖土机与单斗挖土机相比，其优点为挖土作业是连续的，生产效率较高；沟槽断面整齐；开挖单位土方量所消耗的能量低；在挖土的同时能将土自动地卸在沟槽一侧。

多斗挖土机不宜开挖坚硬的土和含水量较大的土。宜于开挖黄土、粉质黏土和粉土等。

(3) 挖土要点

1) 城镇街道施工，挖土沟槽两侧应设路障等明显标志，夜间应设红灯，以防止行人或车辆造成事故。并设法保护与沟槽相交的电杆、标桩及其他管道、构筑物等设施。

2) 管沟开挖应确保沟底土层不被扰动，当无地下水时，挖至设计标高以上 5~10cm 可停挖；遇地下水时，可挖至设计标高以上 10~15cm，待到下管之前平整沟底。

3) 沟底遇大颗粒石块，应将基开挖至沟底设计标高以下 0.2m，再用粗砂或软土夯实至沟底设计标高。

4) 挖土超挖在 15cm 以内且无地下水时，可用原土回填夯实，密实度为 95%；沟底遇地下水时，采用砂夹石回填。

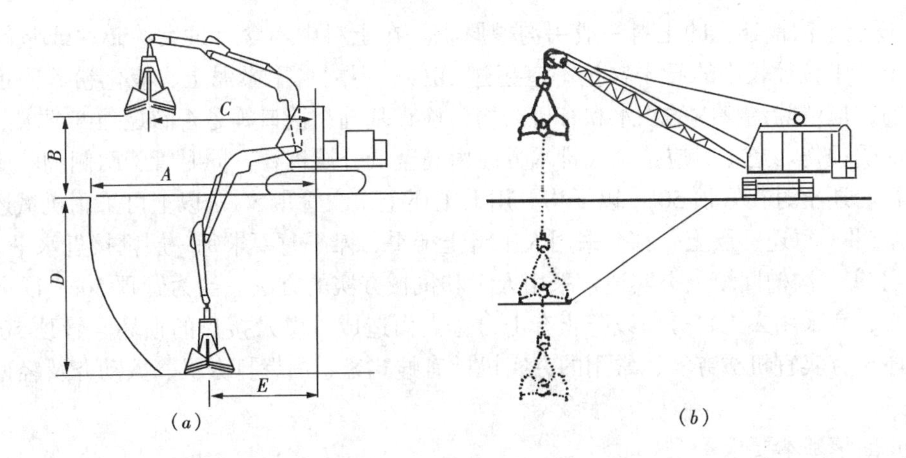

图 1.31　抓铲挖土机

（a）液压机抓铲机；（b）绳索式抓铲机

A—最大挖土半径；B—卸土高度；C—卸土半径；

D—最大挖土深度；E—最大挖土深度时的挖土半径

5）在湿陷性黄土地区开挖沟槽，尽量不在雨期施工，且在沟底以上预留 3.6cm 土层予以夯实。

6）当在深沟内挖土施工时，要注意沟壁的稳定情况，所有人员不得在沟槽内坐卧、休息，要在沟上设专人监视，并应采取措施，防止塌方伤人。

7）当沟边有电杆时，应加固支撑。

8）当挖土遇到管道时，应采取保护措施。

9）当沟槽位于旧坟区、沼泽地带时，要防止有害气体中毒。在有前兆的危险地区，隔较长时间再下沟槽前应向沟槽内投入小动物等方法证明气体无害后，才能下沟槽工作。

10）采用机械挖掘时，要求挖掘沟槽平直，管沟中心线要符合设计的要求。单斗挖掘机要采用倒退方式工作，沿所划的沟槽线挖掘。

11）采用机械管沟时，为保证不破坏基底土的结构，应在基底标高以上预留一层用人工清理。使用拉铲、正铲或反铲施工时，应保留 30cm 厚土层不挖。待下一工序开始前挖除。

12）在软土地区开挖基坑（槽）或管沟时，施工前必须做好地面排水和降低地下水位工作，地下水位应降至基底以下 0.5～1.0m，并应及时做好基础，尽量防止对基底的扰动，挖出的土不得堆放在边坡顶上。

13）管沟的开挖过程中，应经常检查管沟壁的稳定情况并及时安装管道。作好原始记录及绘出断面图。如发现基底土质与设计不符时，需经有关人员研究处理，并做出隐蔽工程记录。

3. 基坑、槽及管沟的土方回填

(1) 土方回填方法

基础及管道工程验收合格后应及时进行土方回填。以保证管道的正常位置，避免沟槽坍塌，而且尽可能早日恢复地面交通。回填施工包括还土、摊平、压实、检查等施工过程。

1）还土　沟槽还土的土料一般用沟槽原土。在土料中不含有过大的砖块或坚硬的土块；在土料中粒径较小的石子含量不应超过10%；不能采用淤泥土、液化粉砂回填。沟槽还土前，应清除沟槽内的积水和有机杂物，检查基础，接口等是否满足强度要求。以防因还土而受损伤。还土时应按基底排水方向由高至低分层进行，同时管子两侧胸腔应同时分层进行。还土时在管顶50cm以下均要用人工还土，在管顶50cm以上可采用机械还土。

2）摊平　每还一层土，都要采用人工将土摊平，摊平时要求每一层都接近水平。

3）压实　沟槽回填土夯实通常采用人工和机械夯实的方法。当为管顶50cm以下部分还土夯实，宜采用人工轻夯，以防止夯击力过大而造成管壁及接口的损坏。管顶50cm以上部分还土夯实宜机械夯实，常用的夯实机械有蛙式夯、内燃打夯机、振动夯及轻型压路机等。

（2）回填基本要求

1）当施工管道完成后，将管道两侧及管顶以上0.5m部分回填，留出接口的位置。管道质量检验合格后，将剩余土方回填。一般地段回填土要夯实，靠自然沉实时，回填土要预留一定的沉降量，一般沉降量可按填方高度的30%预留。

2）回填前，管沟骨的支撑应依次拆除。管道两侧及管顶0.5m内的回填土宜轻夯。采用推土机回填时，推土机不得在管道上行驶压实。回填土每层不宜超过0.3m。

3）冬季回填时，一般不允许回填冻土。管沟上的结冰和积雪在回填前应予以清除。回填土已完全冻实的地区，回填工作应在春季进行。因工程需要已回填冻土，其管道试水完毕须将管道的水全部放光，以防冻管。试水后正常投入使用的管道，要保证管内水处于经常流动状态。

（3）回填的技术要求

1）管沟槽填方的技术要求见表1.15。

2）沟槽填方的施工要点见表1.16。

沟槽填方要求　　表1.15

填方部位	密实度要求	
胸腔部分填方	密实度应达95%	
管顶以上0.5m厚度内填方	密实度应达85%	
管顶以上0.5m至地面部分填方	当年修路时	密实度应达95%
	当年不修路时	密实度应达90%

沟槽填方要点　　表1.16

回填部位	回填要点
胸腔部分回填	1. 管两侧应同时回填，以防管线产生位移； 2. 只能采用人工夯实，每次填方厚15cm；用尖头铁锤夯打3遍，做到夯夯相连； 3. 夯填中不得掺有碎砖、瓦砾等杂物直径大于10cm的土块
管顶以上回填	1. 对管顶以上50～80cm以内的覆土，采用小铁锤夯打； 2. 管顶以上80cm以上，可采用蛙式打夯机夯填，每层虚厚30cm

3）每层土夯实后，应测定其干密度，计算其压实度，沟槽回填土的压实度标准见表1.17。沟槽回填完毕后，土面应略呈拱形，拱高为槽上口宽的1/20，常取15cm。

1.3.4 水下土石方施工

1. 水下土石方开挖

（1）开挖方法的选择

水下土石方开挖通常有挖泥船开挖、压缩空气吸泥开挖和爆破法开挖。当开挖砂土、淤泥且沟槽要求严格时可采用吸杨式或链斗式机械；当开挖黏土、淤泥、砾石和卵石时宜采用抓斗式机械。压缩空气吸泥机应用于各种土质，ϕ250 的吸泥机还可开挖夹有大粒径的卵石；水下石质宜采用爆破法施工。

（2）水下沟槽开挖的规定

1）沟槽底宽应根据管道结构的宽度、开挖方法和水底泥土流动性确定。成槽后，管道中心线距边坡下角处每侧开挖宽度应符合下式规定：

$$B/2 \geqslant D_1/2 + b + 500 \tag{1-20}$$

式中 B——管道沟槽底部的开挖宽度，mm；

D_1——管外径，mm；

b——管道保护层及沉管附加物等宽度，mm。

2）沟槽边坡应根据土质情况、水流速度、水流方向、沟槽深度及开挖方法确定，并满足管道下沉就位时的要求。在沟槽开挖中除对管道中心线、沟槽底宽和边坡控制外，还应控制槽底的平整度。

沟槽回填土的压实度标准 **表 1.17**

<table>
<tr><td colspan="3" rowspan="4">项　目</td><td rowspan="4">压实度%
（轻型击实试验法）</td><td colspan="2">检验频率</td><td rowspan="2">检验方法</td></tr>
<tr><td>范　围</td><td>点　数</td></tr>
<tr><td>两井之间</td><td>每层一组
（3 点）</td><td>用环刀法检验</td></tr>
<tr><td>两井之间</td><td>每层一组
（3 点）</td><td>用环刀法检验</td></tr>
<tr><td colspan="4">胸腔部分</td><td rowspan="5">两井之间</td><td rowspan="5">每层一组
（3 点）</td><td rowspan="5">用环刀法检验</td></tr>
<tr><td colspan="4">管顶以上 500mm</td></tr>
<tr><td rowspan="3">管顶 500mm 以上至地面</td><td rowspan="3">当年修路按路槽以下深度计</td><td>0～800mm</td><td>高级路面
次高级路面
过渡式路面</td></tr>
<tr><td>800～1500mm</td><td>高级路面
次高级路面
过渡式路面</td></tr>
<tr><td>>1500mm</td><td>高级路面
次高路面
过渡式路面</td></tr>
</table>

注：1. 本表系按道路结构分类确定回填土的压实度标准。
2. 最佳压实度检验办法详见有关标准。
3. 高级路面为水泥混凝土路面、沥青混凝土路面、水泥混凝土预制块等。次高级路面为沥青表面处理路面、沥青贯入式路面、黑色碎石路面等。过渡式路面为泥结碎石路面、级配砾石路面等。
4. 如遇到当年修路的快速路和主干路时，不论采用何种结构形式，均执行上列高级路面的回填土压实度标准。

3）开挖的槽的泥土应抛在与河相交沟槽断面的下面。回填后，多余的土应外运，不得堆在河道内。

4）岩石沟槽开挖前，必要时应进行试爆。

5）沟槽开挖好后，应测量槽底高程和沟槽横断面，检查是否符合设计要求。

6）测定位桩应设置基础高程标志，由潜水员下水检验和整平。

7）沟槽挖至槽底或基础施工完成后，经检验合格应及时铺设管道。

2. 水下土石方回填

(1) 水下沟槽回填应在槽底经验查无损伤，管道位置、高程及水压试验合格后进行。

(2) 水下部位的沟槽应连续回填满槽；水上部位应分层回填夯实。

(3) 回填沟槽的材料应根据河道水流情况确定。

(4) 回填时，先用砾石抛下固定两端弯头处，然后用土或砂回填管道两侧部位，直至河底高程。

(5) 回填时可以采用原开挖沟槽的设备，也可采用潜水工在水下操纵水枪回填。

(6) 为防止管道被强力水流冲移，可用桩加固。

(7) 管道回填完以后，进行水压试验，以检验最后的施工质量。

1.4 土石方爆破施工

在土方工程施工中，开挖坚硬土层或冻土和岩石的沟槽、基坑、隧道及清除地面或水下障碍物时多采用爆破施工法。

爆破施工前，应根据工程要求、地质条件、工程量大小和施工机械、周围环境等因素合理地选用爆破材料和爆破方法。

1.4.1 爆破材料

爆破工程所用的爆破材料，应根据使用条件选用，并符合现行国家标准及行业标准。

1. 炸药

炸药是一种由可燃元素（碳和氢）及含氧元素组成的化合或混合物，在外界因素作用下（加热、振动、撞击、磨擦、引爆）产生爆炸。炸药爆炸的化学反应很快，能产生大量热和气体，使周围介质受到压缩和破坏。

炸药分为引爆炸药和破坏炸药两种。引爆炸药是一种高敏感性的烈性炸药，很容易爆炸，一般用于制作雷管、导爆索和引爆药包。引爆炸药主要有雷汞［$Hg(CNO)_2$］、叠氮铅［$Bb(N_3)_2$］等。

破坏炸药是爆破作业中的主炸药，其敏感度小、威力大，便于大量保管和使用，只有在引爆炸药的引爆下才能发生爆炸。常用的有：

(1) 岩石硝铵炸药　其主要成分是硝酸铵、梯恩梯和木炭粉。根据组成的比例不同，分1号、2号两种。其原料来源广，价格便宜，威力强，对冲击摩擦不敏感，长时间加热后慢慢燃烧，离火即熄灭，适用于爆破中等硬度以下岩石。建筑工程爆破施工中主要采用2号岩石硝铵炸药。

(2) 露天硝铵炸药　有1号、2号、3号三种，这种炸药爆炸后产生有毒气体较多，只可在露天爆破工程中使用。

(3) 铵油炸药　由硝酸铵（95%）与柴油（4%～6%）混合而成，有1号、2号、3号三种。其爆炸威力稍低于2号岩石硝铵炸药。但成本最低，工地多自制，用于露天爆破施工。

(4) 胶质炸药　属于硝化甘油类炸药，为黄色塑性体。其爆速高、威力大，适用于爆破坚硬的岩石。此炸药较敏感，并在8～10℃时冻结。在半冻结时，敏感度极高，因此适用于温度在10℃以上的地区。它不吸水，可以用于水中爆破。

(5) 梯恩梯（T.N.T）炸药　其成分为三硝基甲苯，呈淡黄色或黄褐色结晶，不溶于水，可用于水下爆破，但在水中时间太长会影响爆炸力。对撞击和摩擦的敏感度不大。爆炸后产生有毒一氧化碳，宜用于露天爆破。

2. 药包计算

药包的重量叫做药包量。药包按爆破作用分为内部作用药包、松动药包、抛掷药包（包括标准抛掷药包和加强抛掷药包）以及裸露药包，如图1.32所示，内部作用药包，就是药包爆炸时，只作用于地层内部，不显露到临空面。松动药包只能使介质破坏到临空面，但破碎了的介质并不产生抛掷运动，而只是在原来位置的附近有一个较小距离的移动。抛掷药包的作用是形成爆破漏斗。裸露药包是指放在石块或其他物体表面上的药包，它的爆炸可以使爆破对象破碎或飞移。

药包量的大小，要根据岩石的软硬、缝隙情况、临空面的多少、预计爆破的石方体积、以及现场的施工经验来确定。其计算的基本原理，是假定药包量的大小与被爆破的岩石体积和岩石的坚实程度成正比。

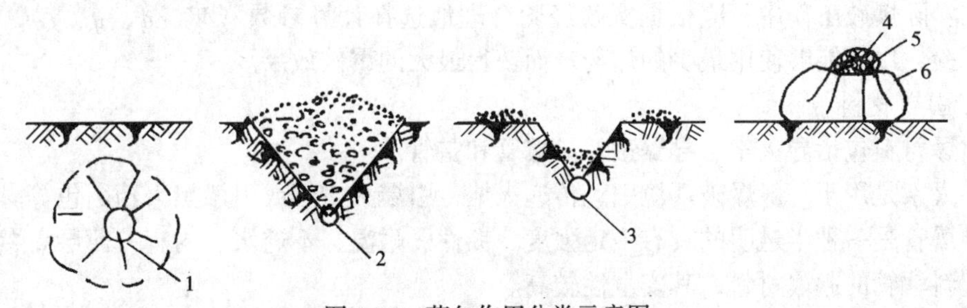

图1.32　药包作用分类示意图

1—内部作用药包；2—松动药包；3—抛掷药包；4—裸露药包；5—覆盖物；6—被爆破物体

(1) 标准抛掷药包量计算

在标准抛掷药包爆破的情况下，所爆破的岩石体积，即为标准爆破漏斗的体积，即：

$$V \approx 1/3\pi r^2 W \approx 1/3\pi W^3 \approx W^3$$

所以

$$Q = qW^3 e \tag{1-21}$$

式中　V——被爆破的岩石体积，m^3；

Q——药包量，kg；

q——标准抛掷药包的炸药单位消耗量，按所爆破的岩石的体积计，kg/m^3（表1.18）；

e——炸药换算系数，表1.19；

r——爆破漏斗半径；

W——药包中心到临空面的的最短距离。

标准抛掷药包的炸药单位消耗量 q 值　　表 1.18

土的类别	一、二	三、四	五、六	七	八
q（kg/m^3）	0.95	1.10	1.25～1.40	1.60～1.90	2.0～2.20

炸药换算系数 e　　表 1.19

项　次	炸药名称	型　号	e	项　次	炸药名称	型　号	e
1	露天硝铵	1号、2号	1.00	7	胶质硝铵	1号、2号	0.78
2	煤矿硝铵	1号	0.97	8	硝酸铵		1.35
3	煤矿硝铵	2号	1.12	9	铵油炸药		1.00～1.20
4	煤矿硝铵	3号	1.16	10	苦味酸		0.90
5	岩石硝铵	1号	0.80	11	黑火药		1.00～1.25
6	岩石硝铵	2号	0.88	12	梯恩梯		0.92～1.00

(2) 加强抛掷药包量计算

爆破成加强抛掷漏斗的药包，叫做加强抛掷药包。该药包量计算式为：

$$Q = (0.4 + 0.6n^3)qW^3e \tag{1-22}$$

式中　n—爆破作用指数；q、W、e 同前。

(3) 松动药包量计算

只作松动爆破的药包，叫做松动药包。该药包量为：

$$Q = 0.33qW^3e$$

在实际爆破工作中，应根据实践经验合理地选择计算参数（W、n、q、e），并通过现场试验，以便能够使用最少的炸药量而获得最大的爆破效果。

3. 引爆材料

引爆材料包括导火索、导爆索、导爆管和雷管。

导火索是用于一般爆破环境中，传递火焰，引爆火雷管或引燃黑火药药包等。

导爆管是一种半透明的具有一定强度、韧性、耐温、不透水、内有一薄层高燃混合炸药的塑料软管的起爆材料，其安全性较高。

雷管是用来引爆炸药或导爆索的。雷管分为火雷管和电雷管两种。

要使引爆的效果良好，安全性高，就必须掌握引爆材料的性能及使用时的注意事项。

1.4.2　土石方爆破施工

土石方工程爆破时，通常采用炮孔爆破、药壶爆破、深孔爆破、小洞室爆破等方法。在给水排水工程中，一般多采用炮孔爆破法施工。

炮孔爆破法是在岩石内钻直径 25～46mm，深度 5m 以内的直孔，然后装进长药包进行爆破的施工过程。

1. 爆破前的安全准备工作

(1) 建立指挥机构，明确爆破人员的职责和分工；

(2) 在危险区内的建筑物、构筑物、管线、设备等，应采取安全保护措施，防止爆破时发生破坏；

(3) 防止爆破有害气体、噪声对人体的危害；

(4) 在爆破危险区的边界设立警戒哨和警告标志；

(5) 将爆破信号的意义、警告标志和起爆时间通知附近居民。

2. 炮孔的布置

炮孔布置时，应避免穿过岩石裂缝、孔底与裂缝应保持 20～30cm 的距离。炮孔多按三角形布置，如图 1.33 所示。炮孔的间距应根据岩石的特征、炸药种类、抵抗线长度和起爆顺序等确定，一般为最小抵抗线性能、装药直径、起爆方法和地质条件等确定，一般为装药直径的 20～40 倍。炮孔深度应不小于抵抗线长度，沟槽爆破时炮孔深度应不超过沟槽上口宽度的 0.5 倍。否则应分层爆破。

炮孔方向应避免与临空面垂直，最好与水平临空面斜交呈 45°，与垂直临空面成 30°，使炸药威力易向临空面发挥。

3. 钻凿炮孔

钻凿炮孔可以用人工方法。使用钢钎打孔或采用钻机钻孔。

4. 炮孔装药

炮孔装药前，应检查炮孔的深度、直径、方向、位置是否符合设计要求，并将炮孔清理干净。

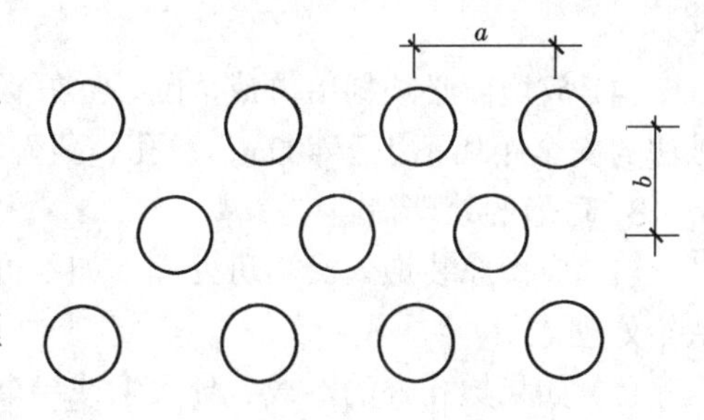

图 1.33　炮孔布置形式

装药时，应细心地按设计规定的炸药品种、数量装药，不得投掷，严禁使用铁器用力挤压和撞击，宜用木棒或铜棒分层捣实，然后插入导火索，用干土压在药包上，并用黏土封孔。

5. 起爆

用导火索和火雷管起爆方法简单，但不易使各炮同时起爆，操作危险也大，还会因接头不好发生拒爆现象。起爆点火应符合下列规定：

(1) 宜采用一次点火；

(2) 多人点火时，应由专人指挥，各点火人员应明确分工；

(3) 一人点火数超过 5 个或者多人点火时，应使用信号导火索控制点火时间。

用电雷管起爆安全可靠，但操作复杂。电爆网路有串联、并联、混联三种形式，常用串联网路。

电雷管必须使用同厂、同批、同牌号的，电雷管间导线电阻、导线绝缘性能、线芯截面积均应符合设计要求。导线在连接时，应将线芯表面擦净并连接牢固，防止接错、漏接和接触地面。

1.4.3　土石方爆破安全措施

爆破施工是一种危险作业，必须注意安全。对于爆破作业的每一道工序，要按有关规范、操作规程有组织、有计划、有步骤地进行施工。

1. 爆破器材储存和运送的安全措施

爆破材料的运输、贮存和领取，必须严格按规章制度执行。

爆破器材仓库必须干燥、通风、温度保持在 18～30℃之间，其周围 5m 范围内，须清除一切树木和干草。仓库内须有消防设备。仓库必须离开工厂和住宅区 800m 以上。炸药和雷管须分开存放，不同性质的炸药也不要放在一起，尤其是硝化甘油类炸药必须单独储存。仓库要有专人保卫，严防发生事故。

雷管和炸药必须分开运送，不得同车装运，搬运人员须彼此相距10m以上，严禁把雷管放在口袋内，中途不得在非规定的地点休息或逗留。如为汽车运输时，相距不小于50m，行驶速度不得超过20km/h。中途停车地点须离开民房、桥梁、铁路200m以上。

2. 爆破施工的安全措施

(1) 装药必须用木棒把炸药轻轻压入炮孔，严禁冲捣和使用金属棒；堵塞炮泥时，切不可击动雷管。

(2) 炮孔深度超过4m时，须用两个雷管起爆；如深度超过10m，则不得用火花起爆。

(3) 在闪电鸣雷时，禁止装药、安装电雷管和连接电线等操作，如装半截，应迅速将雷管的脚线和电线的主线两端连成短路。此时，所有工作人员离开装药地点，隐蔽于安全区。

(4) 放炮前必须划出警戒范围，立好标志，并有专人警戒。裸露药包、深孔、洞室爆破法的安全距离不小于400m；浅孔、药壶爆破法不小于200m。

3. 瞎炮的处理措施

(1) 应由原装炮人员当班处理，如不可能时，原装炮人员应现场将装炮的详细情况交待给处理人员。

(2) 如果炮孔外的电线、导火索或导爆索经检查完好，可以重新起爆。

(3) 可用木制或竹制工具将堵塞物轻轻掏出，另装入雷管或起爆药卷重新起爆。绝对禁止拉动导火索或雷管脚线，以及掏动炸药内的雷管。

(4) 如系硝铵炸药，可在清除部分堵塞物后，向炮孔内灌水，使之溶解，或用压力水冲洗，重新装药爆破。

(5) 距炮眼近旁40cm以上（深孔时不少于2m）处打一平行于原炮孔的炮孔，装药爆破。但如果不知道原炮孔的位置，或附近可能有其他瞎炮时，此法不得采用。

1.5 土石方工程冬、雨期施工

1.5.1 土石方工程的冬期施工

土石方冻结后开挖困难，施工复杂，需要采取一些特殊的施工方法，如土壤的保温法，冻土破碎法。

1. 土壤保温法

在土壤冻结之前，采取一定的措施使土壤的冻结或减少冻结深度，常采用耙松法和覆盖法。

(1) 表土耙松法

将表层土翻松，作为防冻层，减少土壤的冻结深度。根据经验，翻松的深度应不小于30cm。

(2) 覆盖法

用隔热材料覆盖在开挖的沟槽（基坑）上面，作为保温层以缓解减少冻结。常用的保温材料一般为干砂、锯末、草帘、树叶等。其厚度视气温而定，一般为15～20cm。

2. 冻土破碎法

冻土破碎采用的机具和方法，应根据土质、冻结深度、机具性能和施工条件等确定，常用重锤击碎、冻土爆破等方法。

(1) 重锤击碎法

重锤可由吊车做起重架，重锤自由下落锤击冻结的土壤。重锤击碎法适用于冻结深度较小的土壤。

重锤击土振动较大，在市区或靠近精密仪表、变压器等处，不宜采用。

(2) 冻土爆破法

冻土爆破法常用炮孔爆破。炮孔垂直设置，炮孔深度一般为冻土层厚度的0.7~0.8倍，炮孔间距和排距应根据炸药性能、炮孔直径和起爆方法等确定。

在施工中只要计划周密，措施得当，管理妥善，避免安全事故的发生，就可以加快施工速度，收到良好的经济效益。

3. 回填

由于冻土孔隙率比较大，土块坚硬，压实困难，当冻土解冻后往往造成很大沉降，因此冬期回填土时应注意以下几点：

(1) 室外沟槽可用含有冻土块的土回填，但冻土块体积不超过填土总体积的15%；

(2) 管沟底至管顶0.5m范围内不得含有冻土块的回填土；

(3) 位于铁路、公路及人行道路两侧范围内的平整填方，可用含有冻土块的土分层回填，但冻土块尺寸不得大于15cm，而且冻土块的体积不得超过回填土总体积的30%，

(4) 冬期土方回填前，应清除基底上的冰雪和保温材料；

(5) 冬期土方回填应连续分层回填，每层填土厚度一般为20cm左右。

1.5.2 土石方工程的雨期施工

雨水的降落，增加了土的含水量，施工现场泥泞，增加了施工难度，施工工效降低，施工费用增加，因此，要采取有效措施，搞好雨期施工。

1. 雨期施工的工作面不宜过大，应逐段完成，尽可能减少雨水对施工的影响；

2. 雨期施工前，应检查原有排水系统，保证排水畅通，防止地面水流入沟槽，应在沟槽地势高一侧设挡土墙或排水沟。

3. 雨期施工时，应落实技术安全措施，保证施工质量，使施工顺利进行。

4. 雨期施工时，应保证现场运输道路畅道，道路路面应加铺炉碴、砂砾和其他防滑材料；

5. 雨期施工时，应保证边坡稳定。边坡应缓一些或加设支撑，并加强对边坡和支撑的检查；

6. 雨期施工时，对横跨沟槽的便桥应进行加固，钉防滑木条。

1.6 土石方工程质量检验及安全技术

1.6.1 土石方工程的质量要求

1. 沟槽（基坑）的基底的土质，必须符合设计要求，严禁扰动；

2. 填方的基底处理，必须符合设计要求和施工质量验收规范的规定；

3. 填方时，应分层夯实，其控制干密度或压实系数应满足设计要求；

4. 土方工程开挖的外形尺寸的允许偏差及检验方法见表1.20。

土方工程外形尺寸的允许偏差及检验方法　　表 1.20

项	序	项目	允许偏差或允许值					检验方法
			柱基基坑基槽	挖方场地平整		管沟	地（路）面基层	
				人工	机械			
主控项目	1	标　高	－50	±30	±50	－50	－50	水准仪
	2	长度、宽度（由设计中心线向两边量）	＋200 －50	＋300 －100	＋500 －150	＋100	—	经纬仪，钢尺
	3	边　坡	设计要求					观察及坡度检查
一般项目	1	表面平整度	20	20	50	20	20	用 2mm 靠尺和楔形塞尺检查
	2	基底土性	设计要求					观察或土样分析

注：地（路）面基层的偏差只适用于直接在挖、填方上做地（路）面的基层．表中单位为 mm。

5. 土方回填施工结束后，应检查标高、边坡坡度、压实程度，检验、标准应符合表 1.21 的规定。

填土工程质量检查标准（mm）　　表 1.21

项	序	检查项目	允许偏差或允许值					检验方法
			柱基基坑基槽	挖方场地平整		管沟	地（路）面基层	
				人工	机械			
主控项目	1	标　高	－50	±30	±50	－50	－50	水准仪
	2	分层压实系数	设计要求					按规定方法
一般项目	1	回填土料	设计要求					取样检查或直观鉴别
	2	分层厚度及含水量	设计要求					水准仪及抽样检查
	3	表面平整度	20	20	30	20	20	用靠尺或水准仪

1.6.2　土石方工程的安全技术

1. 了解场地内的各种障碍物，在特殊危险地区中，挖土应采用人工开挖，并做好安全措施。

2. 开挖基槽时，两人操作间距应不小于 2.5m，多台机械开挖时，挖土机间距应不小于 10m，挖土应由上而下，逐层进行，严禁采取先挖底脚或掏洞的操作方法。

3. 跨过沟槽的通道尖有便桥，便桥应牢固可靠，并设有扶手栏杆和防滑条。

4. 在市区主要干道下开挖沟槽时，在沟槽两侧应设有护屏，对横穿道路的沟槽，夜间应设有红色信号灯。

5. 开挖沟槽时，应根据土质和挖深严格按要求放坡，开挖后的土应堆放在距沟槽上口边缘 1.0m 以外，堆土高度不超过 1.5m。

6. 在较深的沟槽下作业时应带安全帽，应设上下梯子。

7. 吊运土方时，所用工具应完好牢固，起吊时下方严禁有人。

8. 当沟槽开设支撑后，严禁人员攀登，特别是雨后应加强检查。

9. 开挖沟槽时应随时注意土壁变化情况，如有裂纹或部分坍塌现象时，应及时采取措施。

10. 所需材料的堆放距沟槽上口边缘 1.0m 以外的距离。

11. 沟槽回填时，支撑的拆除应与回填配合进行，在保证安全的前提下，尽量节约材料。

12. 当土石方工程施工难度大时，要编制安全施工的技术措施，向施工人员进行技术交底，严格按施工操作规程进行。

复习思考题

1. 土石方工程施工的特点是什么？

2. 什么是土的天然含水量？对土方施工有什么影响？

3. 什么是土的可松性？如何表示，有什么用途？

4. 如果将 $400m^3$ 粉质砂土开挖运走，实际需运走的土是多少？如果需要回填 $400m^3$ 的粉质砂土，问需要挖方的体积是多少（$K_s = 1.10$，$K_s/ = 1.02$）？

5. 在工程上土如何分类？

6. 土方调配意义及其基本原则是什么？

7. 土方开挖常用哪几种机械？各有什么特点？

8. 试述影响填方压实的因素？怎样控制压实程度？

9. 沟槽断面有几种形式？选择断面形式应考虑哪些因素？

10. 各种支撑方法及适用条件是什么？

11. 沟槽土方回填的注意事项及质量要求？

12. 常用的爆破方法有几种？选用时考虑哪些因素？

13. 叙述土方冬、雨期施工的注意事项？

14. 结合测量课计算给水排水场地土方规划的土方量，并进行土方调配。

15. 某处开挖（人工法）一段污水管道沟槽，长度 60m，土质为三类土，管材为混凝土管，管径 $D = 500mm$，沟槽始端挖深为 3.5m，末端挖深 4m，试计算其土方量。

第2章　施工排、降水

给水排水工程的排、降水，指的是排除影响施工的包括雨水在内的地表水和施工现场的地下水位等。

在砂性土、粉土和黏性土中开挖基坑或沟槽时，由于地下水渗出而产生的流沙、塌方、管涌、土体变松等现象以及地表水流入坑（槽）内，会导致坑（槽）内施工条件恶化，严重时会使地基土承载力下降，最终结果是使给水排水管道、新建的构筑物或附近已建构筑物遭到破坏。因此，施工排、降水是给水排水工程和地下工程施工的关键工作，特别是对于某些深埋工程（如沉井、顶管等），其工程的成败及施工质量，往往取决于施工排、降水措施的正确与否。

施工排、降水的方法由于地理环境、地质及水文地质等情况的不同有很多种。一般可根据地质情况、土层渗透系数以及坑（槽）的深度、占地面积来选择适当、有效的排、降水手段。见表2.1、表2.2所示。

无论采用哪种方法，都应排除施工范围内影响施工的降雨积水及其他地表水，将地下水位降至坑（槽）底以下一定深度，以改善施工条件，并保证坑（槽）边坡稳定，避免地基土承载力下降。

渗透系数经验值　　表2.1

地　层	地层颗粒		渗透系数(m/d)	地　层	地层颗粒		渗透系数(m/d)
	粒径（mm）	所占重量（%）			粒径（mm）	所占重量（%）	
黏　土	<0.002	>50	<0.005	粗　砂	0.5~1.0	>50	25~50
重亚黏土			0.005~0.05	极粗的砂	1~2	>50	50~100
轻亚黏土			0.05~0.1	砾石夹砂	（砂砾石）		75~150
亚黏土			0.1~0.25	带粗砂的砾石			100~200
黄　土			0.25~0.5	漂砾石			200~500
粉土质砂			0.5~1	圆砾大漂石			500~1000
粉　砂	0.05~0.1	70以下	1~5	均质中砂			35~50
细　砂	0.1~0.25	>70	5~10	均质粗砂			60~75
中　砂	0.25~0.5	>50	10~25	卵　石	3~70		100~500

施工排、降水方法及特点　　表2.2

种　类	土层渗透系数(m/d)	降低水位深度(m)	种　类	土层渗透系数(m/d)	降低水位深度(m)
明沟排水	除细砂土外适用各种土质		电渗井点	<0.1	5~6
单层轻型井点	0.1~50	3~6	喷射井点	0.1~50	8~20
多层轻型井点	0.1~50	6~12	深　井	10~250	>15

2.1 明 沟 排 水

对于面积较大、水量较多、挖深较浅的明挖基坑或沟槽的排、降水工作以及排除降雨等地表水可以选用明沟排水。它是一种简便、经济而有效的排、降水方法。

明沟排水是将流入坑（槽）内的水，经排水明沟（暗沟或盲管）汇集到集水井，由水泵抽走的排水方法。常用的方法有截水明沟排水和坑（槽）内明沟（暗沟或盲管）排水等。

2.1.1 截水明沟排水

在土层渗透系数较大，涌水量较大的条件下开挖较浅的坑（槽）时，可采用截水明沟进行排水。应用截水明沟进行排水，就是在坑（槽）开挖前，在坑（槽）四周距坑（槽）上口边沿约 10m 处开挖明沟，用于拦截地下水及地表水。截水明沟深度为 1.5～2.5m，其横断面及宽度、坡度、纵向坡度由土质及涌水量确定。明沟与集水井连接，将截留的水排至集水井，由水泵排出。水泵应连续工作，不得中断，以保证明沟底以上土层中的地下水能被截留在沟内排除，而不渗流到坑（槽）中去。如图 2.1 所示。

截水明沟排水特别适用于在农田、草地及降水量较大的地区开挖 2m 以内的坑（槽）时使用。

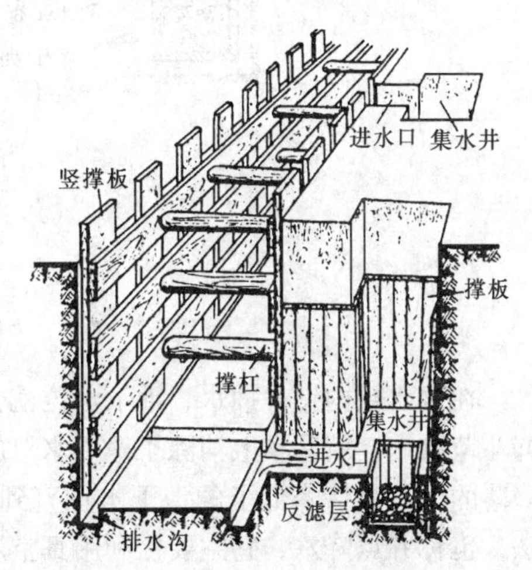

图 2.1　截水明沟断面图

2.1.2 基坑（槽）内明沟排水

基坑（槽）开挖采用明沟排水时，应分层下挖，即先进行基坑（槽）的开挖，当开挖到接近地下水位时，在基坑（槽）的适当位置挖设集水井并安装水泵，然后在基坑四周（沟槽一般在中间）开挖临时排水沟，使地下水经排水沟汇集到集水井并由水泵排出，继续开挖排水沟两侧的土，当挖掘面接近排水沟底时，再加深排水沟，直到基坑（槽）底到达设计标高为止。排水沟底要始终保持比土基面低不小于 0.3m。当坑（槽）面积较大时，可挖设纵横交错的多条临时排水沟。排水沟应以 3%～5%的坡度坡向集水井，使地下水不断的流入排水沟，再汇集到集水井，由水泵排除。

挖土顺序应从集水井、排水沟处逐渐向远处挖掘，使基坑（槽）开挖面始终不被水浸泡。

集水井一般位于地下水或地表水上游，基坑（槽）的一侧，并在构筑物基础范围以外 1～2m 处，以防扰动、破坏地基土。如图 2.2 所示。

集水井一般为圆形或方形，直径或宽度为 0.7～0.8m。其井底深度应比排水沟底低不小于 1.2m。集水井容积应满足排水泵停止排水 20min 后井内的水不外溢。集水井的间距根据地下水量确定，通常间距采用 40～150m。

集水井常用的施工方法有两种。一是挖筑法，即按需要的断面和深度挖掘集水井基坑，为防止开挖时或开挖后井壁的塌方，可用木板支护或用砖干砌成井。二是下沉法，采用沉井的施工方法施工集水井，即将用作集水井的圆管置于适当位置，在管内挖土并运出，使圆管逐步下沉到设计标高。为防止井底出现管涌现象，集水井底一般需要用混凝土封底或铺设0.3m厚的卵石或碎石组成反滤层。

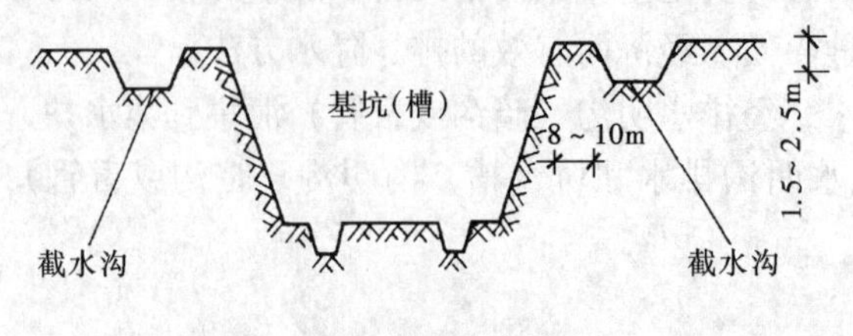

图2.2　基槽内明沟排水

为保证大面积基坑的排水和充分利用基坑（槽）内排水沟所占的面积，也可将排水明沟做成暗沟、盲沟或盲管。见图2.3所示。当渗水量较少时，可采取盲沟排水。当渗水量较大，盲沟排水不能满足要求时，可采用盲管排水。

明沟排水施工简单，占用设备较少，造价较低。但是并没有彻底消除由于地下水渗入坑槽而引起的问题，因此它不是完善的施工排水方法。它适用于少量地下水的排除，以及槽内地表水和雨水的排除。

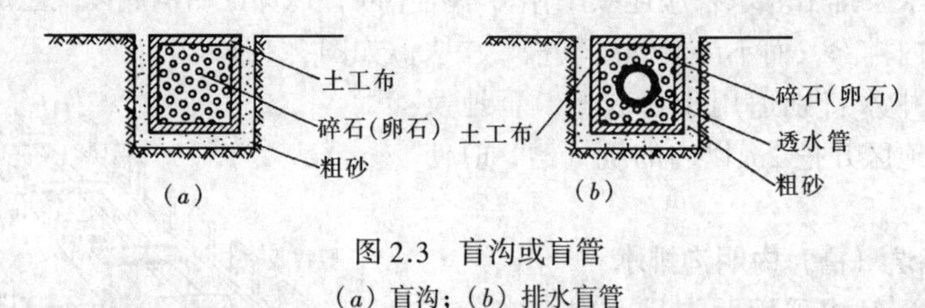

图2.3　盲沟或盲管
(a) 盲沟；(b) 排水盲管

2.2　人工降低地下水位

在含水层内钻井抽水，地下水位就会降落，形成降落漏斗，如果基坑（槽）位于降落漏斗范围内，就基本上消除了地下水对施工的影响，地下水位是在基坑（槽）开挖前预先降落的，并维持降低了的地下水位直到基坑（槽）回填。这种方法称人工降低地下水位法，也称井点降水，它主要是利用真空原理排除土中的自由水，从而达到降低地下水位，疏干土中含水的目的。

人工降低地下水位的方法根据土层性质和允许降深的不同，可分为轻型井点、喷射井点、电渗井点、深井井点等。

2.2.1　轻型井点降水

轻型井点降水，设备及施工较为简单，技术可靠，是基坑（槽）降低地下水位的一种常用方法。

1. 轻型井点系统的组成

轻型井点系统由井点滤管、直管、弯联管、总管和抽水设备组成。如图2.4、2.5所示。

(1) 井点滤管

井点滤管是轻型井点的主要组成部分，埋设在含水层内。一般采用直径50mm左右的镀锌带孔钢管制成，长度为1.2～2.0m。其上下两端带螺纹，用管箍与上方的井点直管及下方的管堵或沉砂管连接。滤管管壁上的孔眼按三角形排列布置，孔径为 8.0 ~ 12.0mm，孔眼的总面积为滤管壁总面积的 1/4 ~ 1/5。为防止土颗粒进入滤管，一般在滤管外包 1 ~ 2 层滤网，滤网的材料和网眼的规格应根据含水层中土颗粒粒径和地下水水质而定。一般可采用黄铜丝网、钢丝网、尼龙丝网、玻璃丝网、塑料网、棕絮或筛绢（生丝布）等制成。如图 2.6 所示。同时，为了减少土颗粒涌入井内，提高土的渗透性，还可以在滤管周围建立厚度为 100 ~ 150mm 的砂砾石过滤层。

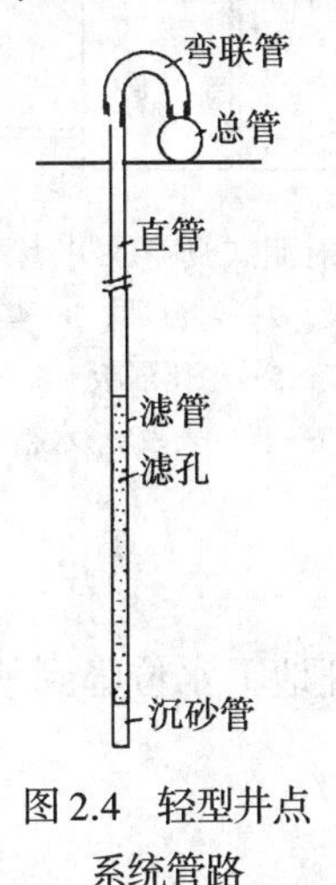

图 2.4　轻型井点系统管路

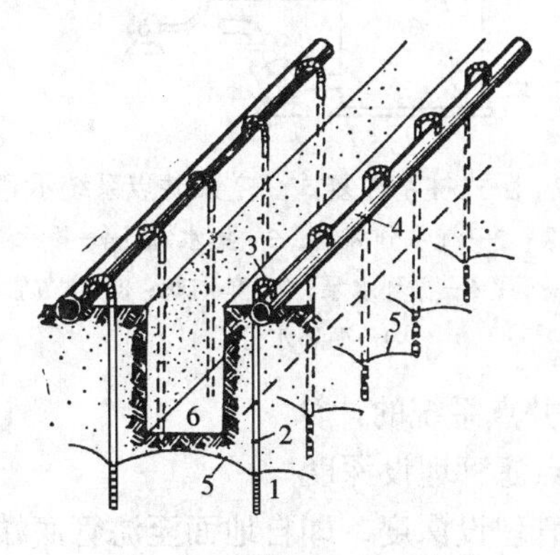

图 2.5　沟槽双排井点系统

1—滤管；2—直管；3—弯联管；4—总管；5—地下水降落曲线；6—沟槽

(2) 井点直管

井点直管也称井管、井点立管，一般采用镀锌钢管制成，管壁上不设孔眼，直径与滤管相同，长度视含水层埋设深度而定。

(3) 弯联管

弯联管是连接井点直管与总管的短管。常用的是橡胶管，每节长约 600mm，弯联管内径与井点直管及总管的外径相同，使用时用钢丝拧紧、固定。

(4) 总管

总管一般采用内径为 100 ~ 150mm 的双法兰钢管，每节长 4 ~ 6m，在管壁上每隔一定距离开孔并焊接刺管以便于与弯联管及抽水设备连接，刺管间距应与井点布置间距相同。

(5) 抽水设备

轻型井点采用的抽水设备是真空泵。常用的类型有卧式柱塞往复式真空泵、射流式真空泵等。

卧式柱塞往复式真空泵排气量较大，真空度较高，降水效果较好，但其设备庞大，且为气水分离的干式泵，因此操作、保养、维修较难。如图 2.7 所示。

射流式真空泵的工作原理是利用离心泵从水箱抽水，高压水通过射流器加速产生负压，使地下水经井点管进入射流器，一部分水维持射流器工作，另一部分水经水管排除。如图 2.8 所示。

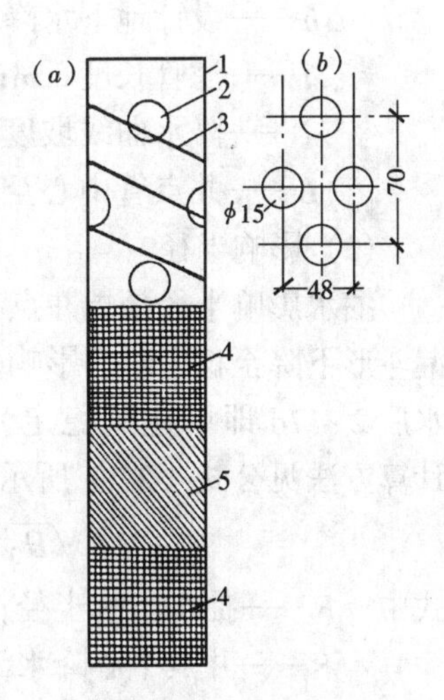

图 2.6　井点滤管构造（单位：mm）

(a) 井点滤管构造；(b) 井点管壁孔眼布置

1—井点滤管；2—滤孔；3—塑料绳骨架；4—底层滤网；5—面层滤网

为了保证抽水设备的正常工作，除了整个系统连接严密外，还要在地下 1.0m 深度的井管外填黏土密封，以避免井点与大气相通，破坏系统的真空。

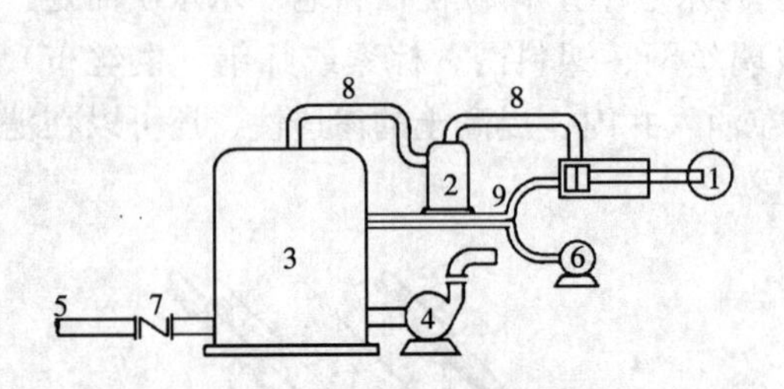

图 2.7　卧式柱塞往复式真空泵井点系统示意

1—真空泵；2—气水分离器；3—集水罐；4—排水泵；5—集水总管；6—循环水泵；7—单向阀；8—空气管；9—循环水管

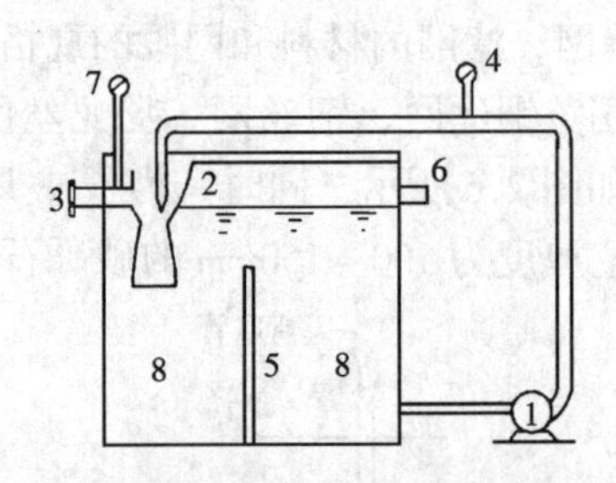

图 2.8　射流式真空泵井点系统示意

1—离心泵；2—射流器；3—集水总管；4—压力表；5—稳压隔板；6—排水口；7—真空表；8—水箱

2. 轻型井点系统的计算

(1) 井点滤管埋设深度

井点滤管埋设深度，即自地面至滤管底端的高度，应保证地下水位降到基坑（槽）底面的 0.5m 以下。计算方法见公式（2-1）所示。

$$H' = h_1 - h_2 + \Delta h + l + iL \tag{2-1}$$

式中　H'——井点滤管埋设深度，m；

h_1——井点位置地面高程，m；

h_2——基坑（槽）底面高程，m；

Δh——设计地下水降至基坑（槽）底面以下深度，一般取 0.5m；

l——滤管长度，m；

i——降水曲线坡度，一般取 1/10；

L——井点管中心至基坑（槽）中心水平距离。

(2) 影响半径

抽水影响半径是指井点抽水后，地下水呈漏斗形下降至稳定时的影响范围（一般井点抽水后 2 ~ 7d 即可达到稳定），如图 2.9 所示。计算方法见公式（2-2）所示。

$$R = 2S\sqrt{H_0 \cdot K} \tag{2-2}$$

式中　R——抽水影响半径，m；

S——井点中心降水深度，m；

H_0——含水层厚度，即初始地下水深度，m；

K——渗透系数，m/d。

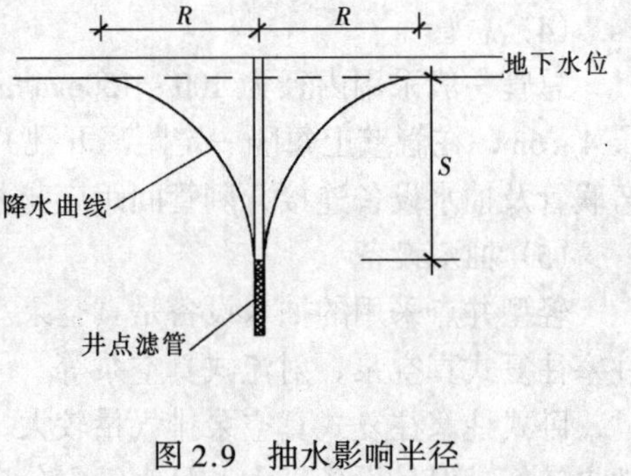

R　R　地下水位　S　降水曲线　井点滤管

图 2.9　抽水影响半径

常见含水层渗透系数及影响半径见表 2.3 所示。

(3) 井点涌水量

通常，对井点涌水量的计算，按潜水非完整井的裘布依公式计算，所谓潜水非完整井（见图 2.10 所示）指的是非承压水含水层抽水井点滤管底端未达到不透水土层面时的情况。

表 2.3

K、R 值

含水层种类	粉 砂	细 砂	中 砂	粗 砂	砾 砂	小 砾	中 砾	大 砾
K（m/d）	1~5	5~10	10~25	25~50	50~75	75~100	100~200	>200
R（m）	25~50	50~100	100~200	200~400	400~500	500~600	600~1500	1500~3000

工程实际中，井点系统是各单井之间相互干扰的井群，井点系统的涌水量显然较数量相等的单井总和为小。工程上为应用方便，常按单井涌水量作为整个井群的总涌水量，而这个“单井”的直径按井群各个井点所环围面积的直径计算。即以假想环围面积的半径代替单井井径计算涌水量。计算方法见公式（2-3）所示。

$$Q = \frac{1.366K(2H - S)S}{\lg R - \lg r} \tag{2-3}$$

式中 Q——井点系统总涌水量，m^3/d；

K——渗透系数，m/d；

S——降水深度，m；

H——含水层有效带深度，m，见表 2.4 所示。

表 2.4

含水层有效带深度

$\frac{S}{S+l}$	0.2	0.3	0.5	0.8
H	1.3（$S+l$）	1.5（$S+l$）	1.7（$S+l$）	1.85（$S+l$）

注：l 为滤管长度。

R——井点抽水影响半径，m；

r——井点滤管的半径，m；若为井群可用井点立管环围面积的假想半径 X_0 代替，该值应按井管所包围的面积和形状确定。

当井管所围的面积为圆形或不规则多边形时，计算公式如下：

$$X_0 = \sqrt{\frac{F}{\pi}} \quad (m)$$

式中 F——井点立管所包围的面积，m^2。

当井管所围的面积为矩形时，计算公式如下：

$$X_0 = \alpha \frac{L + B}{4} \quad (m)$$

式中 L——井点立管所包围面积的长边，m；

B——井点立管所包围面积的宽边，m；

α——长宽比系数，见表 2.5 所示。

表 2.5

长 宽 比 系 数

B/L	0.2	0.4	0.6	0.8	1.0
α	1.12	1.16	1.18	1.18	1.18

注：狭长基坑或管道槽的 α 一般取 1.0。

（4）井点出水量

每根井点管的极限出水量，可按下列公式计算：

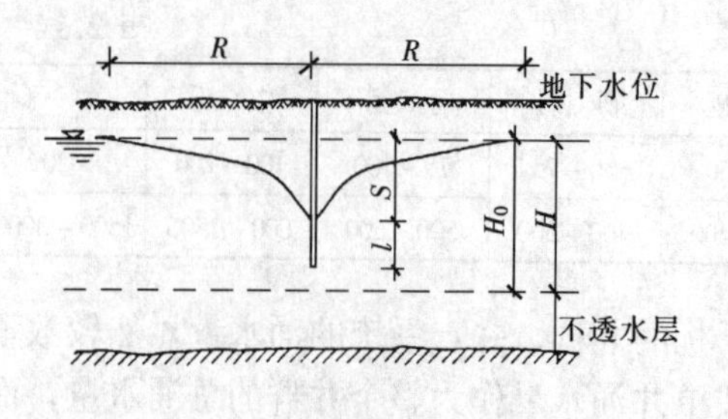

图 2.10　井点涌水量计算图

$$q = 2\pi rlv \tag{2-4}$$

式中　q——每根井点管的出水量，m^3/s；

r——井点滤管半径，m；

l——井点滤管长度，m；

v——地下水流进井点管的速度，m/s；可按公式 $v = 20\sqrt{K}$计算；

K——渗透系数，m/d。

（5）井点管数量

$$n = \frac{Q}{q}$$

式中　n——井点管数量，根；

Q——地下涌水量，m^3/d

q——每根井点管的出水量，m^3/d。

（6）井点间距

$$d = \frac{L'}{n}$$

式中　d——井点间距，m；

L'——井点集水总管有效长度，m；

n——井点管数量，根。

实际应用时，如果井点管间距过小，将会影响出水量，使井点管因互阻而出水量减少，故通常情况下，井点间距可根据总管上刺管的间距确定，取 1.0～1.5m。

（7）抽水设备的选择

抽水设备的选择应根据井点系统的总涌水量及所需扬程来选择，并且还应考虑一定的安全储备。

3. 轻型井点系统的布置

井点系统的布置形式分为线状和环状，总的布置原则是：应将全部降水范围均包括在井点系统之内，重点保证能抽掉工程中较深的基坑（槽）的降水。

一般情况下，当降水深度小于 5m，基坑（槽）宽度小于 6m 时，井点布置采用单排线状。条件许可时，可将井点自基坑（槽）端部再延伸 10～15m 以利降低水位。布置形式见图 2.11 所示。

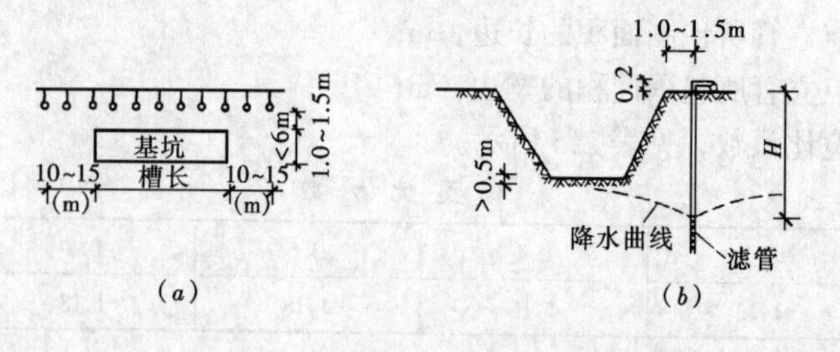

图 2.11　单排线状井点布置

（a）平面图；（b）剖面图

当基坑（槽）宽度大于 6m，或土质不良，渗透系数较大时，宜采用双排线状布置，见图 2.12 所示。

当基坑面积较大时，可将井点管沿基坑周边布置成封闭环状。如图 2.13 所示。布置时应在真空泵对面的集水总管上安装一个阀门或将该处断开，使总管内的水分别流入真空泵设备内。环形布置的剖面图与双排线状井点相同。

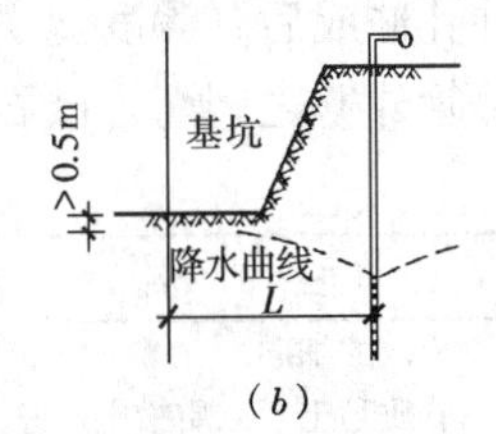

图 2.12 双排线状井点布置
（a）平面图；（b）剖面图

(1) 井点管的布置

井点管应布置在基坑（槽）上口边缘外 1.0～1.5m。布置过近，会影响施工，而且可能使空气从坑（槽）壁进入井点系统，使井点系统的真空破坏。

(2) 总管的布置

为提高井点系统的降水深度，井点总管的布置应尽可能的接近地下水位，并以 1‰～2‰的坡度坡向抽水设备。

(3) 抽水设备

抽水设备通常布置在总管的一端或中间，安装高度应与井点总管相同，但是不宜低于原地下水位以上 0.5～0.8m。

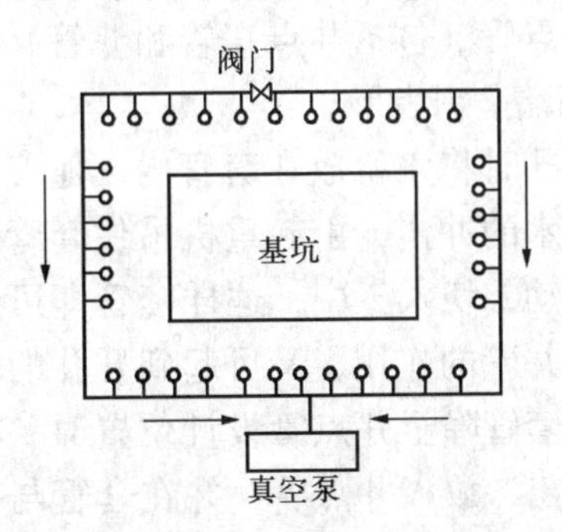

图 2.13 环状井点布置

(4) 观察井的布置

为了了解水位降落情况，应在降水范围内设置一定数量的观察井，观察井的数量和位置视现场的实际情况而定，一般设在基坑中心、总管末端、局部挖深处等位置。观察井由井点管做成，应加盖以防杂物堵塞。降水期间宜每隔 8h 观测一次，并做好水位观测纪录。

4. 轻型井点系统的施工、运行与拆除

(1) 轻型井点系统的施工

井点系统施工质量的好坏对施工降水能否正常进行至关重要。轻型井点系统的施工顺序一般是先排设总管，再冲沉井点管。这样可使井点管准确定位，便于弯联管连接。最后安装抽水设备，试抽合格后正式运转。下面主要介绍井点管的安装方法。

1) 冲孔法

a. 当井点所处位置地下为饱和砂层和松散土层时，井点管的埋设可直接采用高压水枪冲击土层的冲孔法。

这种方法采用的主要设备和工具有起重机、多级水泵、水枪和水管。起重工具既可采用自行式起重机，也可采用捯链；水泵多采用离心水泵；水枪为直径 50～80mm 的钢管，下端呈锥形缩口，称为喷嘴，喷嘴直径为 20mm；喷嘴与水泵之间的水管一般采用柔韧性较好的橡胶管。

冲孔前，按井点立管沉设位置放线，按线挖深 300mm，宽 500mm 的排水沟，以排放冲孔的泥水；用起重机吊起水枪，对准井点立管沉设位置，开启水泵将水加压至0.25～1.5MPa（见表2.6所示），高压水由喷嘴喷出，在土层中冲出井孔，水枪随之沉入土中。井孔冲成后（深度比滤管设计深度大1m），拔出水枪并立即插入井点管，然后在井孔壁与井管外壁之间灌入砂石作为过滤层，过滤层应高于地下静水位。

冲孔所需压力 **表2.6**

土的名称	冲水压力（kPa）	土的名称	冲水压力（kPa）
松散的细砂	250～450	中等密实黏土	600～750
软质黏土、软质粉土质黏土	250～500	砾石土	850～900
密实的腐殖土	500	塑性粗砂	850～1150
原状的细砂	500	密实黏土、密实粉土质黏土	750～1250
松散的中砂	450～550	中等颗粒的砾石	1000～1250
黄土	600～650	硬黏土	1250～1500
原状的中粒砂	600～700	原状粗砾	1350～1500

高压水直接冲孔法优点是施工简单，缺点是井孔容易塌方，不容易保证砂滤层的厚度，从而影响井点管的出水量。

b. 当井点所处位置地下土壤密实坚硬，或为了防止井孔塌方时，可以采用套管冲孔法，如图2.14所示。

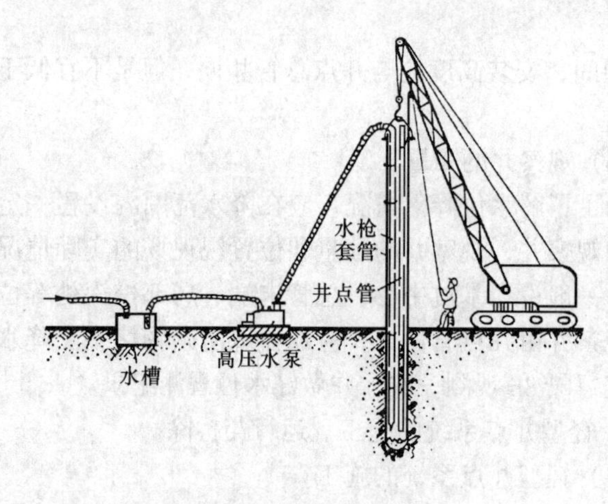

图2.14 套管冲沉井点管

套管冲孔法采用的主要设备和工具与高压水直接冲孔法类似，只是多了钢套管。钢套管直径为350～400mm，总长度比井点管（包括井点直管和滤管）长1m，底端呈锯齿形。

冲孔时将水枪放在套管内，随着水枪高压水的冲击，由起重机吊住套管作上下移动，切入土中，这样套管即可起到保护井壁的作用，又可起到开孔的作用。当套管降至井点管设计位置时，将水枪拔出，放入井点管，并在套管与井管间填入砂滤层，然后将套管拔出，并用黏土封填上部土孔（高约1m）。

2）钻孔法

钻孔法是利用回转钻机或冲击钻机干钻井孔，成孔后沉设及安装井管的方法与冲孔法相似，不同之处是地面上不需要挖设排水沟。

井点系统全部安装完毕后，需要进行试抽，检查降水效果。试抽时应做好记录，并保证井点系统抽出清水后方可停止。试抽开始时，井中常混有细颗粒土，经过一定时间含水层中形成天然反滤层后，水可澄清。否则可能是滤网孔径较大，或水泵抽水能力过大所造成，出现这种情况，应更换井点管或将水泵出水管的阀门关小。

(2) 轻型井点系统的运行与拆除

井点系统试抽符合要求后，方可投入使用。井点使用后，应保证连续不断的抽水，为此应设有备用电源。使用过程中，应经常检查抽水水质及水量，并做好降水记录，当出现漏气、漏水、淤塞、水中含砂及混浊等现象时，应尽快查明原因并及时处理。如水质长时间混浊，应立即逐根检查，若为个别几根时，应将其井点立管封闭，并用压力水冲洗，若出水仍不能变清，应将该井废除重新补打；若不是个别现象时，应立即进行检查、分析、处理，否则将会影响基坑（槽）附近建筑物及管线的安全。

轻型井点系统的拆除，应在基坑（槽）内的施工过程全部完毕并已经回填后进行。拆除的过程是先拆抽水设备，然后是总管、弯联管，最后是拆除井点管。井点管的拆除是使用起重机或桅杆及倒链，当拔管有困难时，可用高压水冲刷后再拔。拆除后的滤水管、井管等应及时进行保养维修，存放指定地点，以备下次使用。

5. 多层轻型井点

轻型井点系统的降水深度最多可达 6m，当要求降水深度超过此限值时，可采用多层轻型井点系统逐级降低地下水位，如图 2.15 所示。多层轻型井点系统是由若干个单层轻型井点组合而成的。每层井点系统应满足，下层抽水设备应设在上层井点系统抽水后的稳定水位以上，而且下层井点系统是在上层井点系统已把水位降落、土方挖掘后才开始埋设。

多层轻型井点系统是各层分别计算的。第一层井点系统降落后的地下水位，即为第二层井点计算的原始水位，依次计算。根据施工经验，第二层井点系统的降水深度一般较第一层降水深度递减 0.5m 左右。布置井点系统的平台宽度一般为 1.0 ~ 1.5m，以此确定每一层基坑（槽）的上口尺寸。

2.2.2 喷射井点降水

工程施工过程中，当降水深度较大，单层轻型井点无法满足要求时，可采用多层轻型井点系统，但是多层轻型井点系统存在设备多、施工复杂、工期长、占地面积大等缺点，此时就可采用喷射井点降水。喷射井点可降低地下水位 15 ~ 20m，在渗透系数为 3 ~ 50m/d 的砂土中应用本法最为有效。

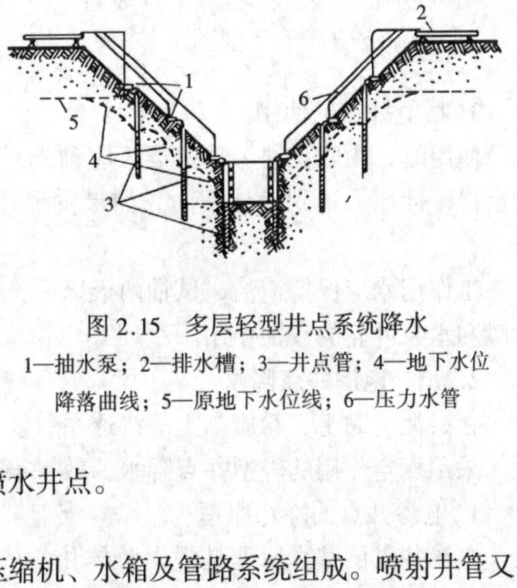

图 2.15　多层轻型井点系统降水
1—抽水泵；2—排水槽；3—井点管；4—地下水位降落曲线；5—原地下水位线；6—压力水管

1. 分类

根据工作介质不同，喷射井点分为喷水井点和喷气井点两种，目前采用较多的是喷水井点。

2. 结构布置与工作原理

喷射井点由喷射井管、高压水泵或空气压缩机、水箱及管路系统组成。喷射井管又分为内管和外管两部分，内管下端装有喷射器与滤管相连，上端与排水总管连接；外管上端与高压水泵或空气压缩机及进水总管相连，下端与喷射器的喷嘴相通，见图 2.16、图 2.17 所示。喷射井点管的埋设方法与要求和轻型井点基本相同。管井间距一般为 2 ~ 3m，冲孔直径为 400 ~ 600mm，每组喷射井点的根数宜为 30 根左右。

工作时，用高压水泵把高压水（压力约 0.5MPa 左右，流量约为 50 ~ 80m^3/h）经外管压入喷射器的喷嘴射出，流速突然增大，在喷嘴处产生真空，形成负压，在大气压力的作用下，地下水经喷射井点滤管被吸入射流器的混合室，高压工作水与地下水在混合室混合，产生能量交换，上升进入射流器的扩散室，由于扩散室的断面增大，混合水的流速减小，压力增大，使混合水从射流井点排至地面，经排水总管排入集水池中，除一部分供作高压水泵压往井管循环用水使用之外，另一部分自行排出或用水泵排出。

如果将高压水换作压缩空气，即为喷气井点。喷气井点抽吸能力一般较喷水井点大，对喷射器的磨损较小（喷水井点对喷射器的磨损较大，喷嘴和混合室须经常检修更换），但对井点系统的气密性要求较高。

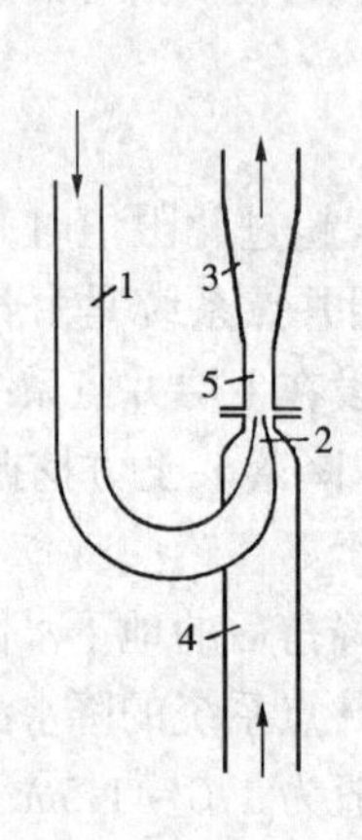

图 2.16　喷水井点工作原理

1—高压工作水管；2—喷嘴；3—扩散器；4—井点管；5—混合室

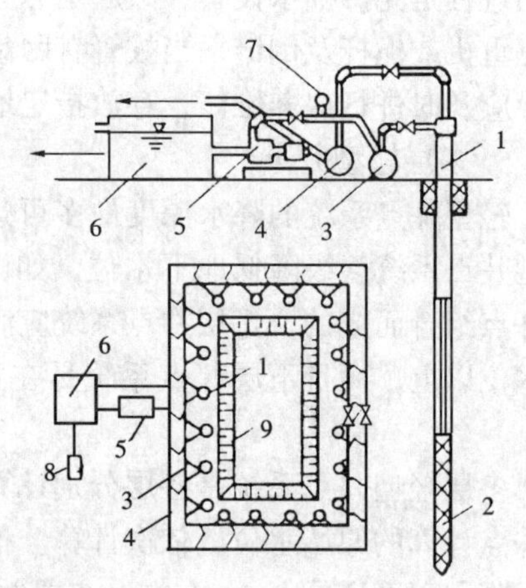

图 2.17　喷水井点管路布置图

1—喷射井点；2—滤管；3—进水总管；4—排水总管；5—高压水泵；6—集水池；7—压力表；8—低压水泵；9—基坑

3. 喷射井点的使用

使用时，为防止损坏喷射器，应预先对井管进行冲洗，开泵时压力宜小于 0.29MPa，然后慢慢使压力达到设计压力，如果发现井管周围翻砂、冒水，应立即关闭井管进行检修。

工作用水应保持清洁，试抽两天以后，集水池应更换清水，以减轻或避免杂质水流对喷嘴和水泵叶轮的侵蚀作用。

2.2.3　电渗井点降水

在淤泥、黏土、粉质黏土等渗透系数较小（$K<0.1$m/d）的土层中，土分子间引力较大，采用真空作用的轻型井点降水，效果很差。此时，宜采用电渗井点降水。

1. 电渗井点的降水原理

电渗井点的基本原理是根据胶体化学的双电层理论，在含水的土层中插入金属正电极，以井点管作为负极，接通直流电流后，土颗粒自负极向正极移动（电泳现象），水自正极向负极移动（电渗现象），使地下水流向井点管并由井点系统抽出排走。在弱透水层中排出少量的水，就可以使地下水位降低。同时井点管沿基坑（槽）四周布置，可形成电渗围幕，又可阻止外部水进入已疏干的基坑（槽）内。

2. 电渗井点的布置

电渗井点的布置，如图 2.18 所示。采用直流电焊机提供电源，电压不宜大于 60V。正极采用直径 20mm 左右的钢筋或 50mm 左右的钢管；负极采用井点管本身。

正极自成一列与井点管平行布置，一般位于井点管的内侧，与负极并列或交错，间距1.0~1.5m，正极埋设应垂直，严禁与相邻负极相碰。正极的埋设深度应比井点管深0.5m，露出地面并高于井点管顶面0.2~0.4m。正负极的数量应相等，必要时正极数量可多于负极数量。为防止过大的电压降，正负极各自用6~10mm的钢筋连成电路，与电源相应电极相连，形成闭合回路。

采用轻型井点降水时，井点管的滤网很容易被细颗粒土堵塞。但是对于电渗井点来说，由于电泳的存在，电渗降水时滤网不会被堵塞。

3. 电渗井点的安装与使用

电渗井点管的施工与轻型井点管相同。电路安装时，应安装电压表和电流表，以便操作时观察，电源必须设有接地。安装完毕后，为避免大量电流从表面通过，降低电渗效果，通电前应将地面上的金属和其他导电物处理干净。

电渗井点使用时，为了减少电耗一般采用间歇供电方式，即通电24h后，停电2~3h再通电。运行过程中，应随时观察水位降落情况、电极周围温升情况、电压和电流的变化情况。如果运行几昼夜后，电流值降低超过了起始电流的10%时，应将电压降低，以免电极区范围土体过分疏干。随着土被疏干和地下水位降落，土和电极间电阻不断增加，使电渗作用减弱，为此应提高电压。

电渗井点系统的拆除与轻型井点相同。

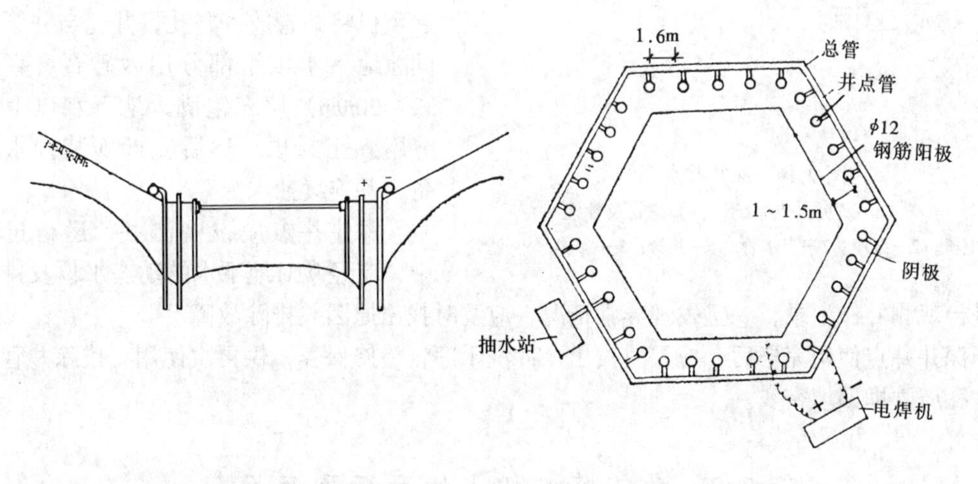

图2.18　电渗井点系统布置

2.2.4　深井井点降水

深井井点降水适用于降低地下水位较深（>15m），涌水量较大，土层为中砂、粗砂、砂砾石和砾石层渗透系数较大（>50m/d）的施工降、排水工程。

1. 深井井点的结构

深井井点的结构，如图2.19所示。它包括井管、过滤管、出水管和抽水设备。其中井管按管材分可以是钢管、铸铁管、混凝土管，直径一般在200mm以上，长度根据实际井深确定；滤水管安装在井管的下部，长度为3m左右，采用钢管打孔，孔径为8~12mm，沿过滤器外壁纵向焊接直径为6~8mm的钢筋作为垫筋，外缠12号镀锌钢丝，缠丝间距可取1.5~2.5mm，垫筋应使缠丝距滤管外壁2~4mm，在滤管的下端装沉砂管，长度1～2m；抽水设备一般选用深井泵，若因水泵吸上真空高度的限制，也可选用潜水泵；出水管为排除地下水之用，一般选用钢管，管径根据抽水设备的出水口而定。

2. 深井井点的布置

深井井点一般沿基坑（槽）外围每隔一定距离设一个，间距为10～50m，每个井点由一台抽水泵抽水，如抽水泵的抽水能力较大时，也可设集水总管，将相邻的井管连接，共同使用一台抽水泵。

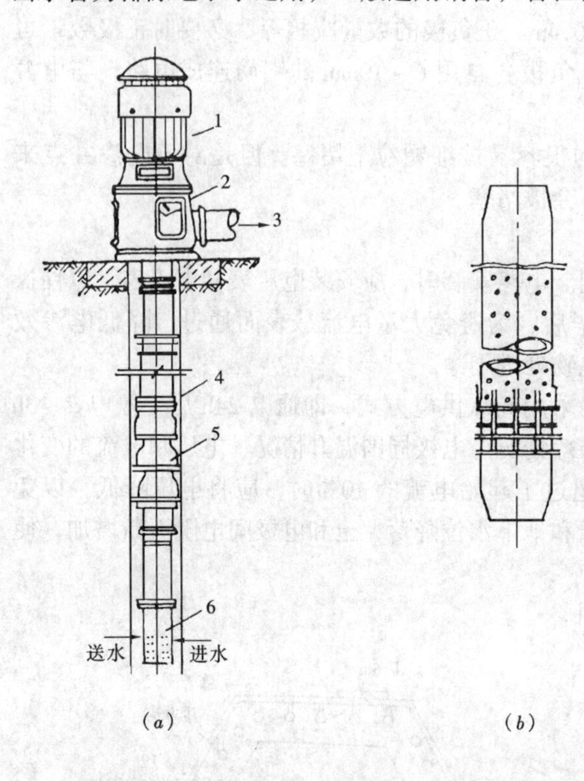

图2.19　深井井点系统

(*a*) 深井井点系统；(*b*) 滤管及骨架

1—电机；2—泵座；3—出水管；4—井管；5—泵体；6—滤管

3. 深井井点的安装与使用

深井井点的安装，一般采用回转钻机、冲击钻机冲钻成井孔，井孔直径应比过滤管外径大400mm以上。回转钻机适用于砂土类及黏土类松散层、软或硬的基岩；冲击钻机适用于碎石及卵石松散层。井孔钻进施工应采用泥浆护壁，成孔后用清水将泥浆稀释，然后用起重机将井管放入井孔，井孔与井管的间隙地下水以下部分用砂砾石（直径12～20mm）填充饱满，地下水以上部分用黏土封填。然后立即安装抽水设备，并连续抽水。

深井井点应设观测井，运行过程中，应经常对地下水的动态水位及排水量进行观测并作记录，一旦发现异常情况，应及时找出原因并排除故障。

深井井点使用完毕后，应及时拔出，冲洗干净，检修保养，供再次使用，拔除井管后的井孔应立即回填密实。

2.3　施工降、排水的运行及管理

2.3.1　一般要求

施工降、排水包括排除地表水、沟槽内地下渗水以及降低地下水位等。无论采取哪一种排水方式都应当做到以下几点：

1. 必须做好地表水和降雨雨水的疏导和排除工作，防止地表水流入基坑（槽）内。

2. 必须保证整个地下工程施工期内连续稳定的抽水，直至回填完毕，为此要求确保连续供电，备有双电源及备用水泵。

3. 电气设备的接地、漏电保护等装置必须符合安全规范。

4. 在施工过程中应始终保持干槽作业，即降水在先，挖土在后，降水的速度超前于挖土的速度。

2.3.2 井点系统的运行与管理

1. 井点系统运行后，应定时观测地下水位变化，做好记录。如遇下雨，须增加观测次数和时间，以便及时采取对应的保护措施。

2. 定期用流量计测定井点系统抽水量。

3. 定期测定井点系统真空度。如遇异常情况，则应检查全系统各个节点有无漏气现象，及时处理，确保系统处于最佳运行状态。

4. 经常进行系统巡视。通过看、听、摸的方法来检查井点的工作运行情况。

(1) 看。夏天湿、冬天干的井点为上水井点，同时还应观察管路接头等处有无漏水、漏气等现象；

(2) 听。有流水声的是好井点，刺刺声则是漏气；

(3) 摸。手摸井点冬暖夏凉的是好井点。

5. 地面沉降观测。定时观测降水影响范围以内的地面和附近的建筑物，在降水期间高程变化情况，观测降水工程的水准点应设置在井点影响范围之外，以便作为降水过程中对附近地面及建筑物沉降的基准点。

6. 要按台班做好运行记录，包括值班人员、巡视人员、抽水时间、地下水位、出水量、真空度、机械设备情况、气象情况等，并按台班交接。

7. 在寒冷地区，应对系统采取保温措施，防止冻管、冻坏设备等事故发生。

8. 井点抽水任务完成后，应整理出全套资料，做出技术经济总结，指导下次井点工程的设计和施工。

第3章　地基局部处理与加固

在建设工程上，无论是给水排水构筑物，还是给水排水管道，其荷载都作用于地基土上，导致地基土产生附加应力，附加应力引起地基土的沉降，沉降量取决于土的孔隙率和附加应力的大小。在荷载作用下，若同一高度的地基各点沉降量相同，这种沉降称为均匀沉降；反之，称为不均匀沉降。无论是均匀沉降，还是不均匀沉降都有一个容许范围值，称为极限均匀沉降量和最大不均匀沉降量。只有沉降量在允许范围内，构筑物才能稳定安全，否则，结构就会失去稳定或遭到破坏。

任何建筑物或构筑物都必须有可靠的地基和基础。所以对某些地基的处理及加固就成为基础施工中的一项重要内容。

在施工过程中如果发现地基土质过软或过硬，不符合设计要求时，应本着使建筑物或构筑物各部位沉降尽量趋于一致，以减小地基不均匀沉降的原则对地基进行处理，这称为地基的局部处理。

在软弱地基上建造建筑物或构筑物，利用天然地基有时不能满足设计荷载要求，需要对地基进行人工处理，以满足结构对地基的要求，这称为地基的加固。

3.1　地 基 局 部 处 理

在施工过程中经常发现地基土质局部过硬或过软不符合设计要求，或发现空洞、墓穴、枯井、暗沟等，为满足给排水构筑或管道各部位沉降尽量趋于一致，就应该进行局部处理。

3.1.1　松土坑（填土、墓穴、淤泥等）的处理

当松土坑的范围较小，可将坑中松软虚土挖除，使坑底及四壁均见天然土为止，然后采用与坑边的天然土层压缩性相近的材料回填。例如，当天然土为第四纪砂时，用砂或级配砂石回填，回填时应分层夯实，或用平板振动器振密，每层厚度不大于200mm。如天然土为较密实的黏性土，则用3:7灰土分层回填夯实；如为中密的可塑的黏性土或新近沉积黏性土，则可用1:9或2:8灰土分层回填夯实。

当松土坑的范围较大或因其他条件限制，沟槽不能开挖太宽，槽壁挖不到天然土层时，则应将该范围内的沟槽适当加宽，加宽的宽度应按下述条件决定：当用砂土或砂石回填时，沟槽每边均应按 $l_1:l_2=0.5:1$ 坡宽放宽；当用3:7灰土回填时，如坑的长度不大(长度≤2m)，且为具有较大刚度的条形基础时，沟槽可不放宽，但需将灰土与松土壁接触处紧密夯实。

如松土坑在槽内所占的范围较大（长度在5m以上）且坑底土质与一般槽底天然土质相同，也可将基础落深，做1:2踏步与两端相接，踏步多少根据坑深而定，但每步高不大于0.5m，长不大于1.0m。

在独立基础下，如松土坑的深度较浅时，可将松土坑内的松土全部挖除，将柱基落深；如松土坑较深时，可将一定深度范围内的松土挖除，然后用与坑边的天然土压缩性相近的材料回填。至于换土具体深度，应视柱基荷载和松土的密实程度而定。

在以上几种情况中，如遇到地下水位较高，或坑内积水无法夯实，亦可用砂石或混凝土代替灰土。寒冷地区冬期施工时，沟槽底换土不能使用冻土，因为冻土不易夯实，且解冻后强度会显著降低，造成较大的不均匀沉降。

对于较深的松土坑（如坑深大于槽宽或大于 1.5m 时），沟槽底处理后，还应适当考虑是否需要加强上部结构的强度，以抵抗由于可能发生的不均匀沉降而引起的内力。常用的加强办法是：在灰土基础上 1~2 皮砖处（或混凝土基础内）、防潮层下 1~2 皮砖处及首层顶板处各配置 3~4 根 $\phi8 \sim \phi12$ 钢筋。

3.1.2　砖井或土井的处理

当砖井在沟槽中间，井内填土已较密实，则应将井的砖圈拆除至沟槽底以下 1m（或更多），在此拆除范围内用 2:8 或 3:7 灰土分层夯实至沟槽底。如井的直径大于 1.5m 时，则应适当考虑加强上部结构的强度，如在墙内配筋或做地基梁跨越砖井。

若井在基础的转角处，除采用上述拆除回填办法处理外，还应对基础加强处理。

1. 当井位于房屋转角处，而基础压在井上部分，并且在井上部分所损失的承压面积，可由其余基槽承担而不引起过多的沉降时，则可采用从基础中挑梁的办法解决。

2. 当井位于墙的转角处，而基础压在井上的面积较大，且采用挑梁办法较困难或不经济时，则可将基础沿墙长方向向外延长出去，使延长部分落在老土上。落在老土上的基础总面积，应等于井圈范围内原有基础的面积（即 $A_1 + A_2 = A$），然后在基础墙内再采用配筋或钢筋混凝土梁来加强。

如井已回填但不密实，甚至还是软土时，可用大块石将下面软土挤紧，再选用上述办法回填处理。若井内不能夯填密实时，则可在井的砖圈上加钢筋混凝土盖封口，上部再回填处理。

3.1.3　局部范围内硬土（或其他硬物）的处理

当独立基础或部分沟槽下，有较其他部分过于坚硬的土质时，例如基岩、旧墙基、老灰土、化粪池、大树根、砖窑底、压实的路面等，均应尽可能挖除，以防建筑物由于局部落于较硬物上造成不均匀沉降，而使上部建筑物开裂。

硬土（或硬物）挖除后，视具体情况回填土砂混合物或落深基础。

3.1.4　橡皮土的处理

当地基为黏性土，且含水量很大趋于饱和时，夯拍后使地基土变成踩上去有一种颤动感觉的“橡皮土”。因此，如发现地基土含水量很大趋近于饱和时，要避免直接夯拍。这时，可采用晾槽或掺石灰粉的办法降低土的含水量。如已出现“橡皮土”，可铺填一层碎砖或碎石将土挤紧，或将颤动部分的土挖除，填以砂土或级配砂石。

3.2　地　基　加　固

3.2.1　灰土垫层地基

灰土垫层地基是用石灰和黏性土拌合均匀，然后分层夯实而成的基础下垫层。采用的体积配合比一般为2∶8或3∶7（石灰∶土），其承载能力可达300kPa，适用于一般黏性土地基加固，施工简单，取材方便，费用较低。

1. 材料要求

灰土所用的土料，可采用基坑挖出的土。凡有机质含量不大的黏性土都可用作灰土的土料，但表面耕植土不宜采用。土料应过筛，粒径不宜大于15mm。用作灰土的熟石灰应过筛，粒径不宜大于5mm，并不得夹有未熟化的生石灰块和含有过多的水分。

2. 施工要点

(1) 施工前应验槽，将积水、淤泥清除干净，待干燥后再铺灰土。

(2) 灰土施工前，应适当控制其含水量，以用手紧握土料成团，两指轻捏能碎为宜，如土料水分过多或不足时可以晾干或洒水润湿。灰土应拌合均匀，颜色一致，拌好后应及时铺好夯实。铺土应分层进行，每层铺土厚度可参照表3.1确定。厚度由坑（槽）壁预设标钎控制。

灰土最大虚铺厚度 **表3.1**

<table>
<tr><th>项　次</th><th>夯实机具种类</th><th>重量（kg）</th><th>厚度（mm）</th><th>备　注</th></tr>
<tr><td>1</td><td>小木夯</td><td>5 ~ 10</td><td>150 ~ 200</td><td rowspan="2">人力送夯，落高400 ~ 500mm，一夯压半夯</td></tr>
<tr><td>2</td><td>石夯、木夯</td><td>40 ~ 80</td><td>200 ~ 250</td></tr>
<tr><td>3</td><td>轻型夯实机械</td><td>—</td><td>200 ~ 250</td><td rowspan="2">蛙式打夯机，柴油打夯机双轮</td></tr>
<tr><td>4</td><td>压路机</td><td>6 ~ 10t（机重）</td><td>200 ~ 300</td></tr>
</table>

(3) 每层灰土的夯打遍数，应根据设计要求的干密度在现场试验确定。一般夯打（或辗压）不少于4遍。

(4) 灰土分段施工时，不得在拐角、柱墩及承得窗间墙下接缝，上下相邻两层灰土的接缝间距不得小于0.5m，接缝处的灰土应充分夯实。当灰土垫层地基高度不同时，应作成阶梯形，每阶宽度不少于0.5m。

(5) 对于地下水位以下的基槽、坑内，应采取排水措施，在无水状态下施工。入槽的灰土，不得隔日夯打。夯实后的灰土三天内不得受水浸泡。

(6) 灰土打完后，应及时进行基础施工，并及时回填土，否则要做临时遮盖，防止日晒雨淋。刚打完毕或尚未夯实的灰土，如遭受雨淋浸泡，则应将积水及松软灰土除去并补填夯实，受浸湿的灰土，应在晾干后再使用。

(7) 冬期施工时，不得采用冻土或夹有冻土的土料，并应采取有效的防冻措施。

3. 质量检查

灰土地基施工结束后，应检验其承载力。质量检查应采用环刀取样，测定其干密度。质量标准按表3.2规定执行。

3.2.2 砂垫层地基

砂垫层和砂石垫层统称砂垫层，是用夯（压）实的砂或砂石垫层替换基础下部一定厚度的软土层，以起到提高基础下地基承载力，减少沉降，加速软土层的排水固结作用。一般适用于处理有一定渗水性的黏性土地基，但不宜用于湿陷性黄土地基和不透水的黏性土地基，以免聚水而引起地基下沉和降低承载力。

灰土地基质量检查标准　　表 3.2

项	序	检查项目	允许偏差或允许值		检查方法
			单位	数值	
主控项目	1	地基承载力	设计要求		按规定方法
	2	配合比	设计要求		按拌合时的体积比
	3	压实系数	设计要求		现场实测
一般项目	1	石灰粒径	mm	≤5	筛分法
	2	土料有机质含量	%	≤5	试验室焙烧法
	3	土颗粒粒径	mm	≤15	筛分法
	4	含水量（与要求的最优含水量比较）	%	±2	烘干法
	5	分层厚度偏差（与设计要求比较）	mm	±50	水准仪

1. 材料要求

砂垫层和砂石层所用材料，宜采用颗粒级配良好、质地坚硬的中砂、粗砂、砾砂、碎（卵）石、石屑或其他工业废粒料。在缺少中、粗砂和砾砂地区，也可采用细砂，但宜同时掺入一定数量的碎石或卵石，其掺量按设计规定（含石量不应大于 50%）。所用砂石料，不得含有草根、垃圾等有机杂物。兼起排水固结作用时，含泥量不宜超过 3%。碎石或卵石最大粒径不宜大于 50mm。

2. 施工要点

(1) 施工前应验槽，先将浮土清除，基槽（坑）的边坡必须稳定，防止塌土。槽底和两侧如有孔洞、沟、井和墓穴等，应在未做垫层前加以处理。

(2) 人工级配的砂、石材料，应按级配拌合均匀，再行铺填振实。

(3) 砂垫层和砂石垫层的底面宜铺设在同一标高上，如深度不同时，施工应先深后浅的程序进行。土面应挖成台阶或斜坡搭接，搭接处应注意捣实。

(4) 分段施工时，接头处应作成斜坡，每层错开 0.5~1.0m，并应充分振实。

(5) 采用碎石垫层时，为防止基坑底面的表层软土发生局部破坏，应在基坑底部及四侧先铺一层砂，然后再铺碎石垫层。

(6) 垫层应分层铺垫，分层夯（压）实，每层的铺设厚度不宜超过表 3.3 规定数值。分层厚度可用样桩控制。垫层的捣实方法可视施工条件按表 3.3 选用。捣实砂层应注意不要扰动基坑底部和四侧的土，以免影响和降低地基强度。每铺好一层垫层，经密实度检验合格后方可进行上一层施工。

(7) 冬期施工时，不得采用夹有冰块的砂石作垫层，并应采取措施防止砂石内水份冻结。

3. 质量检查

在振实后的砂垫层中，用容积不小于 200cm^3 的环刀取样，测定其干密度，以不小于通过试验所确定的该砂料在中密状态时的干密度数值为合格。如系砂石垫层，可在垫层中设置纯砂检查点，在同样施工条件下取样检查。中砂的中密状态的干密度，一般为 1.55~1.60g/cm^3。其质量检验标准见表 3.4。

砂垫层和砂石垫层每层铺设厚度及最佳含水量　　表 3.3

捣实方法	每层铺设厚度（mm）	施工时最佳含水量（%）	施　工　说　明	备　注
平振法	200～250	15～20	1. 用平板式振捣器往复振捣，往复次数以简易测定密实度合格为准 2. 振捣器移动时，每行应搭接三分之一，以防振动面积不搭接	不宜使用于细砂或含泥量较大的砂铺筑砂垫层
插振法	振捣器插入深度	饱　和	1. 用插入式振捣器 2. 插入间距可根据机械振幅大小决定 3. 不应插至下卧黏性土层 4. 插入振捣完毕所留的孔洞，应用砂填实。 5. 应有控制地注水和排水	不宜使用于细砂或含税量较大的砂铺筑砂垫层
水振法	250	饱　和	1. 注水高度略超过铺设面层 2. 用钢叉摇撼捣实，插入点间距 100mm 左右 3. 有控制地注水和排水 4. 钢叉分四齿，齿的间距 30mm，长 300mm，木柄长 900mm，重 4kg	湿陷性黄土、膨胀土、细砂地基上不得使用
夯实法	150－200	8～12	1. 用木夯或机械夯 2. 木夯重 40kg，落距 400－500mm 3. 一夯压半夯，全面夯实	适用于砂石垫层
碾压法	150－350	8～12	6～10t 压路机往复碾压，碾压次数以达到要求的密实度为准	适用于大面积的砂石垫层，不宜用于地下水位以下的砂垫层

3.2.3　重锤夯实地基

重锤夯实地基就是用起重机械将锤重 1.5～3t，提升到一定高度后，自由下落夯击基土表面，使浅层地基受到压密加固的方法。重锤的落距为 2.45～4.5m，夯击遍数一般为 8～12 遍，加固深度一般为 1.2m。适用于处理离地下水位 0.8m 以上稍湿的黏性土、砂土、湿陷性黄土、杂填土和分层填土地基。但当夯击对邻近建筑物有影响时，或地下水位高于有效夯实深度时，不宜采用。

夯锤一般用 C20 钢筋混凝土制作，其底部可采用 20mm 厚钢板，以使重心降低。锤底直径一般为 1.13～1.5m。锤重与底面积的关系应符合锤重在底面上的单位静压力 1.5～2.0N/cm^2 为佳。

砂及砂石地基质量检验标准　　表 3.4

项	序	检查项目	允许偏差或允许值		检 查 方 法
			单　位	数　值	
主控项目	1	地基承载力	设计要求		按规定方法
	2	配合比	设计要求		按拌合时的体积比或重量比
	3	压实系数	设计要求		现场实测
一般项目	1	砂石料有机质含量	%	≤5	焙烧法
	2	砂石料含泥量	%	≤5	水洗法
	3	石料粒径	mm	≤100	筛分法
	4	含水量（与最优含水量比较）	%	±2	烘干法
	5	分层厚度（与设计要求比较）	mm	±50	水准仪

地基重锤夯实前，应在现场进行试夯，选定夯锤重量、底面直径和落距，以便确定最后下沉及相应的最少夯击遍数和总下沉量。试夯及地基夯实时，必须使土保持最优含水量范围。沟槽（坑）的夯实范围应大于基础底面，每边应比设计宽度加宽 0.3m 以上，以便于底面边角夯打密实。沟槽（坑）边坡应适当放缓。夯实前，槽、坑底面应高出设计标高，预留土层的厚度可为试夯时的总下沉量再加 50 ~ 100mm。在大面积基坑或条形基槽内夯打时，应一夯挨一夯顺序进行。在一次循环中同一夯位应连夯两击，下一循环的夯位，应与前一循环错开 1/2 锤底直径，落锤应平稳，夯位应准确。在独立柱基基坑内夯打时，一般采用先周边后中间或先外后里的跳夯法进行。夯实完后，应将基槽（坑）表面修整至设计标高。

重锤夯实后应检查施工记录，除应符合试夯最后下沉量的规定外，并应检查基槽（坑）表面的总下沉量，以不小于试夯总下沉量的 90% 为合格。

3.2.4 强夯地基

强夯法是用起重机械将 8 ~ 40t 的夯锤吊起，从 6 ~ 30m 的高处自由下落，对土体进行强力夯实的地基加固方法。强夯法是在重锤夯实法的基础上发展起来的，但在作用机理上，又与它有区别。强夯法属高能量夯击，是用巨大的冲击能（一般为 500 ~ 800kJ），使土中出现冲击波和很大的应力，迫使土颗粒重新排列，排除孔隙中的气和水，从而提高地基强度，降低其压缩性。强夯法适用于碎石土、砂土、黏性土、湿陷性黄土及杂填土地基的深层加固。地基经强夯加固后，承载能力可以提高 2 ~ 5 倍；压缩性可降低 200% ~ 1000%，其影响深度在 10m 以上，国外加固影响深度已达 40m。是一种效果好、速度快、节省材料、施工简便的地基加固方法。其缺点是施工时噪声和振动很大，离建筑物小于 10m 时，应挖隔振沟，沟深要超过建筑物基础深。

1. 施工技术参数

（1）夯锤重 8 ~ 40t，最好用铸钢或铸铁制作，如条件所限，则可用钢板外壳内浇筑钢筋混凝土，夯锤底面有圆形或方形，一般多采用圆形。锤的度面积大小取决于表面土质，对砂土一般为 2 ~ 4m^2，淤泥质土为 4 ~ 6m^2。夯锤中宜设置若干个上下贯通的气孔，以减少夯击时空气阻力。

（2）起重机一般采用自行式起重机。起重能力取大于 1.5 倍锤重。并需设安全装置，防止夯击时臂杆后仰。吊钩宜采用自动脱钩装置。

（3）加固土层的深度 H（m），按下列经验公式选定强夯法所用的锤重（Q）和落距 h（m）。

$$H \approx KQ^{1/2}h^{1/2}$$

式中 K——经验系数，一般取 0.4 ~ 0.7。

（4）夯击点布置，一般按正方形或梅花形网格排列。其间距根据基础布置、加固土层厚度和土质而定，一般为 5 ~ 15m。

（5）夯击遍数通常为 2 ~ 5 遍，前 2 ~ 3 遍为“间夯”，最后一遍为低能量的“满夯”。每个夯击点的夯击数一般为 3 ~ 10 击。最后一遍只夯 1 ~ 2 击。

两遍之间的间距时间一般为 1-4 周。对于黏性土或冲积土常为 3 周，若地下水位在 5m 以下，地质条件较好时，可隔 1 ~ 2d 或进行边续夯击。

（6）对于重要工程的加固范围，应比设计的地基长、宽各加一个加固深度 H；对于一般建筑物，在离地基轴线以外3m布置一圈夯击点即可。

2. 施工要求

(1) 强夯施工前，应试夯，做好强夯前后试验结果对比分析，确定正确施工的各项参数。

(2) 强夯施工，必须按试验确定的技术参数进行，以各个夯击点的夯击数为施工控制数值，也可采用试夯后确定的沉降量控制。

(3) 夯击时，重锤应保持平稳，夯位准确，如错位或坑底倾斜过大，宜用砂土将坑底整平，才能进行下一次夯击。

(4) 每夯击一遍完成后，应测量场地平均下沉量，然后用土将夯坑填平，方可进行下一遍夯击。最后一遍的场地平均下沉，必须符合要求。

(5) 雨天施工，夯击坑内或夯击过的场地有积水时，必须及时排除。冬天施工，首先应将冻土击碎，然后再按各点规定的夯击数施工。

(6) 强夯施工应做好记录。

3. 质量检查

应检查施工记录及各项技术参数，并应在夯击过的场地选点作检验。一般可采用标准贯入、静力触探或轻便触探等方法，符合试验确定的指标时即为合格。检查点数，每个建筑物的地基不少于3处，检测深度和位置设计要求确定。其质量标准见表3.5。

强夯地基质量检验标准 **表3.5**

项	序	检查项目	允许偏差或允许值		检查方法
			单位	数值	
主控项目	1	地基强度	设计要求		按规定方法
	2	地基承载力	设计要求		按规定方法
一般项目	1	夯锤落距	mm	±300	钢索设标志
	2	锤重	kg	±100	称重
	3	夯击遍数及顺序	设计要求		计数法
	4	夯点间距	mm	±500	用钢尺量
	5	夯击范围（超出基础范围距离）	设计要求		用钢尺量
	6	前后两遍间歇时间	设计要求		

3.2.5 振冲地基

振冲地基是以振动水冲加固地基，施工时以起重机吊起振冲器，启动潜水电机带动偏心块，使振冲器产生高频振动，同时开动水泵通过喷嘴喷射高压水流，在振动和高压水流的联合作用下，振冲器沉到土中的预定深度，然后经过清孔，用循环水带出孔中稠泥浆，此后从地面向孔中逐段添加填料（碎石或其他粒料），每段填料均在振动作用下被振挤密实，达到所要求的密度实度后提升振冲器。再于上述操作进行第二段，如此直至地面，从而在地基中形成一根大直径的密实桩体，与原地基构成复合地基，提高地基承载能力和改善土体的排水降压通道，并对可能发生液化的砂土产生预振效应，防止液化。在黏性土中，振冲主要起置换作用，故称振冲置换；在砂性土中，振冲起挤密作用，故称振冲挤密。不加填料的振动挤密仅适用于处理黏土含量小于10%的细砂、中砂地基。

1. 机具设备

设备主要有振冲器、起重机械、水泵及供水管道、加料设备和控制设备等。振动器为立式潜水电机直接带动一组偏心块，产生一定频率和振幅的水平向振力的专用机械。压力水通过振冲器空心竖轴从下端喷口喷出。用附加垂直振动式或附加垂直冲击式的振冲器则效果更好。

加料可采用起重机吊自制吊斗或用翻斗车，其能力必须符合施工要求。

2. 施工要点

(1) 振冲试验

施工前应先在现场进行振冲试验，以确定其施工参数，如振冲孔间距、达到土体密实时的密实电流值、成孔速度、留振时间、填料量等。

(2) 制桩

碎石桩成桩施工过程包括定位、成孔、清孔和振密等。

1) 定位：振冲前，应按设计图定出冲孔中心位置并编号。

2) 成孔：振冲器用履带式起重机或卷场机悬吊，对准桩位，打开下喷水口，启动振动器（图 3.1*a*）。水压可用 400~600kPa，水量可用 200~400L/min。此时，振冲器以其自身重量和在振动喷水作用下，以 1~2m/min 的速度徐徐沉入土中，每沉入 0.5~1.0m，宜留振 5~10s 进行扩孔，待孔内泥浆溢出时再继续沉入，直至达到设计深度为止。在黏性土中应重复成孔 1~2 次，使孔内泥浆变稀，然后将振冲器提出孔口，形成直径 0.8~1.2m 的孔洞。

3) 清孔：当下沉达设计深度时，振冲器应在孔底适当留振并半闭下喷口，打开上喷水口，减小射水压力，以便排除泥浆进行清孔（图 3.1*b*）

4) 振密：将振冲器提出孔口，向孔内倒入一批填料，约 1m 堆高（图 3.1*c*），将振冲器下降至填料中进行振密（图 3.1*d*），待密实电流达到规定的数值，将振动器提出孔口。如此自下而上反复进行直至孔口，成桩操作即告完成（图 3.1*e*）。

(3) 排泥

在施工场地上应事先开挖排泥系统，将成桩过程中产生的泥水集中引入沉淀池。定期将沉

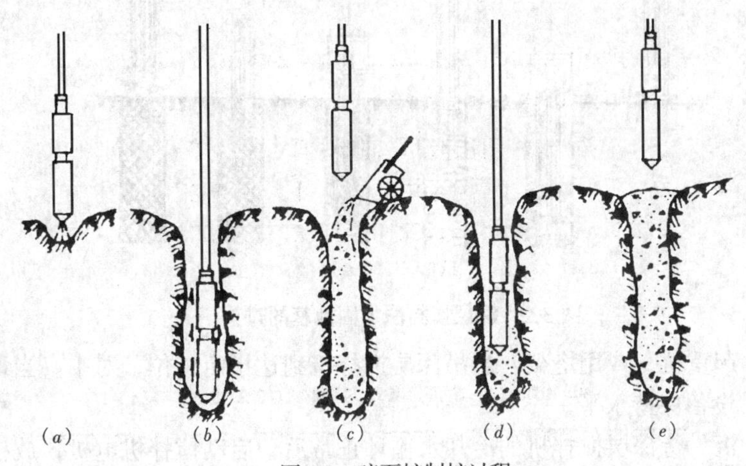

图 3.1 碎石桩制桩过程

(*a*) 定位；(*b*) 振冲下沉；(*c*) 加填料；(*d*) 振密；(*e*) 成桩

淀池底部的厚泥浆挖出，运送至预先安排的存放地点。沉淀池上部较清的水可重复使用。

1）成桩顺序

桩的施工顺序一般采用“由里向外”或“一边推向另一边”的方式，因为这种方式有利于挤走部分软土。对抗剪强度很低的软黏土地基，为减少制桩时对原土的扰动，宜用间隔跳打的方式施工。

2）振冲地基表面的处理

振冲地基表面0.1～1.0m的范围内密实度较差，一般应予挖除；如不挖除，则应加填碎石进行夯实或压路机辗压密实。

3. 质量控制与检查

(1) 振冲法加固土体，用密实电流、填料质量和留振时间来控制。用ZCQ-30振冲器加固黏性土地基的密实电流为50～55A，砂性土为45～50A；直径0.8m时，每米桩体填料量为0.6～0.7m^3，土质差时填料量应多些。

(2) 桩位偏差不得大于0.2d（d为桩孔直径）。

(3) 桩位完成半个月（砂土）或一个月（黏性土）后，方可进行载荷试验或动力触深试验来检验桩的施工质量。如在地震区进行抗液化加固地基，尚应进行现场孔隙水压力试验。

3.2.6　深层搅拌地基

1. 加固的基本原理

深层搅拌法是用于加固饱和软黏土地基的一种新方法，它是利用水泥、石灰等材料作为固化剂，通过特制的深层搅拌机械，在地基深处就地将软土和固化剂（浆液）强制搅拌，利用固化剂和软土之间所产生的一系列物理—化学反应，使软土硬结成具有整体性、水稳定性和一定强度的地基。深层搅拌法还常作为重力式支护结构用来挡土、挡水。

2. 施工工艺

深层搅拌法的施工工艺流程参见图3.2。

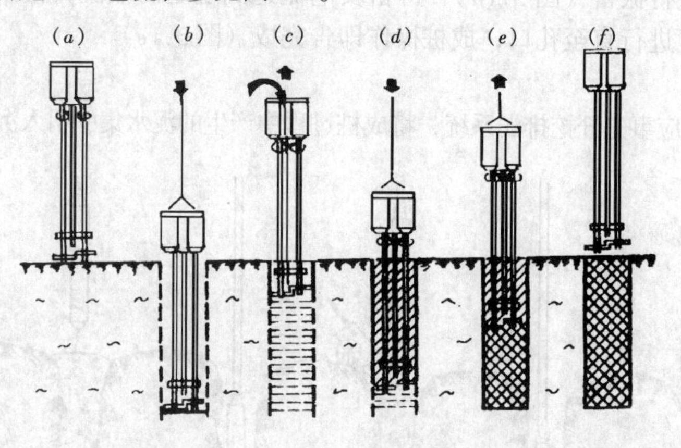

图3.2　深层搅拌法加固地基的过程

(1) 定位　起重机（或用塔架）悬吊深层搅拌机到达指定桩位、对中。当地面起伏不平时，应使起吊设备保持水平。

(2) 预搅下沉　待深层搅拌机的冷却水循环正常后，启动搅拌机电机，放松起重机钢丝绳，使搅拌机沿导向架搅拌切土下沉，下沉速度可由电机的电流监测控制。工作电流不应大于70A。如果下沉速度太慢，可从输浆系统补给清水以利钻进。

(3) 制备水泥浆　待深层搅拌机下沉到一定深度时，即开始按设计确定的配合比拌制水泥浆，在压浆前将水泥浆倒入集料斗中。

(4) 喷浆、搅拌和提升　深层搅拌机下沉到达设计深度后，开启灰浆泵将水泥浆压入地基中，并且边喷浆、边旋转，同时严格按照设计确定的提升速度提升深层搅拌机。

(5) 重复上、下搅拌　深层搅拌机提升至设计加固深度的顶面标高时，集料斗中的水泥浆应正好排空。为使软土和水泥浆搅拌均匀，可再次将搅拌机边旋转边沉入土中，至设计加固深度后再将搅拌机提升出地面。

(6) 清洗　向集料斗中注入适量清水，开启灰浆泵，清洗管中残存的水泥浆，直至基本干净。并将粘附在搅拌头的软土清洗干净。

(7) 移位　重复上述 (1) ~ (6) 步骤，进行下一根桩的施工。

考虑到搅拌桩顶部与上部结构的基础或承台接触部分受力较大，因此通常还可以对桩顶1.0~1.5m范围内再增加一次输浆，以提高其强度。

3. 质量检验

施工前应标定深层搅拌机械的灰浆泵输浆量、灰浆经输浆管到达搅拌机喷浆口的时间和起吊设备提升速度等施工参数，并根据设计要求通过成桩试验，确定搅拌桩的配合比和施工工艺。施工过程中应严格按规定的施工参数进行。随时检查施工记录，对每根桩进行质量评定。

搅拌桩应在成桩后7d内用轻便触探器钻取桩身加固土样，观察搅拌均匀程度，同时根据轻便触探击数用对比法判断桩身强度。检验桩的数量应不少于已完成桩数2%。对桩身强度有怀疑的桩、场地复杂或施工有问题的桩、或对相邻桩搭接要求严格的工程，尚应分别考虑取芯、单桩载荷试验或开挖检验。水泥土搅拌桩地基质量检验标准见表3.6。

水泥土搅拌桩地基质量检验标准　　表3.6

项	序	检查项目	允许偏差或允许值		检查方法
			单位	数值	
主控项目	1	水泥及外掺剂质量	设计要求		查产品合格证书或抽样送检
	2	水泥用量	参数指标		查看流量计
	3	桩体强度	设计要求		按规定办法
	4	地基承载力	设计要求		按规定办法
一般项目	1	机头提升速度	m/min	≤0.5	量机头上升距离及时间
	2	桩底标高	mm	±200	测机头深度
	3	标顶标高	mm	+100，-50	水准仪（最上部500mm不计入）
	4	桩位偏差	mm	<50	用钢尺量
	5	桩径	mm	<0.04*D*	用钢尺量，*D*为桩径
	6	垂直度	%	≤1.5	经纬仪
	7	搭接	mm	>200	用钢尺量

4. 深层搅拌水泥粉喷桩施工

近年来新兴起了深层搅拌水泥粉喷桩（简称粉喷桩），作为软土地基改良加固方法和重力式支护结构。施工时，以钻头在桩位搅拌后将水泥干粉用压缩空气输入到软土中，强行拌合，使其充分吸收地下水并与地基土发生理化反应，形成具有水稳定性、整体性和一定强度的柱状体，同时桩间土得到改善，从而满足建筑基础设计要求。其桩径一般为500、600、700mm，桩长可达18m。

深层搅拌水泥粉喷桩施工工艺分为：就位、钻入、预搅、喷搅、成桩等过程。

粉喷前施工场地要求平整，并挖除含砖、瓦等杂物的表层杂填土，更换素土，及时清理地下障碍物。正式打桩前宜按设计要求施打工艺试桩，以确定各地层和平面区域内钻杆提升速度和喷灰速度、喷灰量等。粉体喷射机灰罐应按理论计算量投一次料，打一根桩，以确保桩质量。若因机械操作原因，灰罐及灰管内无灰，而桩顶未达到设计标高，应加灰复搅重喷；灰罐内余灰过多，应视具体情况由断桩、空头、缺灰或土质软弱断面复搅重喷。钻机预搅下钻时，应尽量不用冲水下钻，当遇较硬土层下沉太慢时，方可适量冲水。施工中应经常测量电压、检查钻具、流量计、分水滤气器、送粉蝶阀和胶管灰路工作情况。

3.2.7 旋喷地基

旋喷地基是用钻机钻到预定深度，然后用高压泵把浆液通过钻杆端头的特殊喷嘴，以高压水平喷入土层，喷嘴在喷射浆液时，一面缓慢旋转（20r/min），一面徐徐提升（一般为150～300mm/min），借助高压浆液的水平射流不断切削土层并与切削下来的土充分搅拌混合，最后在喷射力的有效射程范围内，形成一个由圆盘状混合物连续堆积成的圆柱状凝固体，即旋转喷射桩。桩径一般为0.5～1.5m，成桩深度最大可达40m，桩的坑压强度可达0.5～8MPa（渗透系数可低至10^{-7}～10^{-8}cm/s），从而使地基得到加固。它适用于砂土、黏性土、湿陷性黄土及人工填土等地基加固。如采用喷嘴一面喷射，一面提升（即不旋转），则固结体形如壁状，可用于临时工程基坑开挖中防止坑底流砂隆起或作为防水帷幕、防止滑坡等。

旋喷法分为单独喷射浆液的单管法；浆液和压缩空气同时喷射的二重管法；浆液、压缩空气与高压水同时喷射的三重管法三种。旋喷法的主要机具和参数见表3.7。

旋喷法的主要机具和参数　　表3.7

项目			单管法	二重管法	三重管法
参数	喷嘴孔径（mm）		φ2～3	φ2～3	φ2～3
	喷嘴个数		2	1～2	1～2
	旋转速度（r/min）		20	10	5～15
	提升速度（mm/min）		200～250	100	50～150
机具性能	高压泵	压力（MPa）	20～40	20～40	20～40
		流量（L/min）	60～120	60～120	60～120
	空压机	压力（MPa）	—	0.7	0.7
		流量（L/min）	—	1～3	1～3
	泥浆泵	压力（MPa）	—	—	3～5
		流量（L/min）	—	—	100～150
配比				按设计要求配比	

旋喷桩的施工顺序与工艺如下：

1. 钻机就位。使钻杆对准孔位中心，并使钻杆轴线垂直对准钻孔中心位置，其倾斜度不得大于1.5%。

2. 钻孔。钻孔方法视地层的地质情况、旋喷深度、机具设备等条件而定。通常，单管旋喷多用70型或76型旋转振动钻机，钻进深度可达30m以上，适用于标准贯入度小于40的砂性土和黏性土，当遇到比较坚硬的地层时，宜用地质钻机钻孔。

3. 插管。使用70型、76型振动钻机钻孔时，插管与钻孔两道工序合二为一。使用地质钻机钻孔完毕，必须拔出岩芯管，再将旋喷管插入到预定深度。在插管过程中，为防止泥砂堵塞喷嘴，可边射水、边插管，水压力一般不超过1.0MPa。如压力过高，则易将孔壁射塌。

4. 喷射。喷射使用的参数根据试验确定。当浆液初凝时间超过20h时，应及时停止使用该水泥浆（正常时，水灰比1:1，初凝时间为15h左右）。

5. 安放钢筋笼。当设计为加筋旋喷桩时，要放钢筋笼。较长、较重的钢筋笼可用卷扬机吊放。当旋喷桩喷射完毕，钻机向前移动，让出桩孔位置，向下插入钢筋笼，随时校正中心位置，直至准确放至设计标高。

6. 冲洗。施工完毕，应把注浆管等机具设备冲洗干净，管内、机内不得残存水泥浆。通常在管内注水，在地面喷射，以便于把浆液洗净。

高压喷射注浆地基质量检验标准见表3.8。

高压喷射注浆地基质量检验标准 **表3.8**

项	序	检查项目	允许偏差或允许值		检查方法
			单位	数值	
主控项目	1	水泥及外掺剂质量	符合出厂要求		查产品合格证书或抽样送检
	2	水泥用量	设计要求		查看流量表及水泥浆水灰比
	3	桩体强度或完整性	设计要求		按规定办法
	4	地基承载力	设计要求		按规定办法
一般项目	1	钻孔位	mm	≤50	用钢尺量
	2	钻孔垂直度	%	≤1.5	经纬仪测钻杆或实测
	3	孔深	mm	±200	用钢尺量
	4	注浆压力	按设定参数指标		查看压力表
	5	桩体搭接	mm	>200	用钢尺量
	6	桩体直径	mm	≤50	开挖后用用钢尺量
	7	桩身中心允许偏差		≤$0.2D$	开挖后桩顶下500 mm用钢尺量

3.2.8 砂桩挤密地基

挤密桩加固是在承压土层内，打入很多桩孔，在桩孔内灌入砂，以挤密土层，减小土体孔隙率，增加土体强度。挤密砂桩除了挤密土层加固土壤外，还起换土作用，在桩孔内以工程性质较好的土置换原来的弱土或饱和土；在含水黏土层内，砂桩还可作为排水井。挤密桩体与周围的原土组成复合地基，共同承受荷载。

砂桩的直径一般为220~320mm，最大可达700mm。砂桩的加固效果与桩距有关，桩距较密时，土层各处加固效果均匀。其间距为1.8~4.0倍桩直径。砂桩深度应达到压缩层下限处，或压缩层内的密实下卧层。砂桩布置宜采用梅花形布置。

1. 施工过程

(1) 桩孔定位，按设计要求的位置准确定桩位，并做上记号，其位置的允许偏差为桩直径。

(2) 桩机设备就位，使桩管垂直吊在桩位的上方。

(3) 打桩　通常采用振动沉桩机将工具钢管沉下后灌砂，拔管即成。振动力以30~70kN为宜，砂桩施工顺序应从外围或两侧向中间进行，桩孔的垂直度偏差不应超过1.5%。

(4) 灌砂　砂子粒径以0.3~3mm为宜，含泥量不大于5%，还应控制砂的含水量，一般为7%~9%。砂桩成孔深度满足设计要求后，将砂由上料斗投入工具管内，提起工具管，砂从舌门漏出，再将工具管放下，舌门关闭与砂子接触，此时，开动振动器将砂击实，往复进行，直至用砂填满桩孔。每次填砂厚度应根据振动力而定，保证填砂的干密度满足要求。

2. 桩孔灌砂量的计算

一般按下式计算：　$g = \pi d^2 h y (1 + w\%) / 4 (1 + e)$　(3-1)

式中　g——桩孔灌砂量，kN；

d——桩孔直径，m；

h——桩长，m；

y——砂的重力密度，kN/m^3；

e——桩孔中砂击实后孔隙比；

w——砂含水量。

也可以取桩管入土体积。实际灌砂量不得少于计算的95%，否则，可在原位进行复打灌砂。

3. 质量检验标准，见表3.9。

砂桩地基的质量检验标准　表3.9

项	序	检查项目	允许偏差或允许值		检查方法
			单位	数值	
主控项目	1	灌砂量	≥95%		实际用砂量与计算体积比
	2	地基强度	设计要求		按规定方法
	3	地基承载力	设计要求		按规定方法
一般项目	1	砂料的含泥量	%	≤3	试验室测定
	2	砂料的有机质含量	%	≤5	焙烧法
	3	桩位	mm	≤100	用钢尺量
	4	砂桩标高	%	±2	水准仪
	5	垂直度	mm	±50	经纬仪检查桩管垂直度

3.2.9　化学加固法

在软弱土层或饱和土层内，注入化学药剂，使之填塞孔隙，并发生化学反应，在颗粒间生成胶凝物质，固结土颗粒，这种加固土的方法叫化学加固法。又称为注浆加固法。

化学加固法可以提高地基承载力，降低土的孔隙比，降低土的渗透性，修建人工防水帷幕等各种用途。

1. 化学加固剂

化学加固法所用的化学溶液称为化学加固剂。化学加固剂应满足下列要求：

（1）化学反应生成物凝胶质安全可靠，有一定耐久和耐水性。

（2）凝胶质对土颗粒附着力良好。

（3）凝胶质有一定强度，施工配料和注入方便，化学反应速度调节可由调节配合比来实现。

（4）化学加固剂注入后，一昼夜土的容许承载力不应小于490kPa。

（5）化学加固剂应无毒、价廉、不污染环境。

化学加固剂种类繁多，常用的有以下几种：

1）水玻璃类浆液

在水玻璃溶液中加进氯化钙、磷酸、铝酸钠等制成复合剂，可适应不同土质加固的需要。对于不含盐类的砂砾、砂土、粉质土等，可用水玻璃加氯化钙双液加固。对于粉砂土，可用水玻璃加磷酸溶液双液加固。也可以将水泥浆渗入水玻璃溶液作为速凝剂制成悬浊液，其配比（体积比）为：当水灰比大于1时，为1:0.4~1:0.6，当水灰比小于1时，为1:0.6~1:0.8。水灰比愈小，水玻璃浓度愈低，其固结时间愈短。水泥强度等级愈高，水灰比愈小其固结后强度就愈高。

溶液的总用量可按下式计算：

$$Q = K \cdot V \cdot 1000 \tag{3-2}$$

式中 Q——溶液总用量，L；

V——固结土的体积，m^3；

N——土的孔隙率；

K——经验系数。参见表3.10确定。

经验系数 **表3.10**

土的种类	经验系数	土的种类	经验系数
软土、黏性土、细砂	0.3~0.5	砾砂	0.7~1.0
中砂、粗砂	0.5~0.7		

化学加固剂溶液的浓度，应根据被加固土的种类、渗透系数确定。

2）铬木素类溶液

铬木素类溶液是由亚硫酸盐纸浆液和重铬酸钠按一定的比例配制而成，适用于加固细砂和部分粉砂，加固土颗粒粒径0.04~10mm，固结时间在几十秒至几十分钟之间，固结体强度可达到980kPa。

铬木素类液凝胶的化学稳定性较好，不溶于水、弱酸和弱碱，抗渗性也好，价格低，但是浆液有毒，应注意安全施工。铬木素浆液为强酸性，不宜采用于强碱性土层。

2. 施工方法

通常采用的方法是旋喷法和注浆法，无论采用哪种方法，必须使化学加固剂均匀分布在需要加固的土层中。旋喷法在前面已述之，下面只介绍注浆法。

注浆法的注浆管用内径20～50mm，壁厚不小于5mm的钢管制成，包括管尖、有孔管和无孔管三部分组成。

管尖是一个25°～30°的圆锥体，尾部带有螺纹。

有孔管，一般长0.4～1.0m，孔眼呈梅花式布置，每米长度内应有孔眼60～80个，孔眼直径为1～3mm，管壁外包扎滤网。

无孔管，每节长度1.5～2.0m，两端有丝扣，可根据需要接长。

注浆管有效加固半径，一般根据现场试验确定，其经验数据参见表3.11。

有效加固半径 **表3.11**

土的类型及加固方法	渗透系数(m/d)	加固半径(m)	土的类型及加固方法	渗透系数(m/d)	加固半径(m)
砂土 双液加固法	2～10	0.3～0.4	湿陷性黄土 单液加固法	0.1～0.3	0.3～0.4
	10～20	0.4～0.6		0.3～0.5	0.4～0.6
	20～50	0.6～0.8		0.5～1.0	0.6～0.9
	50～80	0.8～1.0		1.0～2.0	0.9～1.0

注浆管在平面布置时，注浆管各行间距为1.5倍的加固半径，每行注浆管间距为1.73倍加固半径。注浆管的每层加固厚度，砂土类每层厚度为注浆管有孔部分的长度加0.5倍的加固半径；湿陷性黄土及黏土应由试验确定。

注浆管埋设参照井管理设施工方法，保证平面位置准确及注浆管的垂直度。

注浆一般采用水泵进行，根据土质和浆液性质选择，泵注法的注泵方式分为单泵注入、双泵注入、交替注入等方法。

注浆施工程序应根据土的渗透系数按下列顺序进行，加固渗透系数相同的土层，应自上而下进行，加固渗透系数不同的土层，应自渗透系数大的土层向渗透系数小的土层进行。

复习思考题

1. 试述松土坑的处理方法（无地下水、有地下水）。
2. 水井与枯井的处理方法有哪些？
3. 试述橡皮土的处理方法。
4. 灰土垫层适用情况与施工要点是什么？
5. 试述砂与砂石地基适用情况、施工要点、捣实方法与质量检查。
6. 试述强夯的加固机理与施工参数。
7. 试述碎石桩成桩施工过程与质量的控制（密实电流值、填料量、留振时间）。
8. 砂桩挤密地基的施工过程是怎样的？
9. 什么是化学加固法？常用化学加固剂种类及其适用条件？

第4章 钢筋混凝土工程

钢筋混凝土工程是给排水工程施工中的主要分部工程，如自来水、污水处理厂中的构筑物大部分都是钢筋混凝土结构。所以，钢筋混凝土工程在给水排水施工中占有重要的地位。

钢筋混凝土结构分为整体式和装配式两大类。给水排水工程结构大部分都属于现浇整体式。钢筋混凝土工程由模板、钢筋、混凝土等几个工种（分项）工程组成，钢筋混凝土结构由于其施工工序多，因而要加强施工管理、统筹安排、合理组织，以保证施工质量、缩短工期和降低造价。

钢筋混凝土工程的施工技术近年来得到很大的发展。

模板工程方面，采用了工具式支模方法与组合式钢模板，还推广了钢框胶合板模板、大模板、滑升模板、爬模、提模、台模、隧道模和预应力混凝土薄板式的永久模板等新技术。

钢筋工程方面，推广应用了多种高强度普通低合金钢筋；采用了数字过程控制调直剪切机、光电控制点焊机、钢筋冷拉联动线等。在线性规划用于钢筋下料和电焊技术、钢筋机械连接等方面也取得了不少的成效。

混凝土工程方面，已实现了混凝土搅拌站后台上料机械化、称量自动化和混凝土搅拌自动化或半自动化，还推广了混凝土强制搅拌、高频振动、混凝土搅拌运输车和泵送混凝土等新工艺，推广了高强混凝土的应用。

4.1 模 板 工 程

模板是保证新浇筑的混凝土按设计要求的形状、尺寸成型的模具。模板工程的施工工艺包括模板的选材、选型、设计、制作、安装、拆除和周转等过程。模板工程是钢筋混凝土工程的重要组成部分，特别是在现浇钢筋混凝土结构施工中占有主导地位，决定施工方法和施工机械的选择，直接影响工期和造价。

4.1.1 模板的作用、要求和种类

1. 模板的作用和要求

模板系统包括模板、支架和紧固件三部分。它是保证混凝土在浇筑过程中保持正确的形状和尺寸，在硬化过程中进行防护和养护工具。为此要求模板和支架必须符合下列规定：

（1）保证工程结构和构件各部位形状尺寸和相互位置的正确；

（2）具有足够的承载能力、刚度和稳定性，能可靠地承受新浇混凝土的自重和侧压力，以及在施工过程中所产生的各种荷载；

（3）构造简单，装拆方便，并便于钢筋的绑扎与安装，混凝土的浇筑及养护等工艺

要求；

(4) 模板的接缝不应漏浆。

2. 模板的种类

模板按其所用的材料不同可分为：木模板、钢模板、钢木模板、铝合金模板、塑料模板、胶合板模板、玻璃钢模板和预应力混凝土薄模板等；按其形式不同，可分为整体式模板、定型模板、工具式模板、滑升模板、胎模等。

4.1.2 木模板

目前虽然推广组合钢模板，但还有些工程或工程结构的某些部位仍使用木模板，其他形式的模板从构造上说来也是从木模板演变而来，对一些中、小型建筑企业还是大量地使用木模板。

模板和支架一般先加工成基本组件（通称拼板），然后在现场进行拼装。

拼板由板条和拼条用钉拼接而成（图 4.1）。板条厚度一般为 25 ~ 50mm，宽度不宜超过 200mm，以保证在干缩时缝隙均匀，浇水后易于密缝，受潮后不易翘曲。拼条（木枋、木档、横档）一般与板条垂直布置，截面为 30mm × 40mm ~ 50mm × 75 mm，拼条的间距取决于所浇混凝土的侧压力和板条厚度，约为 400 ~ 500mm。钉子的长度不小于板条厚度的 1.5 倍。拼板的拼缝视结构情况而定，分平缝、错口缝和企口穿条缝（图 4.2）。木拼板的表面根据构件表面的装饰要求可以刨光或不刨光。

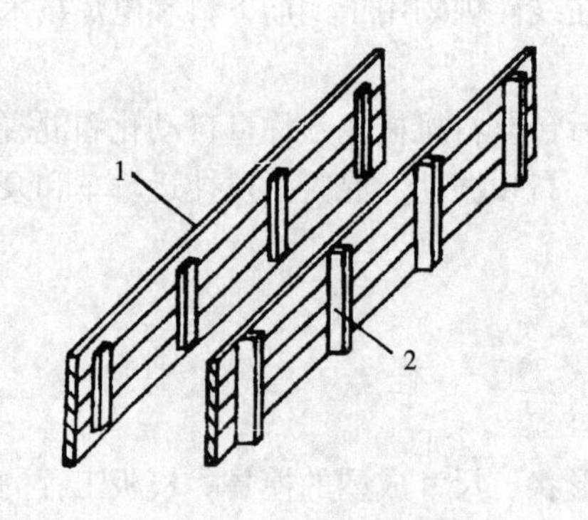

图 4.1 拼板的构造
1—板条；2—拼条

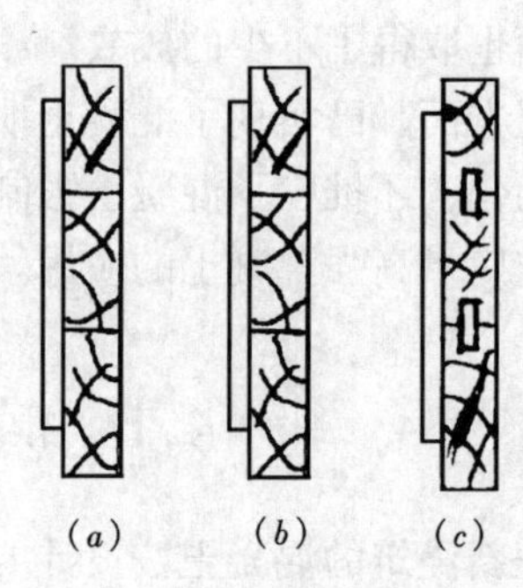

图 4.2 拼板的拼缝
(a) 平缝；(b) 错口缝；
(c) 企口穿条缝

配制模板前，要熟悉图纸，根据结构情况安排操作程序。一般的现浇结构应先做好标准支杆，复杂构件要放好足尺大样，经检查无误后，再进行正式生产。较重大的或结构复杂的工程，应进行模板设计，拟定模板制作，安装拆除的施工方案，并制定相应的质量、安全措施以及各工种的配合关系等。

安装时要与脚手架分开，不能支在脚手架上。

1. 基础模板

基础的特点是高度较小、体积较大。基础模板常用于排水管道、构筑物底板施工。基础模板由侧面模板组成，当土质良好时可以不用侧模，原槽灌筑，图 4.3、图 4.4 分别是条形基础模板和阶形独立柱基础模板的示例。

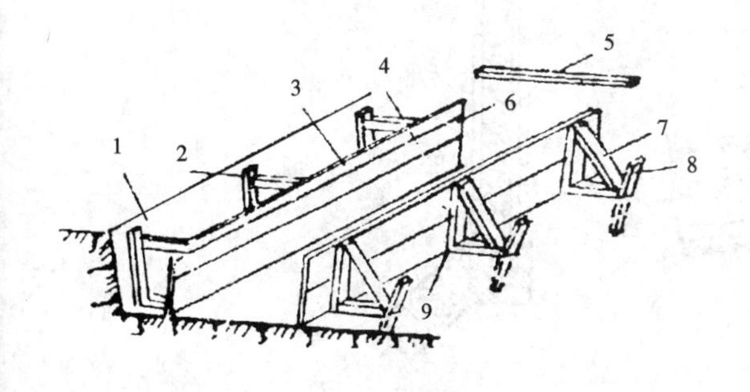

图 4.3　条形基础模板

1—平撑；2—垫木；3—准线；4—钉子；5—搭头木；
6—侧板；7—斜撑；8—木桩；9—木档

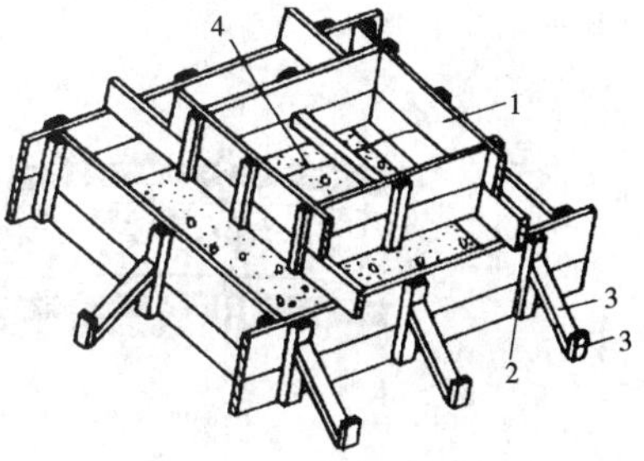

图 4.4　阶形独立柱基础模板

1—侧板；2—木档；3—斜撑；
4—平撑；

模板安装前，应校核基础的中心线和标高，安装时先将模板中心线对准基础中心（独立柱基）或将模板内侧对准基础边线（带形基础），然后校正模板上口的标高及垂直度，使其符合要求，并做出标高标志。当中心线位置和标高无误后，再钉木桩、平撑、斜撑及搭头木，均应钉稳、撑牢。在安装柱基模板时，应与钢筋的绑扎配合进行，基础模板用料见表 4.1。

对于排水管道 180°通基，采用平基和管座一次连续浇筑时，模板应分层安装，以便于混凝土的浇筑和捣实。

基础模板用料尺寸（mm）　　**表 4.1**

基础高度	木挡最大间距（侧模厚 25mm）	木挡断面	木挡钉法
300	700	50×30	
400	600	50×30	
500	600	50×50	平摆（钉子宽面）
600	500	50×50	平摆（钉子宽面）
700	500	50×70	

2. 墙体和顶板模板

在给水排水构筑物中，采用现浇钢筋混凝土的方沟、水池、泵房等结构，其侧墙和顶板的模板支设分为一次支模和二次支模。具体采用哪种方法，应在施工方案中确定。图 4.5 为一矩形钢筋混凝土管沟。侧墙和顶板为一次支模，内模一次支好，然后绑扎钢筋，外模可采用插模法，随浇筑随插模。若侧墙不高，在保证浇筑混凝土振捣质量的前提下，外模也可以一次支好。

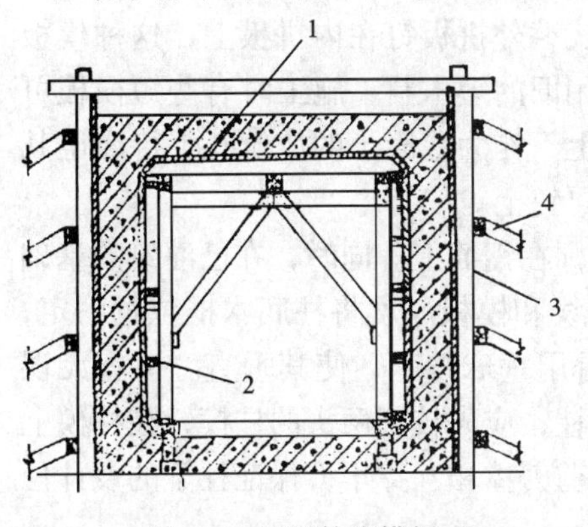

图 4.5　矩形管沟模板

1—内模板；2—支撑架；3—外模板；4—外撑木

图 4.6 为圆形混凝土池壁模板，其组合形式与直壁模板基本相同，只是钢管龙骨要按照水池直径大小加工成弧形，并用窄小模板拼合。

3. 柱模板

柱子的特点是断面尺寸不大而比较高。因

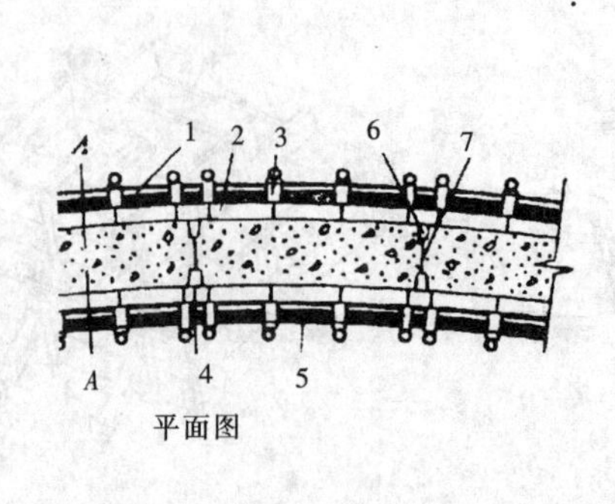

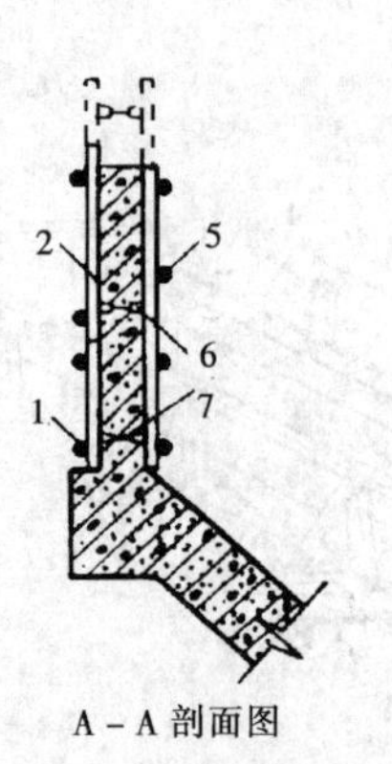

图 4.6 圆形墙体模板组合图

1—外侧钢管龙骨；2—平面钢模；3—B 型卡；4—条模；
5—内侧钢管龙骨；6—锥型螺母；7—内拉杆

此，柱模板主要是解决垂直度、侧向稳定及抵抗浇筑混凝土的侧压力问题，同时还要考虑方便浇筑混凝土、清理垃圾和绑扎钢筋等。

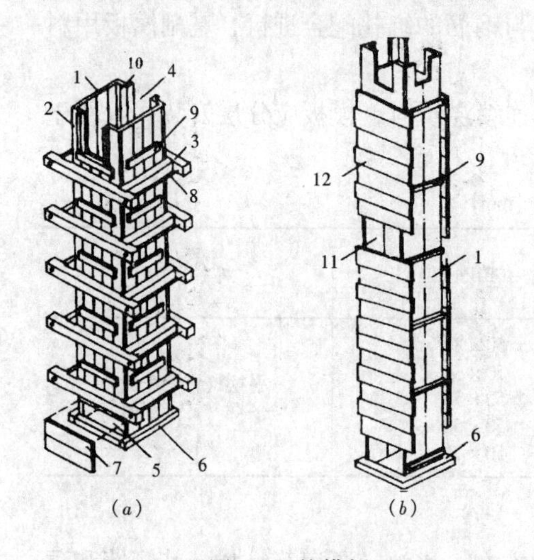

图 4.7 柱模板

(*a*) 拼板柱模板；(*b*) 短横板柱模板

1—内拼板；2—外拼板；3—柱箍；4—梁缺口；
5—清理孔；6—木框；7—盖板；8—拉紧螺栓；9—拼条；
10—三角木条；11—浇筑孔；12—短横板

如图 4.7（*a*），柱模板是由两块内拼板夹在两块外拼板之间所钉成。为保证模板在混凝土侧压力作用下不变形，拼板外面设木制、钢制或钢木制的柱箍。柱箍的间距与柱子的断面大小、高度及模板厚度有关。愈向下侧压力愈大，柱箍则应愈密。柱模底部应开有清理模板内杂物的清除口，沿高度每隔 2m 开有灌筑口（也叫振捣口）。在模板四角为防止柱棱角碰损，可钉三角木条，柱底一般应安放木框，用以固定柱子的水平位置。柱模板上端根据实际情况开有与梁模板连接的缺口。

图 4.7（*b*）中，柱模板是用短横板（门子板）代替外拼板钉在内拼板上，这种模板可以利用旧的短木料，施工时有些短横板可先不钉上，作为混凝土的浇筑孔，待浇至其下口时再钉上。

安装柱模板前，先绑扎好钢筋，测出模板标高，标在钢筋上。同时，在已灌筑的基础顶面上弹出中线及边线。同一柱列应拉边线，按照边线和模板厚度将柱底木框位置固定，再对准边线将柱模板竖起来，用临时支撑固定，然后用垂球校正，使其垂直。检查无误后，将柱箍箍紧，再用支撑钉牢。同在一条直线上的柱，应先校正两头的柱模，在柱模上口拉中心线来校正中间的柱模。柱模之间用水平撑及剪刀撑相互撑牢，保证柱子的设计位置准确。

4. 梁模板

梁的特点是跨度较大而宽度一般不大，梁高可达到1m左右（有的建筑物可高达到2m以上），梁的下面一般是架空的。因此，混凝土对梁模板既有水平侧压力，又有竖向压力。梁模板及其支架系统应能承受这些荷载而不致发生过大的变形。

梁模板主要由侧模、底模及支撑系统组成。侧面一般用厚25mm的长条板，底模用厚30.50mm的长条板加拼条而成。底模板下每隔一定间距（一般为80~120cm）用顶撑（又称琵琶撑）顶住，用于承担垂直荷载。图4.8是单梁模板示意图，支撑梁底模的顶撑是由立柱、帽头（又叫琵琶头）、斜撑组成；采用钢制顶撑的立柱由两节钢管套装而成，直径分别是50mm及63mm，钢管上留有销孔或楔孔，用钢销或钢楔插入销孔或楔孔中，以调整立柱的高低。为了调整梁模板的标高，在立柱底要加垫一对木楔。考虑顶撑传下来的集中荷载能均匀地传给地面，应沿顶撑底在地面或楼板上加铺垫板，垫板可连续亦可断续。当为泥土地面时，垫板厚不小于5cm，宽不小于20cm，长不小于60cm，如图4.8所示。

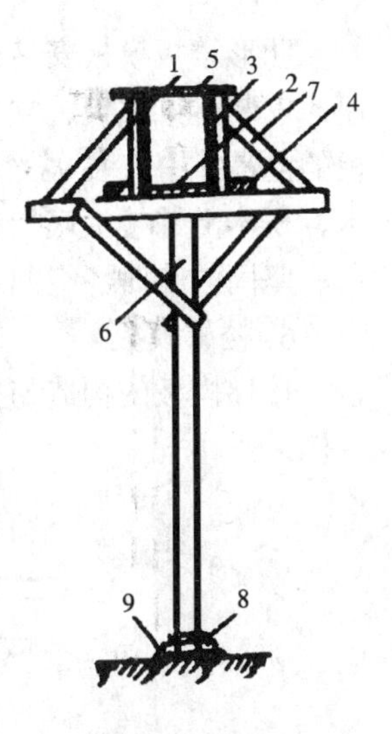

图4.8 单梁模板

1—侧模板；2—底模板；3—侧板拼条；4—固定夹板；5—木条；6—琵琶撑；7—斜撑；8—木楔；9—木垫板

梁模板安装后要拉中线检查，复核各梁模板中心线位置是否正确，待底模安装后，检查并调整标高，将木楔钉牢在垫板上。各顶撑之间要拉上水平撑和剪刀撑，以保持顶撑的稳固。

当梁的跨度在4m及4m以上时，应使梁模中部略为起拱，以防止由于浇筑混凝土后跨中梁时底下垂。如设计无规定时，起拱高度宜为梁跨长度的0.1%~0.3%，即每米梁长起拱1~3mm。

5. 楼板模板

楼板模板可以用拼板铺成，其厚度一般为25mm，现绝大多数采用定型模板，其尺寸不足处用零星木材或钢板补足。模板支承在楞木（格栅）上，楞木断面一般采用60mm×120mm，间距不大于600mm，楞木支承在梁侧模板的托板上，托板下安装短撑，短撑支承在固定夹板上。如跨度大于2m时，楞木中间应增加一至几排支撑排架作为支架系统，如图4.9所示。

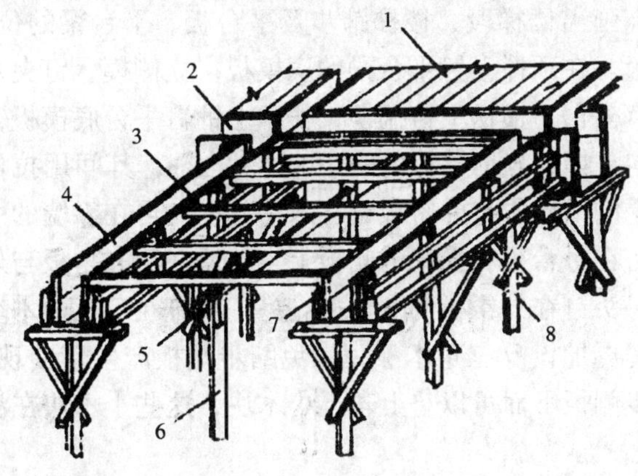

图4.9 梁及楼板的模板

1—平板底模；2—主梁侧模；3—楞木；4—次梁侧模；5—杠木；6—支撑；7—托木；8—顶撑

楼板模板的安装顺序，是在主次梁模板安装完毕后，按楼板标高往下减去楼板底模板的厚度和楞木的高度，在楞木和固定夹板之间支好短撑。在短撑上安装托板，在托板上安装楞木，在楞木上铺设楼板底模板。铺好后核对楼板标高、预留孔洞及预埋铁件的部位和尺寸。然后对梁的顶撑和楼板中间支承排架进行水平和剪刀撑的连接。以保证楼板支承系统的稳定。

肋形楼板模板安装过程是：安装柱模底框，立柱模，校正柱模，水平、斜撑固定柱模，安装主梁底模，立主梁模板的琵琶撑，安装主梁侧模板，安装次梁底模板，主次梁模板的琵琶撑，安装次梁固定夹板，立次梁侧模，在次梁固定夹板立短撑，在短撑上放楞木，楞木上铺楼板底模板，纵横方向用水平撑和剪刀撑连接主次梁的琵琶撑，使之成为稳定、坚固的临时性空间结构。

6. 楼梯模板

楼梯模板的构造与楼板模板相似，不同点是倾斜和做成踏步，图 4.10 是楼梯模板的一例。

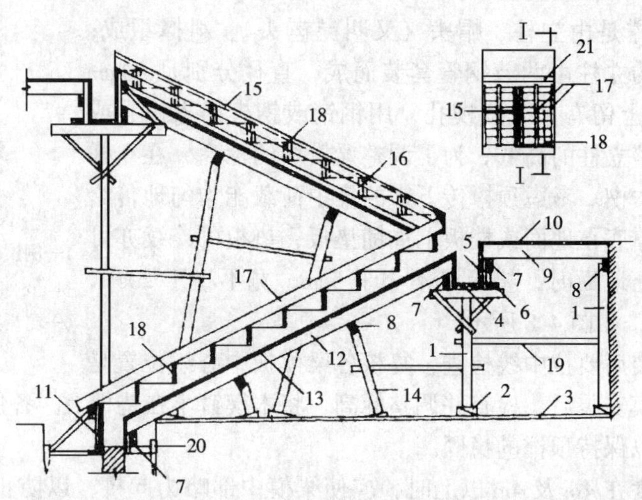

图 4.10　楼梯模板

1—支柱；2—木楔；3—垫木；4—平台梁底板；5—侧板；6—夹板；7—托木；8—杠木；9—木楞；10—平台底板；11—梯基侧板；12—斜楞木；13—楼梯底板；14—斜向顶撑；15—外帮板；16—横挡木；17—反三角木；18—踏步侧板；19—拉杆；20—木桩；21—平台梁模

安装时，先在楼梯间墙上设计标高画出楼梯段、楼梯踏步及平台板、平台梁的位置。在平台梁下立起顶撑，下垫木楔及垫板。在顶撑上钉平台梁的底模板，立侧模，钉夹木和托木。同时在贴墙外立支撑，支撑上钉横楞，横楞上钉搁楞，楞木上铺钉平台底模板，然后在楼梯段基础梁侧模板。下面立斜向支撑，斜向支撑的间距为 1.1 ~ 2m，其间用拉杆拉接。再沿楼梯边立外帮板，用外帮板上的横档木将外帮板钉在斜楞木上。再在靠墙的一面把反三角板立起，反三角板的两端可钉在平台梁和梯基的侧板上。然后在反三角板与外帮板之间逐块钉上踏步侧板。踏步侧板一头钉在外帮板的木档上，另一头钉在反三角木块的侧面上。如果梯段较宽，应在梯段中间再加设反三角木板，以免踏步侧板产生弯曲现象。为了确保梯板符合要求的厚度，在踏步侧板下面可以垫上若干小木块，这些小木块在浇捣混凝土时随时取出。

各梯段模板的安装程序与上述第一个梯段模板基本相同。在梯段模板放线时，特别要注意每层楼梯的第一个踏步和最后一个踏步的高度，常因疏忽了楼梯面层的厚度而造成高低不同的现象，影响用户使用。

4.1.3 定型组合钢模板

1. 定型组合钢模板的组成、规格与特点

在现浇结构中，模板工程照传统做法，既费工又耗费大量木材。要使模板工程达到多快、好、省，必须改革传统的木模板，使模板定型化，支模工具化。组合钢模板是一种灵活的模数制的工具模板，它由具有一定模数的平面模板、阳角模板、阴角模板、连接件和支架系统组成。可以拼出多种尺寸和几何形状的模板，以适应多种类型建筑物的基础、柱、墙、梁、板等构件的施工需要。目前，在建筑工地上组合钢模板的使用越来越广泛。表 4.2 为每 1000m^2 面积钢模板及附件配备参考表。

组合钢模板的模板由平面板、阳角模、阴角模和固定角模组成。它们由边框、面板和纵横肋构成。多用 2.5～3mm 厚钢板为面板；3mm 厚的扁钢为纵横肋；边框与面板一次轧成，高 55mm，然后焊上纵横肋。为便于各块之间的连接，边框上有连接孔，边框不论长向和短向其孔距都应一致，以便横竖向都能拼装。孔形取决于连接件，板块的连接有回形销、U 形卡和穿墙螺栓等。

目前我国有两种模数制，板块的宽度皆为 300、200、150、100（mm）4 种；板块的长度有 1200、900、750、450 和 1500、900、600（mm）两种体系。进行配板时，如出现不足模数的空缺，则用辅助木方补缺，用钉子或螺栓将木方与板块边框上的孔洞连接。

组合钢模板虽然具有较大的灵活性，但并不能适应一切情况。对特殊部位仍须在现场配制少量木模板填补。图 4.11 为钢模板的连接件。

钢模板的优点是重量轻，能多次周转使用，拼装严密，不易漏浆，拆卸方便；但是，对定型化的要求也较高，当结构形状复杂时，往往要补充一部分木模板。钢模板一次投资较高，要多次重复使用，才能显出其经济价值。国内有些建筑企业已开始使用铝合金及塑料材料来做模板。

金属模板，应涂防锈漆，与混凝土直接接触的表面应涂隔离剂。此外，还要注意回收连接零件，安装时对缝准确，拆卸时轻拆轻放，防止发生永久变形，拆下来的钢模板如有问题应及时修复，并进行清洁、防锈。

2. 定型组合钢模板配板设计

钢模板有很多规格型号，对同一面积的模板可用不同规格型号的钢模板作多种方式的排列组合，但哪一种排列组合方案最佳，需从多方面分析对比。为使配板设计能提高效率，保证质量，一般应考虑下列原则。

(1) 应使钢模板的块数最少。因此，应优先采用最通用的规格，不能过分要求规格的齐全，尽量采用规格最大的钢模板，其他规格的钢模板只作为拼凑模板面积尺寸之用。

(2) 应使木材拼镶补量最少。

(3) 合理使用转角模板。对于构造上无特殊要求的转角，可不用阳角模板，一般可用连接角模代替。阴角模板宜用于长度大的转角处、柱头、梁口及其他短边转角部位，如无合适的阴角模板，也可用 55mm 的木方代替。

(4) 应使支承件布置简单，受力合理。一般应以钢模板的长度沿着墙及板的长度方向、柱子的高度方向和梁的长度方向排列，这样有利于使用长度较大的钢模板和扩大钢模板的支承跨度，并应使每块钢模板都能有两处钢楞支承。在条件允许的情况下，钢模板端头接缝宜错开布置，这样模板整体刚度较好。

每 1000m² 面积钢模板及附件配备参考 **表 4.2**

模板名称	代号	规格（mm）	比例（%）	每件面积（m^2）	件数	每件重（kg）	面积比	
	P30120	300×1200×55	36	0.36	1000	12.59		72%
	P30090	300×900×55	7.5	7.5	2780	9.59	50%	15%
	P30075	300×75×55	4	4	1780	7.95		8%
	P30045	300×450×55	2.5	2.5	1850	4.95		5%
	P20120	200×1200×55	14.4	0.24	6000	8.39		72%
	P20090	200×900×55	3	0.18	1670	6.39	20%	15%
	P20075	200×750×55	1.6	0.15	1070	5.29		8%
	P20045	200×450×55	1	0.09	1110	3.30		5%
平面模板	P15120	150×1200×55	8.64	0.18	4800	6.90		72%
	P15090	150×900×55	1.8	0.135	1340	5.25	12%	15%
	P15075	150×750×55	0.96	0.1125	850	4.35		8%
	P15045	150×450×55	0.6	0.0675	850	2.70		5%
	P10120	100×1200×55	5.04	0.12	4200	5.42		72%
	P10090	100×900×55	1.05	0.09	1170	4.11	12%	15%
	P10075	100×750×55	0.56	0.075	750	3.41		8%
	P10045	100×450×55	0.35	0.045	780	2.10		5%
	Y120	1200×152×152	5.76	0.36	1920	12.08		72%
阳角模	Y090	900×152×152	1.20	0.27	540	9.26	8%	15%
	Y075	750×152×152	0.64	0.225	340	7.65		8%
	Y045	450×152×152	0.4	0.135	360	4.84		5%
	E120	1200×50×50	2.16	0.12	1800	5.77		72%
阴角模	E090	900×50×50	0.45	0.09	500	4.40	3%	15%
	E075	750×50×50	0.24	0.075	320	3.64		8%
	E045	450×50×50	0.15	0.045	340	2.28		5%
	G120	1200×55×55			1800	2.64		
固定角模	G090	900×55×55			500	1.99		
	G075	750×55×55			320	1.65		
	G045	450×55×55			340	1.01		
柱卡具					2500	24.20		
回形销					20000	0.20		
穿钉					4000	0.35		
梁卡具					1500	12.40		
墙板钩销					1500	0.30		
管卡（小）					3000	0.55		
桁架					5000 片	11.90/片		
桁架端头					500	3.70		
桁架托					500	9.70		
直顶柱					1500	38.06		
斜顶柱					300	38.84		

注 1. 每 1000m² 钢模板需配备 ϕ_s 无缝钢管 75t；

2. 每 1000m² 钢模板及附件约需钢材 646.35t（不包括损耗及钢管）；

3. 本表系根据试点工程计算求得，工程对象不同，应做调整，故仅供参考；

4. P30120 等表示平面模板宽 300，长 1200，其余类推。

（5）钢模板尽量采用横排或竖排，尽量不用横竖兼排的方式，因为这样会使支承系统布置困难。

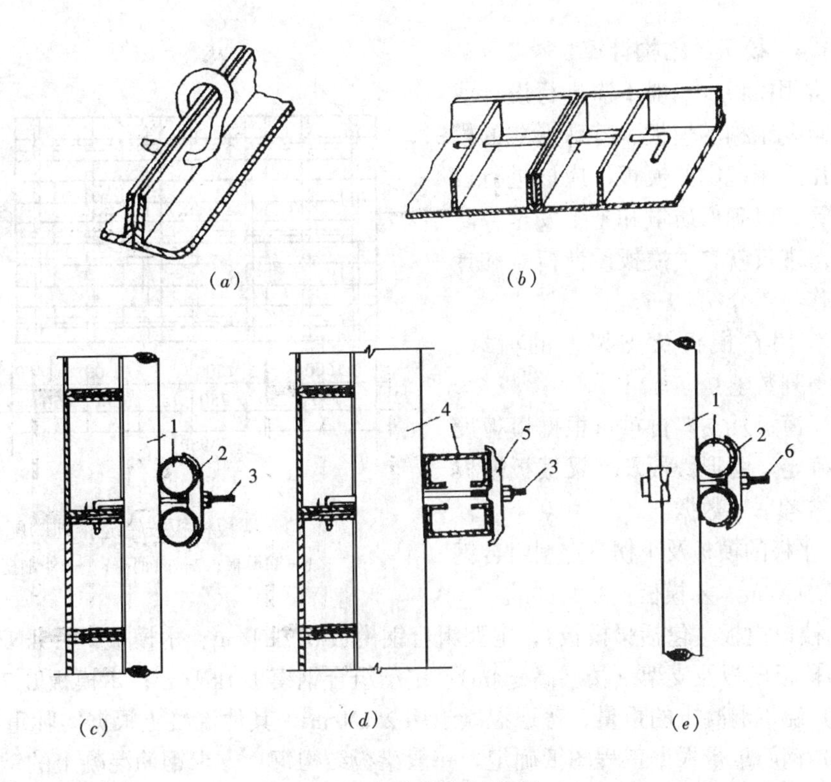

图 4.11　钢模板连接件

(a) U形卡；(b) L形插销；(c) 钩头螺栓；(d) 紧固螺栓；(e) 对拉螺栓

1—圆钢管钢楞；2—3 型扣件；3—钩头螺栓；

4—卷边槽钢钢楞；5—蝶形扣件；6—紧固螺栓

定型组合钢模板的配板设计，应绘制模板图。在配板图上应标出钢模板的位置、规格型号和数量。对于预组装的整体模板，应标绘出其分界线。有特殊构造时，应加以标明。预埋件和预留孔洞的位置，应在配板图上标明，并注明其固定方法。为减少差错，在绘制配板图前，可先绘出模板放线图。模板放线图是模板安装完毕后的平面图和剖面图，根据施工模板需要将各有关图纸中对模板施工有用的尺寸综合起来，绘在同一平、剖面图中。

【例 4-1】　某框架结构现浇钢筋混凝土板，厚 100m，其支撑尺寸为 3.3m × 4.95m，楼层高度为 4.5m，采用组合钢模及钢管支架支模，要求作配板设计。

解　若模板以其长边沿 4.95m 方向排列，可列出四种方案：

方案（1）33P3015 + 11P3004，两种规格，共 44 块；

方案（2）34P3015 + 2P3009 + 1P1515 + 2P1509，四种规格，共 39 块；

方案（3）35P3015 + 1P3004 + 2P1515，三种规格，共 38 块。

若模板以其长边沿 3.3mm 方向排列，可列出三种方案：

方案（4）16P3015 + 32P3009 + 1P1515 + 2P1509，四种规格，共 51 块；

方案（5）35P3015 + 1P3004 + 2P1515，三种规格，共 38 块；

方案（6）34P3015 + 1P1515 + 2P1509 + 2P3009，四种规格，共 39 块。

方案（3）及方案（5）模板规格及块数少，比较合宜。方案（1）（图 4.12）错缝排列，刚性好，宜用于预拼吊装的情况，现取方案（3）作模板结构布置及验算的依据。

4.1.4 模板的结构计算

对常用模板，一般不需进行设计或验算。重要结构的模板、特殊形式的模板、超出适用范围的模板，应该进行设计或验算，以确保质量和施工安全，防止浪费。现仅就有关模板设计荷载和计算规定作简单介绍。

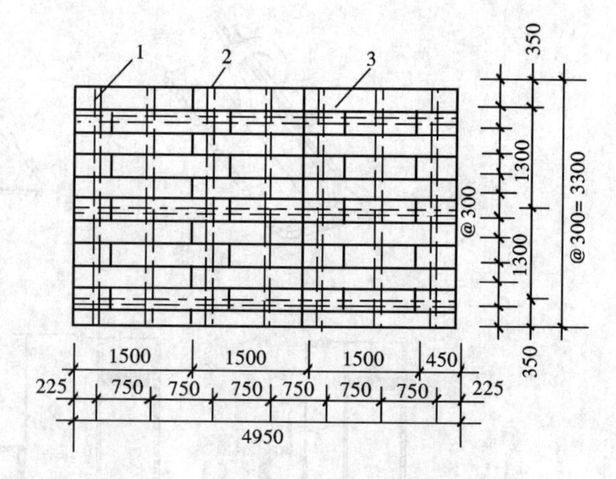

图 4.12 楼板模板按错缝排列的配板图

1—钢模板；2—内钢楞；3—外钢楞

1. 作用在模板及支架上的荷载，可采用下列数值：

(1) 模板及支架自重可根据模板设计图纸确定。肋形楼板及无梁楼板模板自重，参考下列数据。

1) 平板的模板及小楞：定型组合钢模板：0.5kN/m^2；木模板：0.3kN/m^2。

2) 楼板模板（包括梁模板）；定型组合钢模板 0.7kN/m^2；木模板：0.5kN/m。

3) 楼板模板及支架（楼层高≤4m)：定型组合钢模 1.1kN/m^2；木模板 0.75kN/m^2。

(2) 浇筑混凝土的重量，普通混凝土用 25kN/m^2，其他混凝土根据实际重量确定。

(3) 钢筋重量根据工程图纸确定。一般梁板结构每立方米钢筋混凝土的钢筋重量：楼板 1.1kN；梁 1.5kN。

(4) 施工人员及施工设备重在水平投影面上的荷载为：

1) 计算模板及直接支承小楞结构构件时，均布活荷载为 2.5kN/m^2，另以集中荷载 2.5kN 进行验算，取两者中较大的弯矩值。

2) 计算直接支承小楞结构构件时，均布活荷载为 1.5kN/m^2。

3) 计算支架支柱及其他支承结构构件时，均布活荷载为 1.0kN/m^2。对大型浇筑设备加上料平台，混凝土输送泵等按实际情况计算。混凝土堆集高度超过 100mm 以上者按实际高度计算。如模板单块宽度小于 150mm 时，集中荷载可布置在相邻两块板上。

(5) 振动混凝土时产生的荷载（作用范围在有效压头高度之内）：对水平面模板 2.0kN/m^2，垂直面模板为 4.0kN/m^2。

(6) 新浇混凝土对模板产生的侧压力：作用在模板侧面的最大侧压力，可按下列两式计算，并取两式中的较小值。

$$F = 0.22 r_c t_0 \beta_1 \beta_2 V^{1/2} \tag{4-1}$$

$$F = rcH \tag{4-2}$$

式中 F——板的最大侧压力，kN/m^2；

r_c——混凝土的重力密度，kN/m^3；

t_0——新浇混凝土的初凝时间，h，可按实测确定；当缺乏试验资料时，可采用 $t_0 = 200/(T+15)$ 计算（T 为混凝土的温度℃)；

V——混凝土的浇筑速度，m/h；

H——混凝土侧压力计算位置至新浇筑混凝土顶面的总高度，m；

β_1——外加剂影响修正系数，不掺外加剂时取1.0，掺具有缓凝作用的外加剂时取1.2；

β_2——混凝土坍落度影响修正系数，当坍落度小于30mm时，取0.85；50～90mm时，取1.0；110～150mm时，取1.5。

(7) 倾倒混凝土时对垂直面模板产生的水平荷载：用溜槽、串筒或导管向内灌混凝土时为2kN/m^2。

(8) 风荷载按现行《工业与民用建筑结构荷载规范》的有关规定计算。

2. 计算模板及其支架时的荷载分项系数。

计算模板及其支架时的荷载设计值，应采用荷载标准乘以相应荷载分项系数求得。荷载分项系数为：

(1) 荷载类别为模板及支架自重或新浇筑混凝土自重或钢筋自重时，为1.35。

(2) 当荷载类别为施工人员及施工设备荷载或振动混凝土时产生的荷载为1.4。

(3) 当荷载类别为新浇筑混凝土对模板的侧压力为1.35。

(4) 当荷载类别为倾倒混凝土时产生的荷载为1.4。

3. 计算规定

(1) 模板荷载组合：计算模板和支架时，应根据表4.3的规定进行荷载组合。

(2) 验算模板及支架的刚度时，允许的变形值：结构表面外露的模板，为模板构件跨度的1/400；结构表面隐蔽的模板，为模板构件跨度的1/250，支架压缩变形值或弹性挠度，为相应结构自由跨度的1/1000。

当验算模板及支架在自重和风荷载作用下的抗倾覆稳定性时，应符合有关的专门规定。滑升模板、爬模等特种模板也应按专门的规定计算。对于利用模板张拉和锚固预应力筋等产生的荷载亦应另行计算。

计算模板及其支架的荷载组合 **表4.3**

项　次	项　　目	荷　载　类　别	
		计算强度用	验算刚度用
1	平板和薄壳模板及其支架	(1)+(2)+(3)+(4)	(1)+(2)+(3)
2	梁和拱模板的底板	(1)+(2)+(3)+(4)	(1)+(2)+(3)
3	梁、拱、柱(边长≤30mm)墙(厚≤100mm)的侧面模板	(5)+(6)	(6)
4	厚大结构、柱(边长>300mm)墙(厚>100mm)的侧面模板	(6)+(7)	(6)

4.1.5 模板安装的要求

1. 注意事项

(1) 模板安装后，须切实校正位置和尺寸，垂直方向可用垂球校对，水平长度用钢尺量，模板的尺寸符合设计标准。

(2) 模板各结合点与支撑必须紧密牢固，以免在浇捣过程中发生裂缝、变形等现象。

(3) 凡属承重的梁板结构，跨度大于4m以上时，由于地基的沉陷和支撑结构的压缩变形，跨中应预留起拱高度，每米增高3mm，两边逐渐减少，至两端同原设计高程相等。

(4) 为避免拆模时建筑物受到冲击或振动，安装模板时，支柱下端应设置硬木楔形垫。支撑不得直接支撑于地面，应安装在垫木（板）上，使撑木有足够的支撑面积，以免沉陷变形。

(5) 模板安装完毕，最好立即浇筑混凝土，以防日晒雨淋导致模板变形。为保证混凝土表面光滑和便于拆卸，宜在模板表面涂抹肥皂水、润滑油等脱模剂。夏季或在气候干燥情况下，为防止模板干缩裂缝漏浆，在浇筑混凝土之前，需洒水养护。

管道基础及管座模板允许偏差　　表 4.4

项目	允许偏差（mm）
基础中心线每侧宽度	±5
基础高程	−5
管座肩宽及肩高	+10，−5

(6) 在浇筑混凝土以前，应将模板内的木屑等杂物清除干净，并仔细检查各连接点及连接头处的螺栓、拉条、楔木等有无松动滑脱现象。

(7) 管道基础及管座模板允许偏差应不超过表 4.4 的规定。

2. 质量标准及检验方法

模板及其支架应根据工程结构形式、荷载大小、地基土类别、施工设备和材料供应等条件进行设计。模板及其支架应具有足够的承载能力、刚度和稳定性，能可靠地承受浇筑混凝土的重量、侧压力以及施工荷载。

在浇筑混凝土之前，应对模板工程进行验收。

模板安装和浇筑混凝土时，应对模板及其支架进行观察和维护。发生异常情况时，应按施工技术方案及时进行处理。

(1) 主控项目

1) 安装现浇结构的上层模板及其支架时，下层楼板应具有承受上层荷载的承载能力，或架设支架；上、下层支架的立柱应对准，并铺设垫板。

检查数量：全数检查。

检验方法：对照模板设计文件和施工技术方案观察。

2) 在涂刷模板隔离剂时，不得沾污钢筋和混凝土接槎处。

检查数量：全数检查。

检验方法：观察。

(2) 一般项目

1) 模板安装应满足下列要求：

a. 模板的接缝不应漏浆；在浇筑混凝土前，木模板应浇水湿润，但模板内不应有积水；

b. 模板与混凝土的接触面应清理干净并涂刷隔离剂，但不得采用影响结构性能或妨碍装饰工程施工的隔离剂；

c. 浇筑混凝土前，模板内的杂物应清理干净；

d. 对清水混凝土工程及装饰混凝土工程，应使用能达到设计效果的模板。

检查数量：全数检查。

检验方法：观察。

2) 用作模板的地坪、胎模等应平整光洁，不得产生影响构件质量的下沉、裂缝、起砂或起鼓。

检查数量：全数检查。

检验方法：观察。

3）对跨度不小于4m的现浇钢筋混凝土梁、板，其模板应按设计要求起拱；当设计无具体要求时，起拱高度宜为跨度的1/100～3/1000。

检查数量：在同一检验批内，对梁，应抽查构件数量的10%，且不少于3件；对板，应按有代表性的自然间抽查10%，且不少于3间；对大空间结构，板可按纵、横轴线划分检查面，抽查10%，且不少于3面。

检验方法：水准仪或拉线、钢尺检查。

4）固定在模板的预埋件、预留孔洞均不得遗漏，且应安装牢固，其偏差应符合表4.5的规定。

预埋件和预留孔洞的允许偏差　　表4.5

项　目		允许偏差（mm）
预埋钢板中心线位置		3
预埋管、预留孔中心线位置		3
插　筋	中心线位置	5
	外露长度	+10，0
预埋螺栓	中心线位置	2
	外露长度	+10，0
预留洞	中心线位置	10
	尺寸	+10，0

注：检查中心线位置时，应沿纵、横两个方向量测，并取其中的较大值。

检查数量：在同一检验批内，对梁、柱和独立基础，应抽查构件数量的10%，且不少于3件；对墙和板，应按有代表性的自然间抽查10%，且不少于3件，对墙和板，应按有代表性的自然间抽查10%，且不少于3间，对大空间结构，墙可按相邻轴线间高度5m左右划分检查面，板可按纵横轴线划分检查面，抽查10%，且均不少于3面。

检验方法：钢尺检查。

5）现浇结构模板安装的允许偏差及检验方法应符合表4.6的规定。

检查数量：在同一检验批内，对梁、柱和独立基础，应抽查构件数量的10%，且不少于3件；对墙和板，应按有代表性的自然间抽查10%，且不少于3间；对大空间结构，板可按纵、横轴线划分检查面，抽查10%，且不少于3面。

检验方法：水准仪或拉线、钢尺检查。

现浇结构模板安装的允许偏差及检验方法　　表4.6

项　目		允许偏差（mm）	检验方法
轴线位置		5	钢尺检查
底模上表面标高		±5	水准仪或拉线、钢尺检查
截面内部尺寸	基础	±10	钢尺检查
	柱、墙、梁	+4，−5	钢尺检查
层高垂直度	不大于5m	6	经纬仪或吊线、钢尺检查
	大于5m	8	经纬仪或吊线、钢尺检查
相邻两板表面高低差		2	钢尺检查
表面平整度		5	2m靠尺和塞尺检查

4.1.6　模板的拆除

现浇混凝土结构模板的拆除日期，取决于结构的性质、模板的用途和混凝土硬化速度。及时拆模，可提高模板的周转，为后续工作创造条件。过早地拆模，因混凝土未达到一定强度，会因过早承受荷载而产生变形甚至造成重大的质量事故。

1. 模板拆除的要求

(1) 非承重模板（如侧模板），应在混凝土强度能保证其表面及棱角不因拆除模板而受损坏时，方可拆除。通常混凝土的强度应达到2.5MPa才能拆除其侧模板。

(2) 承重模板（如底模）应在与结构同条件养护的试块达到表4.7规定的强度，方可拆除。

底模拆除时的混凝土强度要求 **表4.7**

构件类型	构件跨度（m）	达到设计的混凝土立方体抗压强度标准值的百分率（%）
板	≤2	≥50
	>2，≤8	≥75
	>8	≥100
梁、板、壳	≤8	≥75
	>8	≥100
悬臂构件	—	≥100

(3) 在拆除模板过程中，如发现混凝土有影响结构安全的质量问题时，应暂停拆除。经过处理后，方可继续拆除。

(4) 已拆除模板及其支架的结构，应在混凝土强度达到设计强度后才允许承受全部计算荷载。当承受施工荷载大于计算荷载时，必须经过核算，加设临时支撑。

2. 拆除模板应注意下列几点：

(1) 拆模时不要用力过猛，拆下来的模板要及时运走、整理、堆放以便再用。

(2) 拆模程序一般应是后支的先拆，先拆除非承重部分，后拆除承重部分。一般是谁安装谁拆卸。重大复杂模板的拆除，事先应制定拆模方案。

(3) 拆除框架结构模板的顺序，首先是柱模板，然后是楼板底板，梁侧模板，最后梁底模板。拆除跨度较大的梁下支柱时，应先从跨中开始，分别拆向两端。

(4) 楼层楼板支柱的拆除，应按下列要求进行：上层楼板正在浇筑混凝土时，下一层楼板的模板支柱不得拆除，再下一层楼板模板的支柱，仅可拆除一部分；跨度4m及4m以上的梁下均应保留支柱，其间距不大于3m。

(5) 拆模时，应尽量避免混凝土表面或模板受到损坏，注意整块板落下伤人。

3. 质量检验

(1) 主控项目

1) 底模及其支架拆除时的混凝土强度应符合设计要求；当设计无具体要求时，混凝土强度应符合前述规定。

检查数量：全数检查。

检验方法：检查同条件养护试件强度并作出记录。

2) 对后张法预应力混凝土结构构件，侧模宜在预应力张拉前拆除；底模支架的拆除应按施工技术方案执行，当无具体要求时，不应在结构构件建立预应力前拆除。

检查数量：全数检查。

检验方法：观察。

3) 后浇带模板的拆除和支顶应按施工技术方案执行。

检查数量：全数检查。

检验方法：观察。

(2) 一般项目

侧模拆除时的混凝土强度应能保证其表面及棱角不受损伤。

检查数量：全数检查。

检验方法：观察。

4.1.7 其他模板

1. 早拆模板体系

早拆模板原理是基于短跨支撑早期拆模思想。利用柱头、立柱和可调支座组成竖向支撑，支顶于上下层楼板之间，使原设计的楼板跨度处于短跨（立柱间距＜2m）受力状态，在混凝土楼板的强度达到规定标准强度的50%（常温下3～4d）即可拆除梁、板模板及部分支撑。柱头、立柱及可调支座仍保持支撑状态。当混凝土强度增大到足以在全跨条件下承受自重和施工荷载时，再拆去全部竖向支撑。

2. 永久性模板

永久性模板在钢筋混凝土结构施工时起模板作用，而当浇筑的混凝土结硬后模板不再取出而成为结构本身的组成部分。很早以前人们就在厚大的水工建筑物上用钢筋混凝土预制薄板作永久性模板。各种形式的压型钢板（波形、密肋形等）、预应力钢筋混凝土薄板作为永久性模板，已在一些高层建筑楼板施工中推广应用。薄板铺设后稍加支撑，然后在其上铺放钢筋，浇筑混凝土形成楼板，施工简便，效果较好。

4.2 钢 筋 工 程

4.2.1 钢筋的分类及验收、存放

1. 钢筋的分类

（1）钢筋混凝土结构中所用的钢筋按其轧制外形可分为：

1）光圆钢筋：HPB235级钢筋（Q235钢钢筋）均轧制为光面圆形截面，供应形式有盘圆和直条的。

2）带肋钢筋：一般HRB335级、HRB400级钢筋轧制成人字形。

3）钢丝及钢绞线：预应力钢丝系指现行国家标准《预应力混凝土用钢丝》GB/T5223中的光面、螺旋肋和三面刻痕的消除应力的钢丝。钢绞线系指现行国家标准《预应力混凝土用钢绞线》（GB/T5224）。

(2) 钢筋按化学成分分为：

1）碳素钢钢筋：低碳钢，含碳量少于0.25%，如HPB235级。中碳钢，含碳量为0.25%～0.7%。高碳钢，含碳量为0.7%～1.4%，如碳素钢丝。

2）普通低合金钢：在碳素钢中加入少量合金元素，如HRB335（20MnSi）、HRB400（200MnSiV、20MnTi）、RRB400、（K20MnSi）。

碳素钢中的含碳量直接影响它的强度等性能，例如高碳钢的强度高，但塑性和韧性就很差，因其破坏时无明显的信号而突然断裂，人们来不及撤离而造成伤亡，因此高碳钢不适合用于建筑工程中。普通低合金钢的含碳量虽高，但由于掺入某些合金元素而改善了钢材的性能，不仅强度较高，而且其他性能也好。低碳钢钢筋强度虽低，但塑性及韧性均较好，故在建筑工程中被广泛应用。

(3) 钢筋按在结构中的作用分：受压钢筋、受拉钢筋、弯起钢筋、架立钢筋、分布钢筋、箍筋等。

(4) 钢筋按直径分：直径 3 ~ 5mm 的称钢丝，直径 6 ~ 12mm 称钢筋，直径大于 12mm 的称粗钢筋。

(5) 钢筋按加工方法的不同可分为热轧钢筋、冷拉钢筋、冷拔钢丝和热处理钢筋。另外还有刻痕钢丝、钢绞线等。

2. 钢筋的选用

钢筋混凝土结构及预应力混凝土结构的钢筋应按下列规定选用：

(1) 普通钢筋宜采用 HRB400 级和 HRB335 级，也可采用 HPB235 级和 RRB400 级钢筋。

这里所说的普通钢筋系指用于钢筋混凝土结构中的钢筋和预应力混凝土结构中的非预应力钢筋。

(2) 预应力钢筋宜采用预应力钢绞线、钢丝，也可采用热处理钢筋。

3. 钢筋的验收

钢筋出厂时应附有出厂合格证及试验报告单，运至工地后应按规格、品种分别堆放，并按规定进行钢筋的机械性能检验。当有怀疑时，除做机械性能检验外，还需进行化学成分分析。在使用中如发生脆断，焊接性能不良或机械性能异常时，应进行专门的试验或分析。对国外进口的钢筋，应特别注意机械性能和化学成分的分析。

(1) 钢筋的主要机械性能指标有：屈服点、抗拉强度、伸长率及冷弯性能。屈服点和抗拉强度是钢筋的强度指标、伸长率和冷弯性能是钢筋的塑性指标。

热轧钢筋机械性能的抽样检验以同规格、同炉罐（批）号不大于 60t 为一批。取样时，在每批钢筋中任意抽出两根试样钢筋，一根试件做拉力试验，测定其屈服点、抗拉强度及伸长率，另一根试件做冷弯试验。四个指标中如有一项经试验不合格，则加倍另取样，对不合格项目作第二次试验，如仍有一个试件不合格，则该批钢筋为不合格品，应重新分级。

另外，还应对钢筋的外观进行检查，表面不得有裂缝、结疤和折叠、并不得有超出螺纹高度凸块。钢筋的外形尺寸应符合有关规定。钢筋外观检查每捆（盘）均应检查。

(2) 钢丝的外观检查以 3t 钢丝为一批，逐盘检查外观和尺寸。钢丝表面不应有裂缝，毛刺、劈裂、机械损伤、氧化皮和油污。

预应力钢丝机械性能的抽样检验以同规格、同钢号和同交货条件的钢丝为一批，从每批中选取 10%盘（不少于 15 盘）的钢丝，从每盘钢丝的两端各截取一个试样，一个做拉力试验，一个做反复弯曲试验。

4. 存放

钢筋储存时，必须严格按批分别堆放。垛底应垫高，防止浸水锈蚀和污染。钢筋保管存放应注意以下几点：

(1) 钢筋不可直接堆放于地面，钢筋应置于垫木或混凝土块上，最好置于架上；

(2) 钢筋按不同等级、牌号、直径、长度分别挂牌堆放，并标明数量；

(3) 钢筋堆放处，禁止放酸、盐、油一类物品。

4.2.2 钢筋的冷拉

1. 钢筋冷拉原理

钢筋冷拉是将热轧钢筋在常温下强力拉伸，使拉应力超过屈服点后放松的方法，可以提高屈服强度，节约钢材。

冷拉钢筋的机械性能应符合表 4.8 的规定

冷拉钢筋的机械性能 **表 4.8**

项次	钢筋级别	直径（mm）	屈服点（N/mm^2）	抗拉强度（N/mm^2）	伸长率 δ（%）	冷弯	
			不小于			弯曲角度	弯曲直径
1	HPB235	6～12	280	370	11	180°	$3d_0$
2	HRB335	8～25	450	510	10	90°	$3d_0$
		28～40	430	490	10	90°	$3d_0$
3	HRB400	8～40	500	570	8	90°	$3d_0$

注：钢筋直径大于 25mm 的冷拉 HRB400 级钢筋，冷弯试验的弯曲直径应增加 $1d_0$，冷弯后不得裂纹裂断或起层现象。

冷拉时，钢筋被拉直，表面锈渣自动剥脱，因此，冷拉不仅能提高钢筋强度，还可同时完成调直、除锈工作。

2. 冷拉控制

钢筋的冷拉控制方法可采用控制应力和控制冷拉率两种方法。

用作预应力钢筋混凝土结构的预应力筋必须采用控制应力的方法。不能分清炉批的热轧钢筋，不应采用控制冷拉率的方法。

（1）应力控制法：应力控制法就是钢筋冷拉时既控制应力的大小，又控制冷拉率大小的方法。采用控制应力方法冷拉钢筋时，其冷拉控制应力及最大冷拉率，应符合表 4.9 的规定。

冷拉控制应力及最大冷拉率 **表 4.9**

项目	钢筋级别	冷拉控制应力（N/mm^2）	最大冷拉率（%）
1	HPB235	280	10
2	HRB335	450	5.5
3	HRB400	500	5

例如：一根直径为 18mm，截面积 $254.5mm^2$，长 30m 的 HPB235 级钢筋冷拉时，由表 4.9 查出钢筋冷拉控制应力为 $280N/mm^2$，最大冷拉率不超过 10%。则该根钢筋冷拉控制拉力为：

$$254.5mm^2 \times 280N/mm^2 = 71260N = 71.26kN$$

最大伸长量为 30m × 10% = 3m = 3000mm。

冷拉时，当控制力达到 71.26kN，而伸长量没有超过 3000mm，则这根冷拉钢筋为合格品，否则当控制应力达到 71.26kN，而伸长量超过 3000mm，或者伸长量达到 3000mm 而控制应力没有达到时，均为不合格，须进行机械性能试验或降级使用。

（2）冷拉率控制法：冷拉率控制法就是钢筋冷拉时只控制冷拉伸长度的方法。采用冷拉率控制法冷拉时，冷拉率必须由试验确定。对同炉批钢筋，取测定试件不应少于 4 个，每个试件都应按表 4.10 规定的冷拉应力值在试验机上测定相应的冷拉率，取其平均值作为该批钢筋的实际冷拉率。如钢筋强度偏高，平均冷拉率低于 1%时，仍应按 1%进行冷拉的。

测定冷拉率时钢筋冷拉应力　　表 4.10

项次	钢筋　级别		冷拉应力（N/mm^2）
1	HPB235		320
2	HRB335	$d \leqslant 25$	480
		$d = 28 \sim 40$	460
3	HRB400		530

3. 冷拉设备

冷拉设备由拉力设备、承力结构、测量装置和钢筋夹具等组成。拉力设备主要为卷扬机和滑轮组，它们应根据所需的最大拉力确定。

(1) 设备能力 Q：设卷扬机的吨位为 S（kN），张拉小车与地面的摩阻力为 F（kN），滑轮组的省力系数为 K'，则有：

$$Q = S/K' - F \tag{4-3}$$

式中　Q——设备能力；

S——卷扬机吨位；

K'——滑轮组的省力系数，$K' = f/\Sigma f^{n-1}$

f——单个滑轮的阻力系数，对青铜轴套的滑轮，$f = 1.04$；

n——动滑轮组的工作线数；

F——张拉小车与地面的摩阻力，通常取 5～10kN。

(2) 测力计负荷计算：当电子秤或测力设备设置在张拉端定滑轮处时，其负荷按式（4-4）计算。

$$P = (1 - K')(\sigma \times A + F) \tag{4-4}$$

【例 4-2】　某冷拉设备，采用 50kN 卷扬机，卷扬机鼓筒直径 $D = 400$mm，转速 $m = 8.7$r/min。用 6 门滑轮组，工作线数 $n = 13$，省力系数 $K' = 0.096$，实测张拉小车摩阻力 $F = 10$kN，求设备能力及冷拉速度。又若电子秤设备在张拉端定滑轮处，求当用控制应力方法冷拉 HRB335 级 $\phi32$ 的钢筋，问冷拉力及电子秤负荷各为多少？

解： $S = 50$kN，$n = 13$，$K' = 0.096$，$D = 0.4$m，$m = 8.7$r/min，查表 4-9，$\sigma = 450$N/mm^2，$A = 804mm^2$。

故设备能力 $Q = S/K - F = 50/0.096 - 10 = 511$kN

冷拉速度 $V = \pi D \cdot m/n = 3.14 \times 0.4 \times 8.7/13 = 0.84$m/min

钢筋冷拉力 $N = \delta \cdot A = 450 \times 804 \times 10^{-3} = 346$kN < 511kN

电子秤负荷 $P = (1 - K')(\sigma \cdot A + F) = (1 - 0.096) \times (450 \times 804 \times 10^{-3} + 10) = 321.57$kN。

4. 冷拉注意事项

钢筋冷拉时速度不宜太快，一般以每秒拉长 5mm 或每秒增加 5N/mm^2 为宜。当拉到控制值时，停车 2～3min 后，再行放松，使钢筋晶体组织变形较为安全，以减少钢筋的弹性回缩值。为了安全，钢筋冷拉防止斜拉，并缓缓放松。冷拉时正对钢筋端头不许站人，也不准人跨越钢筋。

4.2.3　钢筋连接

1. 钢筋焊接

采用焊接代替绑扎，可改善结构受力性能，提高工效、节约钢材、降低成本。结构的有些部位，如轴向受拉和小偏心受拉杆件中的钢筋接头，均应焊接。

钢筋的焊接，有闪光对焊、电弧焊、电渣压力焊和点焊。钢筋与钢板的连接，宜采用埋孤压力焊或电弧焊。

钢筋的焊接质量与钢材的可焊性、焊接工艺有关。在相同的焊接工艺条件下，能获得良好的焊接质量的钢材，则称其为在这种条件下的可焊性好，相反则称其为在这种工艺条件下的可焊性差。钢筋的可焊性与其含碳及含合金元素的量有关。含碳、锰数量增加，则可焊性差；加入适量的钛，可改善焊接性能。焊接工艺（焊接参数及操作水平）亦影响焊接质量，即使可焊性差的钢材，若焊接工艺适宜，亦可获得良好的焊接质量。

（1）闪光对焊

闪光对焊广泛用于钢筋接长及预应力钢筋与螺丝端杆的焊接。热扎钢筋的焊接宜优先用闪光对焊，如条件不可能时才用电弧焊。闪光对焊适用于焊接直径10~40mm的钢筋。

钢筋闪光对焊就是利用对焊机使两端钢筋接触，通过低电压的强电流，待钢筋被加热到一定温度变软后，进行轴向加压顶锻，形成对焊接头。

钢筋闪光对焊焊接工艺应根据具体情况选择：钢筋直径小，可采用连续闪光焊；钢筋直径较大（25mm以上），端面比较平整，宜采用预热闪光焊；端面不够平整，宜采用闪光-预热-闪光焊。

1）连续闪光焊

连续闪光焊所需焊机功率较大，适于焊接直径25mm以下的钢筋。它是先将钢筋夹在焊机电极钳口上，然后闭合电源，使两钢筋端移近接触。由于钢筋端部一般都凸凹不平，开始仅有一点或数点接触，接触面很小，故电流密度和接触电阻很大，接触点很快熔化，形成“金属过梁”。“过梁”进一步加热，产生金属蒸气飞溅，形成闪光现象。而后再徐徐移动钢筋，保持接头轻微接触，使闪光连续发生，接头也同时被加热，直至接头端面烧平、杂质闪掉；白热熔化时，操作者迅速操纵手动压力机构进行顶锻，并随之断电，使两根钢筋对焊成一体。

在焊接过程中，由于闪光的作用，使空气不能进入接头处，又通过挤压，把已熔化的氧化物全部挤出，因而接头质量得到保证。

2）预热闪光焊

预热闪光焊也称烧化预热闪光焊，是在连续闪光焊前加一个钢筋预热过程。使两钢筋端部交替接触和分开，使其间隙发生闪光，达到烧化预热。当钢筋预热到规定温度后，随即进行连续闪光和顶锻。此工艺适用于焊接25mm以上端面平整的钢筋。

3）闪光-预热-闪光焊

此工艺是钢筋预热前再增加一次闪光过程。先使两钢筋端面的凸出部分接触，闪光连续发生。待钢筋端面凸出部分被闪掉而趋于平整时，再按预热闪光焊工艺进行预热闪光和顶锻。此工艺适用于直径25mm以上钢筋端面不平整的钢筋。第一次闪光的目的是要达到接头钢筋端面平整。

4）通电热处理

通电热处理的目的，是对焊接接头进行一次退火或高温回火处理，以消除热影响区产生的脆性组织，改善接头的塑性。

通电热处理的方法，是待接头冷却至300℃（暗黑色）以下，电极钳口调至最大间距，接头居中，重新夹紧。采用较低变压器级数，进行脉冲式通电加热（频率约2次/s，通电5~7s）。热处理的温度通过试验确定，一般在750~850℃（桔红色）范围内选择，随后在空气中自然冷却。

5）对焊质量检查

闪光对焊接头的质量检验，应分批进行外观检查和力学性能试验，并应按下列规定抽取试件：

a. 在同一台班内，由同一焊工完成的300个同级别、同直径钢筋焊接接头应作为一批。当同一台班内焊接的接头数量较少，可在一周之内累计计算；累计仍不足300个接头，应按一批计算。

b. 外观检查的接头数量，应从每批中抽查10%，且不得少于10个。

c. 力学性能试验时，应从每批接头中随机切取6个试件，其中3个做拉伸试验，3个做弯曲试验。

d. 焊接等长的预应力钢筋（包括螺丝端杆与钢筋）时，可按生产时同等条件制作模拟试件。

e. 螺丝端杆接头可只做拉伸试验。

闪光对焊接头外观检查结果，应符合下列要求：

a. 接头处不得有横向裂纹。

b. 与电极接触处的钢筋表面不得有明显烧伤；负温闪光对焊时也不得有烧伤。

c. 接头处的弯折角不得大于4°。

d. 接头处的轴线偏移，不得大于钢筋直径的0.1倍，且不得大于2mm。

外观检查结果，当有1个接头不符合要求时，应对全部接头进行检查，剔出不合格接头，切除热影响区后重新焊接。

(2) 电弧焊

电弧焊是利用电焊机使焊条与焊件之间产生高温电弧，使焊条和电弧燃烧范围内的焊件熔化，待其凝固便形成焊缝或接头。电弧焊运用于钢筋接头的焊接，钢筋骨架的焊接，装配式钢筋混凝土结构接头的焊接、钢筋与钢板的焊接以及各种钢结构的焊接。

1）帮条焊接头：适用于焊接直径10～40mm的各级钢筋，宜采用双面焊，不能进行双面焊时，也可采用单面焊。帮条焊宜采用与主筋同级别，同直径的钢筋制作，帮条长度见表4.11。如帮条级别与主筋相同时，帮条的直径可比主筋直径小一个尺寸规格。如帮条直径与主筋相同时，帮条钢筋的级别可比主筋低一个级别。

钢筋帮条长度　　表4.11

项次	钢筋　级别	焊缝形式	帮条长度
1	HPB235	单面焊	≥8d
		双面焊	≥4d
2	HRB335	单面焊	≥10d
	HRB400	双面焊	≥5d

钢筋帮条接头或搭接接头的焊缝厚度 h 应不小于0.3钢筋直径；焊缝宽度 b 不小于0.7钢筋直径，焊缝尺寸。

2）搭接焊接头：只适用于焊接直径10～40mm的HPB235和HRB335级钢筋。焊接时，宜采用双面焊，不能进行双面焊时，也可采用单面焊，搭接长度应与帮条长度相同。

3）坡口焊接头：有平焊和立焊两种。这种接头比上两种接头节约钢材，适用于在现场焊接装配整体式构件接头中直径为18～40mm的各级钢筋。

电焊机有直流与交流两种，工地上常用交流电焊机。

钢筋电弧焊接时焊条牌号见表4.12。焊条型号编制方法如下：字母“E”表示焊条；前两位数字表示熔敷金属抗拉强度的最小值，单位为 kgf/mm^2；第三位数字表示焊条的焊接位置，“0”及“1”表示焊条适用于全位置焊接（平、立、仰、横），“2”表示焊条适用于平焊及平角焊，“4”表示焊条适用于向下立焊；第三位和第四位数字组合时表示焊接电流种类及药皮类型。

焊条表面涂的焊药，是为保证电弧稳定，使焊缝免致氧化，并产生溶渣，覆盖焊缝以减缓冷却速度。

焊接电流的大小应根据钢筋直径和焊条的直径进行选择。

帮条焊、搭接焊和坡口焊的焊接接头，除外观质量检查外，亦需抽样作应力试验。如对焊接质量有怀疑或发现异常情况，还应进行非破损方式（x 射线、γ 射线、超声波探伤等）检验。钢筋电弧焊接头，应按规定作外观检查和拉伸试验。

钢筋电弧焊焊接时焊条牌号　　表4.12

项　次	钢筋级别	搭接、帮条焊牌号	坡口焊
1	HPB235	E43××	E43××
2	HRB335	E50××	E55××
3	HRB400	E50××	E55××

（3）埋弧压力焊

埋弧压力焊是利用埋在焊接接头处的焊剂层下的高温电弧，熔化两焊件接头处的金属，然后加压顶锻而成。图4.13所示为埋弧压力焊原理图，这种焊接方法多用于钢筋与钢板丁字形接头的焊接。埋弧压力焊机，由焊接变压器和工作机构组成。焊接变压器可采用普通电弧焊变压器。施焊时，先将钢筋1和钢板2分别固定在可动电极4和固定电极8上（钢板可用卡具卡住，也可用磁盘吸住），并用普通431型（4代表高锰、3代表高硅低氟，1为编号）自动焊焊剂埋满施焊接头处，然后通电，借助手轮5使钢筋稍稍提起2~4mm引弧，随之使钢筋缓缓下降，保持燃烧熔化，待钢板形成熔池后，借手轮5迅速加压，断电，便形成丁字接头。

（4）电渣压力焊

是利用电流通过渣池产生的电阻热将钢筋端部熔化，待达到一定程度后，施以压力，使钢筋焊接而成，其工艺原理与埋弧压力焊类似。电渣焊是现浇钢筋混凝土结构竖向钢筋接长的一种焊接技术，比电弧焊容易掌握、工效高，成本低，工作条件好，并可节省大量钢筋，适用于现场竖向钢筋焊接。图4.14是电渣压力焊的原理。

焊接直径小于22mm的钢筋时，可采用20kVA交流电焊机，焊接直径大于22mm的钢筋时，可采用40kVA的交流电焊机，或将两台20kVA电焊机并联使用。

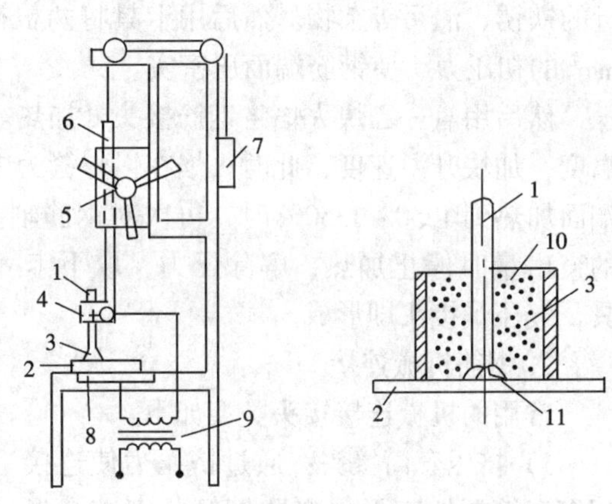

图4.13　埋弧压力焊

1—钢筋；2—钢板；3—焊剂；4—钢筋卡具；5—手轮；6—齿条；7—平衡重；8—固定电极；9—变压器；10—焊剂盒；11—弧焰

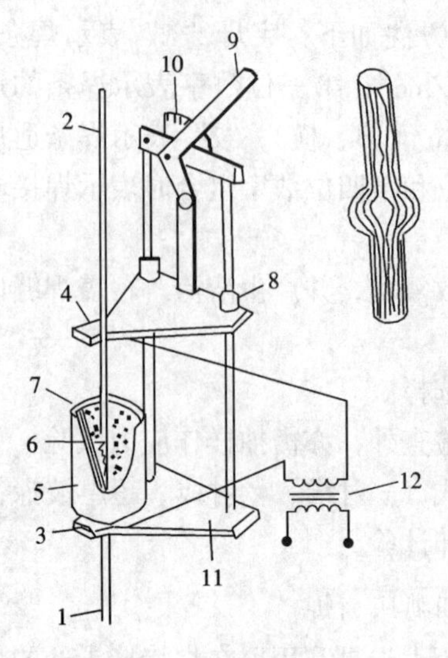

图 4.14　电渣压力焊

1、2—钢筋；3—固定电极；4—活动电极；5—焊剂盒；6—导电剂；7—焊剂；8—滑动架；9—操纵杆；10—标尺；11—固定架；12—变压器

施焊前，将钢筋 1、2 端部 120mm 范围内的锈渣刷掉，用电极 3、4 上夹具夹紧钢筋。在两根钢筋接头处，放一钢丝小球。(22 号钢丝绕成直径 10～15 的紧密小球) 或放入导电剂 6（当钢筋直径较大时），并在焊剂盒 5 内装满焊剂。施焊时，接通电源，使导电剂（或钢丝小球)、钢筋端部及焊剂熔化，形成导电的渣池，维持数秒钟后，借助操纵杆 9 将钢筋缓缓下送（平均速度约 1mm/s)，使焊接电压稳定在 20～25V 范围内，防止钢筋下送时过快或过慢而造成电流短路或断路，维持良好的电渣形成过程。待熔化量达到一定数量时（熔化量可用标尺 10 控制）即断电。并用力迅速顶锻，挤出全部熔渣和熔化金属，使形成牢固的接头。冷却 1～3min 后，即可打开焊药盒，收回焊剂，卸下夹具。

为保证焊接质量，应先试焊并按规范要求进行外观检查：接头焊包应均匀，不得有裂纹，钢筋表面无明显烧伤，接头处的弯折及轴线偏移最大容许值与闪光对焊相同。拉伸试验时，接头抗拉强度不得低于该级钢筋规定的抗拉强度值。

(5) 气压焊

钢筋气压焊是用氧—乙炔火焰使焊接接头加热至塑性状态，加压形成接头。这种方法具有设备简单、工效高、成本低等优点。适用于各种位置钢筋的焊接。

钢筋气压焊设备由氧气瓶、乙炔瓶、焊枪、钢筋卡具、油缸及油泵等组成。图 4.15 所示。

气压焊工艺过程如下：施焊前先磨平钢筋端面，并与钢筋轴线基本垂直，清除接头附近的铁锈、油污等杂物。然后用卡具将两根被焊钢筋对正夹紧，即对钢筋施加 30～50N/mm^2 的初压力，使钢筋端面压密实。

然后用氧—乙炔火焰将钢筋接头处加热。在开始阶段，火陷应用还原焰，以提高火焰温度，加快升温速度，此时火焰在以焊缝为中心的两倍钢筋直径范围内均匀摆动。当钢筋端面加热到 1250～1350℃时，再次对钢筋轴向加压 30～50N/mm^2 压力。待接头形成所需的突出量时停止加热，解除压力，取下卡具，气压焊接头即形成。

2. 钢筋机械连接

常用的机械连接接头类型如下。

1）挤压套筒接头：通过挤压力使连接用钢套筒塑性变形与变肋钢筋紧密咬合形成的接头。

2）锥螺纹套筒接头：通过钢筋端头特制的锥形螺纹套管咬合形成的接头；

3）直螺纹套筒接头：通过钢筋端头特

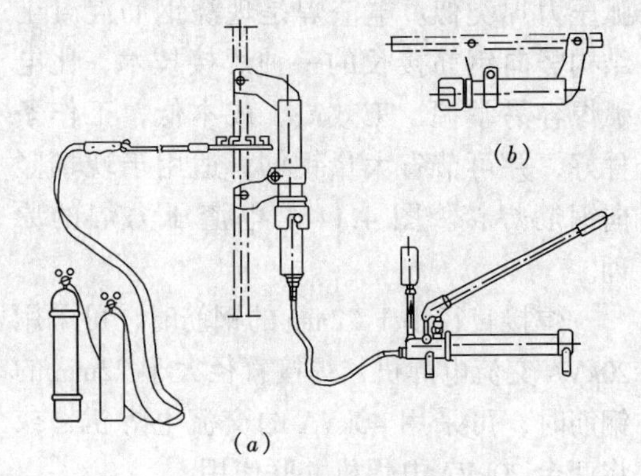

图 4.15　气压焊设备

制的直螺纹和直螺纹套管咬合形成的接头；

4）熔融金属充填套筒接头：由高热剂反应产生熔融金属充填在钢制套筒内形成的接头；

5）水泥灌浆充填套筒接头：用特制的水泥浆充填的特制的钢套筒内硬化后形成的接头；

6）受压钢筋端面平接头：被接钢筋端头按规定工艺平切后，端面直接接触传递压力的接头。

（1）钢筋套筒挤压连接接头

1）原理：将两根待接变形粗钢筋的端头先后插入一个优质钢套筒，采用专用液压钳挤压钢套筒，使钢套筒产生塑性变形，从而使钢套筒的内周壁变形而紧密嵌入钢筋螺纹，将两根待接钢筋连成一体的一种机械连接接头。

2）优点

a. 接头强度高、质量稳定可靠，对钢筋无可焊性要求。

b. 每个接头所需的现场挤压时间仅 1～3min，工效比一般焊接方法快数倍至十倍。

c. 油泵动力仅 1～3kW，不受电源容量控制，压钳轻巧灵活，适用多台设备同时操作。

d. 无易燃易爆气体，无火灾隐患，也不受风雨、寒冷气候的影响。

e. 缓解了钢筋搭接处的拥挤现象，有利于浇筑混凝土。

f. 不需要专业熟练的技工，且可以连接不同品种的变形钢筋。

g. 接头耗钢量比搭接节省 80%左右。

（2）钢筋锥螺纹套筒连接接头

1）原理：用专用套丝机把两根待接钢筋的连接端加工成符合要求的锥形螺纹，通过预先加工好的相应连接套筒，然后用手和特制扭力钳按规定的力矩值把两根待接钢筋拧紧咬合成一体的连接方法。

2）优点：

a. 接头质量稳定，检查方便，对中性好，工艺简单，安全可靠，无明火作业。

b. 连接接头速度快，每小时可连接 50～60 个接头。

c. 使用工具为一把扭力钳，操作简单，方便灵活。

d. 不需专业熟练工人。

e. 不受天气的影响。

（3）钢筋镦粗直螺纹连接接头

镦粗直螺纹钢筋连接技术是通过对钢筋端部冷镦扩粗，切削螺纹，再用连接套筒对接钢筋方法，这种接头综合了套筒挤压接头和锥螺纹接头的优点，具有接头强度高，质量稳定，施工方便，连接速度快，应用范围广，综合经济效益好等优点。其工艺为：钢筋端部扩粗→切削直螺纹→用连接套筒对接。

直螺纹接头采用标准套筒，其规格、尺寸见表 4.13。

3. 钢筋绑扎接长

钢筋绑扎接长是目前钢筋连接的主要手段之一。钢筋绑扎接长时，应采用钢丝扎牢；板和墙的钢筋网，除外围两行钢筋的相交点全部扎牢外，中间部分交叉点可相隔交错扎牢，保证受力钢筋位置不产生偏移；梁和柱的箍筋应与受力钢筋垂直设置。弯钩叠合处应沿受力钢筋方向错开设置。钢筋绑扎搭接长度的末端与钢筋弯曲处的距离，不得小于钢筋直径的10倍，且接头不宜在构件最大弯矩处。钢筋搭接处，应在中部和两端用钢丝扎牢。受拉钢筋的搭接长度见表4.14。轴心受拉及小偏心受拉杆件的纵向受力钢筋不得采用绑扎接头；当受拉钢筋的直径 $d>28$mm 及受压钢筋的直径 $d>32$mm 时，不宜采用绑扎接头。

标准型套筒规格、尺寸 （mm） **表 4.13**

钢筋直径	套筒外径	套筒长度	螺纹规格
20	32	40	M24×2.5
22	34	44	M25×2.5
25	39	50	M25×3.0
28	43	56	M32×3.0
32	49	64	M36×3.0
36	55	72	M40×3.5
40	61	80	M45×3.5

纵向受力钢筋的最小搭接长度 **表 4.14**

钢筋种类		混凝土强度等级			
		C15	C20～C25	C30～C35	≥C40
光圆钢筋	HPB235 级	$45d$	$35d$	$30d$	$25d$
螺纹钢筋	HRB335 级	$55d$	$45d$	$35d$	$30d$
	HRB400 级 RRB400 级		$55d$	$40d$	$35d$

4.2.4 钢筋配料

钢筋配料是根据构件配筋图，分别计算钢筋的下料长度和根数，填写配料单，申请备料加工成设计所要求的钢筋的过程。

1. 钢筋下料长度计算

(1) 下料长度及基本公式：钢筋下料长度即钢筋下料切断时的长度，钢筋下料时为直线，故下料长度也是钢筋的中心线长度，在下料计算时不能直接根据图纸中的尺寸下料，因图纸上的尺寸是钢筋加工成型后的尺寸，其所标尺寸不一定是中心线尺寸。所以钢筋下料长度与钢筋的外形尺寸，弯起（折）变量及末端弯钩增加量有关。其基本公式为：

钢筋下料长度 = 钢筋外包（内包）长度 + 末端弯钩（折）增加量

－中间部位弯折量度差

(2) 钢筋外包长度：即钢筋的外轮廓长度，外包长度的计算应根据图纸构件配筋图来计算，不同形状的钢筋的计算公式如下：

1) 水平直钢筋的外包长度 = 构件长度 － 钢筋保护层厚度。混凝土保护层厚度见GB50010—2002 中 9.2.1 及 9.2.2、9.2.3 的 9.2.4。

2) 弯起钢筋的外包长度 = 水平段外形长度 + 垂直段外形长度 + 斜段外形长度或 = 垂

直段外形长度+构件长度-混凝土保护层厚度+斜长增量系数。

3）箍筋的外包长度

a. 矩形箍的外包长度=2倍箍筋外形宽+2倍箍筋外形长

斜长增量系数参考值 **表4.15**

弯起角	30°	60°	60°
增　量	$0.268h_0$	$0.414h_0$	$0.575h_0$

注：h_0 为弯起钢筋的外形高度

b. 环形箍筋的外包长度=3.14倍构件直径-2倍箍筋保护层厚度

c. 螺旋形箍筋的一周外包长度=$\sqrt{环形外包长度^2+螺距^2}$

（3）末端弯钩（折）增加值

1）末端弯钩的规定：

a.HPB235级钢筋应作180°弯钩，其弯弧内直径不应小于钢筋直径的2.5倍，弯钩的弯后平直部分长度不应小于钢筋直径的3倍。

b. 当设计要求钢筋末端需作135°弯钩时，HRB335级、HRB400级钢筋的弯弧内直径不应小于钢筋直径的4倍，弯钩的弯后平直部分长度应符合设计要求；

c. 箍筋的弯钩对一般结构不应小于90°，平直长度不小于箍筋直径的5倍。对于有抗震等要求的结构，应为135°，平直长度不小于箍筋直径的10倍，弯弧直径除应满足上述规定外，尚应保证不受力钢筋的直径。

2）末端弯钩增加

a.HPB235级钢筋做90°弯折时，每个弯折增加值为$3.5d$；135°时为$4.9d$；180°时为$6.25d$。

b.HRB335级做90°弯折时，每个弯折增加值为d+平直长度；作135°弯钩时为$3d$+平直长度。

c.HRB400级作90°弯折时，每个弯折增加值为d+平直长度；作135°弯钩时，每个弯钩增加值为$3.5d$+平直长度。

（4）中间部位弯起（折）量度差

GB50204—2002规定：中间部位钢筋宜作不大于90°的弯折，弯折处的弯弧内直径不应小于钢筋直径的5倍。钢筋折时的量度差见表4.16。

钢筋折时的量度差 **表4.16**

30°	45°	60°	90°	135°
$0.3d$	$0.5d$	$1d$	$2d$	$3d$

（5）箍筋的下料长度

箍筋的下料长度=外包或内包长度+调整值（见表4.17）。

箍筋调整值参考　（mm） **表4.17**

计算方法	4~5	6	8	10~12
量外包尺寸	4	50	60	70
量内包尺寸	80	100	100	150~170

注：上表数量为一般混凝土结构，当结构有抗震要求时，调整值增加$10d$。

【例 4-3】 某泵房共有 5 根 L_1 梁，配筋图见图 4.16 所示。试进行下料长度计算和作配料单

（注：受力钢筋保护层厚度取 25 mm）。

解：按基本公式，L_1 梁各钢筋的下料长度计算如下：

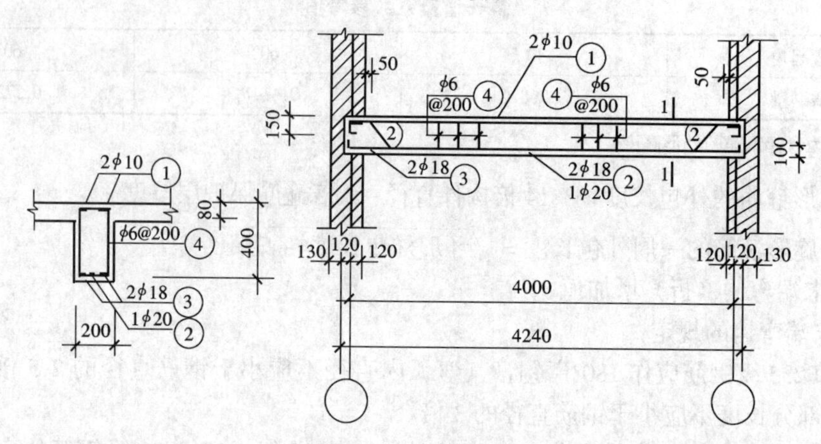

图 4.16 L_1 梁（共 5 根）

①号钢筋的外包长度为：$4240 - 2 \times 25 = 4190$ mm；

下料长度为：$4190 + 2 \times 6.25 \times 10 = 4315$ mm，取 4315 mm。

②号钢筋的外包尺寸为：端部水平长度 $= 240 + 50 - 25 = 265$ mm；

斜段长度 =（梁高 − 2 倍保护层厚度）× 1.414 =（400.2 × 25）× 1.414 = 494 mm；

中间水平段长度 $= 4240 - 2 \times 25 - 2 \times 265 - 2 \times 350 = 2960$ mm。

因 HRB335 级钢筋末端无弯钩，则②号钢筋的下料长度为：

$2 \times (150 + 265 + 494) + 2960 - 4 \times 0.5d - 2 \times 2d = 4778 - 120 = 4658$ mm，取 4660 mm。

③号钢筋下料长度为：$4240 - 2 \times 25 + 2 \times 100 + 2 \times 6.25d - 2 \times 2 \times d$

$= 4190 + 200 + 225 - 72 = 4543$ mm，取 4545 mm。

④号箍筋的外包尺寸为：宽度 $= 200 - 2 \times 25 + 2 \times 6 = 162$ mm；

高度 $= 400 - 2 \times 25 + 2 \times 6 = 362$ mm；

则④号钢筋下料长度为：$2(162 + 362) + 100 - 3 \times 2d = 1112$ mm，取 1110 mm；

而④号箍筋的数量为：$(4240 - 2 \times 25)/200 + 1 = 21.95$，取 22 根。

该梁的钢筋配料单见表 4.18。

(6) 钢筋下料长度计算的注意事项

1) 在设计图纸中，钢筋配置的细节问题没有注明时，一般可按构造要求处理；

2) 配料计算时，要考虑钢筋的形状和尺寸，在满足设计要求的前提下，要有利于加工。

3) 配料时，还要考虑施工需要的附加钢筋。

2. 配料单

配料单是根据施工图计算出各构件所需钢筋的材料表。一般包括工程名称，构件名称，钢筋编号、简图、直径、钢号、下料长度等，如表 4.18 为上例的配料单。

3. 加工牌

为了加工方便，根据钢筋配料单，每一编号钢筋都做一个钢筋加工牌，钢筋加工完毕将加工牌绑在钢筋上以便识别。钢筋加工牌中注明工程名称、构件编号、钢筋规格、加工根数、下料长度、钢筋简图、外包尺寸等。钢筋加工牌中用夹板或塑料布等制作。

4.2.5 钢筋代换

L_1梁 配 料 单 **表 4.18**

项次	构件名称	钢筋编号	简图	直径（mm）	钢号	下料长度（mm）	单位根数	合计根数	总重（kg）
1	L_1梁 计5根	(1)	4190	10	ϕ	4315	2	20	26.62
2		(2)	150 265 494 2960 494 265 150	20	ϕ	4658	1	10	57.43
3		(3)	100 4190 100	18	ϕ	4543	2	20	90.77
4		(4)	362 162	6	ϕ	1108	22	220	27.05
	合计 ϕ6：27.05kg；ϕ10：26.62kg；ϕ18：90.77kg；ϕ20：57.43kg								

1. 代换原则

当施工中遇有钢筋品种或规格与设计要求不符时，可参照以下原则进行钢筋代换。

(1) 等强度代换。不同种类的钢筋代换，按抗拉设计值相等的原则进行代换；钢筋的设计强度见表 4.19。

(2) 等面积代换。相同种类和级别的钢筋代换，应按等面积原则进行代换。

普通钢筋强度设计值（N/mm²） **表 4.19**

种类		f_y	f'_y
热轧钢筋	HPB235（Q235）	210	210
	HRB335（20MnSi）	300	300
	HRB400（20MnSiV、20MnSiN6、20MnTi	360	360
	RRB400（K20MnSi）	360	360

2. 代换方法

(1) 等强度代换方法

如设计图中所用的钢筋设计强度为 f_{y1}，钢筋总面积为 A_{s1}，代换后的钢筋设计强度为 f_{y2}，钢筋面积为 A_{s2}，则：

$$f_{y1} \times A_{s1} \leqslant f_{y2} \times A_{s2} \tag{4-5}$$

(2) 等面积代换方法

如设计图中所用的钢筋设计强度为 f_{y1}，钢筋总面积为 A_{s1}，代换后的钢筋设计强度为 f_{y1}，钢筋面积为 A_{s2}，则：

$$A_{s1} \leqslant A_{s2} \tag{4-6}$$

钢筋代换后，有时由于受力钢筋直径加大或根数增多而需要增加排数，则构件截面的有效高度 h_0 减少，截面强度降低。通常对这种影响可凭经验适当增加钢筋面积，然后再作截面强度复核。

4.2.6 钢筋加工成型

钢筋的加工包括调直、除锈、切断、接长、弯曲成型等工作。

1. 调直：钢筋调直可采用冷拉的方法进行。采用冷拉方法调直钢筋时，HPB235 级钢筋的冷拉率不宜大于 4%；HRB335、HRB400 级钢筋的冷拉率不宜大于 1%。除利用冷拉调直钢筋外，粗钢筋还可采用锤直和拔直的方法；直径 4~14mm 的钢筋可采用调直机进行。调直机具有使钢筋调直、除锈和切断三项功能。冷拔低碳钢丝在调直机上调直后，表面不得有明显擦伤，抗拉强度不得低于设计要求。

2. 除锈：钢筋的表面应洁净，油渍、漆污和用锤敲击时能剥落的浮皮、铁锈等应在使用前清除干净。在焊接前，焊点处的水锈应清除干净。钢筋的除锈，宜在钢筋冷拉或钢丝调直过程中进行。这对大量钢筋的除锈较为经济省工；用机械方法除锈时，如采用电动除锈机除锈，对钢筋的局部除锈较为方便。手工（用钢丝刷、砂盘）喷砂和酸洗等除锈，由于费工费料，现已很少采用。

3. 切断：钢筋下料时须按下料长度切断。钢筋切断可采用钢筋切断机或手动切断器。手动切断器一般只用于小于 $\phi12$ 的钢筋；钢筋切断机可切断小于 $\phi40$ 的钢筋。下料的基本要求是：统一排料；先断长料，后断短断；减少短头，减少损耗。

4. 弯曲：钢筋下料之后，应按钢筋料单进行划线，以便将钢筋准确地加工成所规定的尺寸。当弯曲形状比较复杂的钢筋时，可先放出实样，再进行弯曲。钢筋弯曲宜采用弯曲机，弯曲机可弯 $\phi6\sim40$ 的钢筋，小于 $\phi25$ 的钢筋当无弯曲机时，也可采用板钩弯曲。目前钢筋弯曲机着重承担弯曲粗钢筋。为了提高工效，工地常自制多头弯曲机（一个电动机带动几个钢筋弯曲盘）以弯曲细钢筋。

加工钢筋的允许偏差：受力钢筋顺长度方向全长的净尺寸偏差不应超过 ±10mm；弯起筋的弯折位置偏差不应超过 ±20mm；箍筋内净尺寸偏差不应超过 ±5mm。

4.2.7 钢筋的绑扎与安装

1. 准备工作

钢筋加工后，进行绑扎、安装。钢筋绑扎、安装前，应先熟悉图纸，核对钢筋配料单和钢筋加工牌，研究与有关工种的配合，确定施工方法。

2. 绑扎工艺过程

画线、摆筋、穿箍、绑扎、安放垫块等过程。

3. 绑扎要求

钢筋的接长、钢筋骨架或钢筋网的成型应优先采用焊接或机械连接，如不能采用焊接（如缺少电焊机或焊机功率不够）或骨架过大过重不便于运输安装时，可采用绑扎的方法。钢筋绑扎一般采用 20~22 号钢丝，钢丝过硬时，可经退火处理。绑扎时应注意钢筋位置是否准确，绑扎是否牢固，搭接长度及绑扎点位置是否符合规范要求。板和墙的钢筋网，除靠近外围两行钢筋的相交点全部扎牢外，中间中分的相交点可相隔交错扎牢，但必须保证受力钢筋不位移。双向受力的钢筋，须全部扎牢；梁和柱的箍筋，除设计有特殊要求时，应与受力钢筋垂直设置。在箍筋弯钩迭合处，应沿受力钢筋方向错开设置。柱中的竖向钢筋搭接时，角部钢筋的弯钩应与模板成45°（多边形柱为模板内角的平分角；圆形柱应与模板切线垂直）；弯钩与模板的角度最小不小于15°。

4. 绑扎接头

钢筋搭接处，应在中心和两端用钢丝扎牢，搭接长度的末端与钢筋弯曲处的距离，不得小于钢筋直径的10倍，接头不宜位于构件最大弯矩处；在受拉区域内，HPB235级钢筋绑扎接头的末端应做弯钩，HRB335、HRB400级钢筋可不做弯钩，直径等于或小于12mm的HPB235级受压钢筋的末端，以及轴心受压构件中任意直径的受力钢筋的末端，可不做弯钩。但搭接长度不应小于钢筋直径的30倍。

受力钢筋的绑扎接头位置应相互错开，绑扎搭接接头中钢筋的横向净距不应小于钢筋直径，且不小于25mm。钢筋绑扎搭接接头连接区段的长度为$1.3l_1$（l_1搭接长度），同一连接区段内，纵向受拉钢筋搭接接头面积百分率应符合设计要求；当设计无具体要求时，应符合下列规定：

（1）对梁、板、墙类构件，不宜大于25%；

（2）对柱类构件，不宜大于50%；

（3）当工程中确有必要增大接头面积百分率时，对梁类构件，不应大于50%；其他构件可根据实际情况放宽。

5. 绑扎组织

钢筋安装或现场绑扎应与模板安装相配合。柱钢筋现场绑扎时，一般在模板安装前进行，柱钢筋采用预制安装时，可先安装钢筋骨架，然后安装柱模板，或先安装三面模板，待钢筋骨架安装后，再钉第四面模板。梁的钢筋一般在梁模板安装后，再安装或绑扎；断面高度较大（>600mm），或跨度较大、钢筋较密的大梁，可留一面侧模，待钢筋安装或绑扎完后再钉模板。楼板钢筋绑扎应在楼板模板安装后进行，并应按设计先划线，然后摆筋、绑扎。

6. 其他接头的控制

当受力钢筋采用机械连接接头或焊接接头时，设置在同一构件内的接头宜相互错开。纵向受力钢筋机械连接接头或焊接接头连接区段的长度为35倍d，且不小于500mm，同一连接区段内，纵向受拉钢筋搭接接头面积百分率应符合设计要求；当设计无具体要求时，应符合下列规定：

（1）在受拉区不宜大于50%；

（2）接头不宜设置在有抗振设防要求的框架梁端、柱端的箍筋加密区；当无法避开时，对等强度高质量机械连接接头，不应大于50%；

（3）直接承受动力荷载的结构构件中，不宜采用焊接接头；当采用机械连接接头时，不应大于50%。

7. 混凝土保护层厚度

钢筋保护层应按设计或规范的要求正确确定。工地常用预制水泥垫块垫在钢筋与模板之间，以控制保护层厚度。垫块应布置成梅花形，其相互间距不大于1m。上下双层钢筋之间的尺寸，可绑扎短钢筋或设置撑脚来控制。

4.2.8 钢筋工程的检查与验收

钢筋工程属于隐蔽工程，在浇筑混凝土前应对钢筋及预埋件进行验收，并按规定做好隐蔽工程记录，以便查验。验收检查下列几方面：

1. 根据设计图纸检查纵向钢筋的品种、规格、根数、位置、间距是否正确，特别是要注意检查负筋的位置；

2. 检查钢筋接头的连接方式、位置、数量、搭接长度、接头面积的百分率是否符合规定；

3. 检查混凝土保护层是否符合要求；

4. 检查钢筋绑扎是否牢固，有无变形、松脱和开焊；

5. 钢筋表面不允许有油渍、漆污和颗粒状（片状）铁锈；

6. 箍筋、横向钢筋的品种、规格、数量、间距等是否符合要求；

7. 预埋件的规格、数量、位置等是否符合要求。

钢筋安装位置的允许偏差和检验方法，见表 4.20。

钢筋安装位置的允许偏差和检验方法　　表 4.20

项　目			允许偏差（mm）	检验方法
绑扎钢筋网	长宽		±10	钢尺检查
	网眼尺寸		±20	钢尺连续量三档，取最大值
绑扎钢筋骨架	长		±10	钢尺检查
	宽高		±5	钢尺检查
受力钢筋	间距		±10	钢尺量两端、中间各一点，取最大值
	排距		±5	
	保护层厚度	基础	±10	钢尺检查
		柱、梁	±5	钢尺检查
		板、墙、壳	±3	钢尺检查
绑扎箍筋、横向钢筋间距			±20	钢尺连续量三档，取最大值
钢筋弯起点位置			20	钢尺检查
预埋件	中心线位置		5	钢尺检查
	水平高差		+3，0	钢尺和塞尺检查

4.3 混 凝 土 工 程

混凝土施工过程包括配料、拌制、运输、浇筑和养护等施工过程。各施工过程是相互联系影响，其中某一过程操作不当均会影响浇筑混凝土的最终质量。因此，在混凝土施工过程中，应认真做好每一环节，严格按照操作规程办事。

4.3.1 施工准备工作

1. 场地布置

采用现场拌制混凝土时，在施工组织设计中，现场总平面布置时，应合理确定搅拌站位置，据此确定堆放砂、石子和水泥的位置。

搅拌站生产能力须满足混凝土浇筑高峰时的浇筑用量要求。其位置应靠近浇筑点或垂直运输机械，这样可缩短运距，提高工效和保证浇筑质量。运输道路要平坦、畅通，夜间施工应设置足够的照明。

2. 机具和劳动力组织

浇筑前要做好机具的配置和劳力的组合与分工。如运输工具、振捣器、水、电供应及检查；冬、雨期施工时必要措施及用具等。劳动力要分工明确，并进行技术和安全交底，使每位参与混凝土施工的人员明确自己责任。在连续浇筑混凝土的工程中，不应因机具或劳力不足而影响混凝土浇筑质量或中断浇筑。

3. 检查与验收

混凝土浇筑前应做好以下检查、验收工作：

(1) 检查混凝土的配合比是否已根据施工现场的具体情况进行调整。各种用料和外加剂是否符合质量要求并且准备充足，计量设备是否完好等。

(2) 检查模板支搭尺寸、标高是否符合设计要求，板缝是否严密，支搭是否牢固。预埋件、预留孔位置、尺寸是否正确。模板表面涂刷机油或肥皂水，以利拆模和使混凝土表面光洁。

(3) 检查钢筋绑扎是否符合设计要求。如钢筋规格、间距、接头和保护层等尺寸是否符合要求。并填写隐蔽工程验收单。

(4) 检查运输道路、脚手架等是否安全可靠，防止发生意外事故。

(5) 检查水、电供应情况，防止供应中断。

(6) 检查各种技术方案、措施是否已经贯彻落实，备用方案、措施是否可行。总之，混凝土开始搅拌前，要做好各项准备工作，落实到人，确保混凝土施工的顺利进行。

4.3.2 混凝土的施工配料

组成混凝土的材料是胶结料（水泥）、细骨料（砂）、粗骨料、（碎、砾石）及水。施工时应根据结构设计所要求的混凝土强度等级，选择施工地区常用的配合比或经试验室提供的配合比，并且要考虑到所采用的配合比中是否考虑了现场备用砂、石（碎、卵石）实际含水率情况，若未考虑，就应视具体材料的含水率大小，对原配合比进行调整，为方便施工，一般换算成一袋或两袋水泥为下料单位的施工配合比。

混凝土施工中必须严格按调整后的配合比进行拌制。如不根据砂、石实际含水率换算配合比和不按配合比要求准确地称量材料用量，往往是影响混凝土质量的重要因素。

设试验室的配合比为水泥∶砂∶石子 = 1∶X∶Y，水灰比为 W/C，现场测得的砂、石含水量分别为 W_X，W_Y，则现场施工配合比应为水泥∶砂∶石 = 1∶X（$1+W_X$）：Y（$1+W_Y$）。水灰比不变，但实际加水量必须减去砂和石子中的所含水分。

【例 4-4】 已知某混凝土在实验室配制的混凝土配合比为 1∶2.28∶4.42，水灰比 W/C 为0.6，每立方米混凝土水泥用量 280kg，现场实测砂含水率为 2.8%，石子含水率为 1.2%。

求：施工配合比及每立方米混凝土各种材料用量。

解： 施工配合比1∶X（$1+W_X$）：Y（$1+W_Y$）

= 1∶2.28（1 + 2.8%）：4.42（1 + 1.2%）

= 1∶2.34∶4.47

则施工时每立方米混凝土各组成材料用量：

水泥　　　280kg

砂　　　　　$280 \times 2.34 = 655.2kg$

石子　　　　$280 \times 4.47 = 1251.6kg$

用水量　　　$0.6 \times 280 - 228 \times 280 \times 2.8\% - 4.42 \times 280 \times 1.2\%$

$= 168 - 17.88 - 14.85 = 135.27kg$

事实上，砂和石的含水量随气候的变化而变化。因此施工中必须经常测定其含水率，调整配合比，控制原材料用量，确保混凝土质量。

混凝土的最大水灰比和最小水泥用量　　　**表 4.21**

项　次	混凝土所处的环境条件	最大水灰比	最小水泥用量（kg/m^3）			
			普通混凝土		轻骨料混凝土	
			配筋	无筋	配筋	无筋
1	不受雨雪影响的混凝土	不作规定	225	200	250	225
2	（1）受雨雪影响的露天混凝土； （2）位于水中及水位升降范围内的混凝土； （3）在潮湿环境中的混凝土	0.7	250	225	275	250
3	（1）寒冷地区水位升降范围内的混凝土； （2）受水压作用的混凝土	0.65	275	250	300	275
4	严寒地区水位升降范围内的混凝土	0.60	300	275	325	300

注：1. 普通混凝土的水灰比系指水与水泥（包括外渗混合材料）用量之比；轻骨料混凝土的水灰比系指水与水泥的净水灰比（水，不包括轻骨料 1h 的吸水量；水泥不包括外掺混合材料）；

2. 表中最小水泥用量（普通混凝土包括外掺混合材料；轻骨料混凝土不包括外渗混合材料）当用人工捣实时，应增加 $25kg/m^3$；当掺用外加剂，且能有效地改善混凝土的和易性时，水泥用量可减少 $25kg/m^3$；

3. 混凝土强度等级≤C10 的混凝土，不受此规定限制；

4. 寒冷地区系指最冷月份的月平均温度在 −5 ~ 15℃之间；严寒地区系指最冷月份的月平均温度低于 −15℃。

混凝土配合比一经调整后，就严格按调正后的质量比称量原材料，其质量容许偏差：水泥和外掺混合材料 ±2%；砂、石（粗细骨料）±3%；水、外加剂溶液 ±2%。各种衡器应定期校验，经常保持准确，骨料含水率应经常测定。雨天施工时，应增加测定次数根据理论分析和实践经验，对混凝土的最大水灰比、最小水泥用量应加以控制，混凝土的最大水灰比和最小水泥用量见表 4.21 所示。最大水泥用量不宜大于 $500kg/m^3$。

4.3.3　混凝土的搅拌

拌制混凝土可采用人工或机械拌制方法。人工拌制混凝土，由于搅拌混凝土质量差，消耗水泥多，而且劳动强度大，生产效率低，所以只有在工程量很小或无机械设备时，才采用人工搅拌，一般均采用机械搅拌。

1. 搅拌机的选择

混凝土搅拌是将各种组成材料拌制成质地均匀、颜色一致、具备一定流动性的混凝土拌合物。如混凝土搅拌得不均匀就不能获得密实的混凝土，影响混凝土的质量，所以搅拌是混凝土施工工艺中很重要的一道工序。

混凝土搅拌机按其搅拌原理分为自落式和强制式两类。

（1）自落式搅拌机 自落式搅拌机的搅拌筒内壁焊有弧形叶片，当搅拌筒绕水平轴旋转时，叶片不断将物料提升到一定高度，利用物料重力的作用，自由落下。由于各种物料颗粒下落的时间、速度、落点和滚动距离不同，从而使物料颗粒达到均匀混合的目的。自落式搅拌机宜用来搅拌塑性混凝土和流动性混凝土。

JZ 锥形反转出料搅拌机是自落式搅拌机中较好的一种，由于它的主副叶片分别与拌筒轴线成 45℃和 40°的夹角，故搅拌时叶片使物料作轴向窜动，所以搅拌运动比较强烈。它正转搅拌，反转出料，功率消耗大。这种搅拌机构造简单，重量轻，搅拌效率高，出料干净，维修保养方便。

(2) 强制式搅拌机　强制式搅拌机是利用转动的叶片强迫物料颗粒朝环向、径向和竖向各个方面产生运动。由于各物料颗粒的交差运动，从而使物料颗粒达到均匀混合的目的。强制式搅拌机作用比自落式强烈，宜用来搅拌干硬性混凝土和轻骨料混凝土。

强制式搅拌机分立轴式和卧轴式，立轴式又分涡浆式和行星式。1965 年我国研制出构造简单的 JW 涡浆式搅拌机，尽管这种搅拌机生产的混凝土质量、搅拌时间、搅拌效率等明显优于鼓筒型搅拌机，但也存在一些缺点，如动力消耗大、叶片和衬板磨损大、混凝土骨料尺寸大时易把叶片卡住而损坏机器等。卧轴式又分 JD 单卧轴搅拌机和 JS 双卧轴搅拌机，由旋转的搅拌叶片强制搅动，兼有自落和强制搅拌两种机能，搅拌强烈，搅拌的混凝土质量好，搅拌时间短，生产效率高。卧轴式搅拌机在我国是 20 世纪 80 年代才出现的，但发展很快，已形成了系列产品。

(3) 搅拌机的规格　我国规定混凝土搅拌机以其出料容量（m^3）×1000 标定规格，现行混凝土搅拌机的系列为：50、150、250、350、500、750、1000、1500 和 3000。现场常用的是 250、350、500 等几种，混凝土搅拌厂常用的是 500、750、1000 等几种

选择搅拌机时，要根据工程量大小、混凝土的坍落度、骨料尺寸等而定，既要满足技术上的要求，亦要考虑经济效果和节约能源。

(4) 使用搅拌机注意事项

1）搅拌机位置应靠近混凝土构筑物附近，安装搅拌机应用方木垫起前后轮轴，使轮胎架空，防止工作时移动。

2）启动搅拌机前，先检查传动离合器和制动器是否灵活可靠，各部位是否正常，润滑情况等，均处于正常状态，再启动搅拌机，先空转 2~3min，若正常即可投入使用。

3）搅拌机投入工作后，注意运行是否正常。停机以后，及时检查叶片和螺丝有无松动。

2. 搅拌制度的确定

为了获得质量优良的混凝土拌合物，除正确选择搅拌机外，还必须正确确定搅拌制度，即搅拌时间、投料顺序和进料容量等。

(1) 搅拌时间　搅拌时间是影响混凝土质量及搅拌机生产率的重要因素之一。时间过短，拌合不均匀，会降低混凝土的强度及和易性；时间过长，不仅会影响搅拌机的生产率，而且会使混凝土和易性降低或产生分层离析现象。搅拌时间与搅拌机的类型、鼓筒尺寸、骨料的品种和粒径以及混凝土的坍落度等有关，混凝土搅拌的最短时间（即自全部材料装入搅拌筒中起到卸料止）可按表 4.22 控制。

(2) 投料顺序　投料顺序应从提高搅拌质量，减少叶片、衬板的磨损，减少拌合物与搅拌筒的粘结，减少水泥飞扬，改善工作条件等方面综合考虑确定。常用方法有：

1）一次投料法：即在上料斗中先装石子，再加水泥和砂，然后一次投入搅拌机。在鼓筒内先加水或在料斗提升进料的同时加水，这种上料顺序使水泥夹在石子和砂中间，上料时不致水泥飞扬，又不致粘住斗底，且水泥和砂先进搅拌筒形成水泥砂浆，可缩短包裹石子的时间。

2）二次投料法：它又分为预拌水泥砂浆法和预拌水泥净浆法。预拌水泥砂浆法是先将水泥、砂和水加入搅拌筒内进行充分搅拌，成为均匀的水泥砂浆，再投入石子搅拌成均匀的混凝土。预拌水泥净浆法是将水泥和水充分搅拌成均匀的水泥净浆后，再加入砂和石子搅拌成均匀的混凝土。二次投料法搅拌的混凝土与一次投料法相比较，混凝土强度提高约15%，在强度相同的情况下，可节约水泥约为15%～20%。

混凝土搅拌的最短时间 **表4.22**

混凝土坍落度（mm）	搅拌机机型	搅拌机出料量（L）		
		<250	250～500	>500
≤30	自落式	90	120	150
	强制式	60	90	120
>30	自落式	90	90	120
	强制式	60	60	90

注：掺有外加剂时，搅拌时间应适当延长；轻骨料混凝土，搅拌时间应适当延长。

3）水泥裹砂法：此法又称为SEC法。采用这种方法拌制的混凝土称为SEC混凝土，也称作造壳混凝土。其搅拌程序是先加一定量的水，将砂表面的含水量调节到某一规定的数值后（通常为5%），再将水泥与湿砂搅拌均匀，形成一层低水灰比的水泥浆壳（此过程称为“造壳”）。然后将全部石子投入，与形成一层低水灰比的水泥浆壳，剩余水和外加剂同时加入，搅拌成均匀的混凝土。采用SEC法制备的混凝土与一次投料法比较，强度可提高20%～30%，混凝土不易产生离析现象，泌水少，工作性能好。

(3) 进料容量　又称干料容量，为搅拌前各种材料体积的累计和。进料容量 V_J，与搅拌机搅拌筒的几何容量 V_g 有一定的比例关系，一般情况下、$V_J/V_g=0.22\sim0.4$，鼓筒式搅拌机可用较小值。如任意超载（进料容量超过10%以上），就会使材料在搅拌筒内无充分的空间进行拌合，影响混凝土拌合物的均匀性；如装料过少，则又不能充分发挥搅拌机的效率。进料容量可根据搅拌机的出料容量按混凝土的施工配合比计算。出料体积一般为进料容量的0.55～0.75之间。

(4) 搅拌要求　严格控制混凝土施工配合比；搅拌混凝土前，搅拌机应加适量水湿润；搅拌第一盘混凝土时，采用减半石混凝土；搅拌好的混凝土要卸尽，不得边出料边进料；搅拌混凝土完毕或预计停歇1小时以上时，应将混凝土全部卸出并冲洗干净。

使用搅拌机时，应该注意安全。在鼓筒正常转动之后，才能装料入筒。在运转时，不得将头、手或工具伸入筒内。叶片磨损面积如超过10%左右，就应按原样修补或更换。

3. 混凝土搅拌站

混凝土拌合物在搅拌站集中拌制，可以做到自动上料、自动称量、自动出料和集中操作控制、机械化、自动化程度大大提高，劳动强度大大降低，使混凝土质量得到改善，可以取得较好的技术经济效果。施工现场可根据工程任务的大小、现场的具体条件、机具设备的情况，因地制宜的选用，如采用移动式混凝土搅拌站等。

为了适应我国基本建设事业飞速发展的需要，一些大城市开始建立混凝土集中搅拌站，目前的供应半径约15~20km。搅拌站的机械化及自动化水平一般较高，用自卸汽车直接供应搅拌好的混凝土，然后直接浇筑入模。这种供应“商品混凝土”的生产方式，在改进混凝土的供应，提高混凝土的质量以及节约水泥、骨料等方面，有很多优点。

4.3.4 混凝土的运输

1. 运输混凝土的要求

混凝土自搅拌机中卸出后，应及时运至浇筑地点，为保证混凝土的质量，对混凝土运输的要求是：

(1) 混凝土的自搅拌机卸出后，应及时运至浇筑现场，保证混凝土在初凝前入模并振动完毕。

(2) 混凝土在运输过程中，应保持匀质性，做到不分层、不离析、不漏浆，具有规定的坍落度。混凝土的坍落度应符合表4.23的要求。

(3) 经常清除运输容器内壁附着的硬化混凝土残渣；

(4) 要有足够运输能力，保证混凝土连续浇筑要求；

(5) 施工时如遇雨天应加遮盖，寒冷天气应有保温措施。

混凝土浇注时的坍落度 **表4.23**

项　次	结构种类	坍落度（cm）
1	基础或地面等的垫层，无配筋的厚大结构（挡土墙、基础或厚大块体等）或配筋稀疏的结构	1~3
2	板、梁和大型及中型截面的柱子等	3~5
3	配筋密集的结构（薄壁、斗仓、筒仓、细柱等）	5~7
4	配筋特密的结构	7~9

注：1. 本表系指机械振动时的坍落度，采用人工捣实时可适当增大；
2. 需要配制大坍落度混凝土时，应掺用外加剂；
3. 曲面或斜面结构的混凝，其坍落度值，应根据实际需要选定；
4. 轻骨料混凝土的坍落度，宜比表中数值减少1~2cm。

2. 混凝土运输工具

混凝土的运输包括水平运输和垂直运输。

(1) 水平运输　地面水平运输设备有双轮手推车、机动翻斗车、自卸汽车和混凝土搅拌运输车等。手推车和机动翻斗车多用于运距较短的现场运输。混凝土运输车是一种较长距离运送混凝土的机械，将运送混凝土的搅拌筒安装在汽车底盘上，从集中搅拌站装入混凝土拌合物，运至施工现场。在运输中，混凝土搅拌筒不停地作慢速旋转，防止在长距离运输中，产生离析现象。在运输距离较长时，可采用装入混凝土干料，在运输到现场前加水搅拌，防止混凝土在运输过程中离析或临近初疑。目前国产常用混凝土搅拌运输车技术性能见表4.24。

国产常用混凝土搅拌运输车技术性能　　表 4.24

项　目	JBC－1.5C	JBC－3T	TV－3000
拌筒容积（m^3）			5.7
额定装料容积（m^3）	1.5	3～4.5	5.0
拌筒转速（r/min）			
运行搅拌	2～4	2～3	2～4
进出料搅拌	6～12	8～12	6～12
卸料时间（min）	1.3～2	3～5	

混凝土运输车配套使用的混凝土泵车，是将混凝土泵装置在汽车底盘上，依靠泵的压力将混凝土沿着全回转折叠式布料杆，把混凝土直接输送到浇筑作业面。混凝土泵车具有输送能力大、浇筑速度快、生产效率高、节省人力，而且机动灵活，改善了施工环境。混凝土泵的类型很多，应用最多的是液压活塞式混凝土泵。利用泵送混凝土对原材料和配合比的要求是：

1）碎石最大粒径与输送管道内径之比宜小于或等于 1∶3；卵石宜小于或等于 1∶2.5；

2）通过 0.315mm 筛孔的砂应不小于 15%，砂率宜控制在 40%～50%；

3）最小水泥用量宜为 300kg/m^3；

4）混凝土的坍落度宜为 80～180mm。

（2）垂直运输　常用的垂直运输机械有井架、龙门架、塔式起重机、混凝土输送泵等。

井架、龙门架是施工现场使用最广泛的垂直运输设备，它由塔架、吊盘、滑道及动力卷扬机组成。具有构造简单，装拆方便，提升与下降速度快等优点。

塔式起重机、混凝土运输泵均能同时完成水平和垂直运输，在大型工程中采用较多。

3. 运输道路与运输时间

（1）运输道路

场内运输道路应尽量平坦，使车辆行驶平稳，防止混凝土分层离析。道路最好布置成环路，双车道，避免交通堵塞。应在开工前施工总平面图设计中统一考虑。

（2）运输时间

混凝土应以最短的时间和最少的转运次数，从搅拌站运至浇筑地点，并在混凝土初凝前浇筑完毕。混凝土延续时间可参照表 4.25 规定。若运距较长可掺加缓凝剂，其时间短由试验确定。

混凝土从搅拌机卸出至浇筑完毕延续时间（min）　表 4.25

混凝土强度等级	气温	
	<25℃	≥25℃
≤C30	120	90
>C30	90	60

4.3.5　混凝土浇筑

混凝土浇筑，关键是使混凝土能获得良好的密实性和整体性。如浇筑时振动不匀、不密实，将会使构件产生蜂窝、麻面、孔洞或钢筋外露等，影响构件的强度和耐久性。

1. 浇注前的准备工作

（1）制定施工方案，进行安全与技术交底

施工方案中，应根据混凝土工程量和结构特点，结合现场条件，确定混凝土的施工进度、浇筑顺序、施工缝留设位置、劳动组织、技术措施和操作要点、质量要求、安全技术等，并在浇筑前向施工队组进行详细交底。

(2) 料具和劳动力准备

混凝土各组成材料的质量和品种规格应符合配合比设计要求，数量应满足一次性连续浇筑的需要。所需机具如振捣器、运输车辆、料斗、串筒等应备足，浇筑前通过试用检查其完好情况。料斗、串筒应安装就位。前台的运输道路、跳板等应提前搭设妥当。现场搅拌混凝土还要注意检查砂、石称量设备的准确性。在劳动力方面，除本工种外，还应注意少数工种，如翻斗车司机、值班电工、机修工等的配备。

(3) 基底准备

在地基上浇筑混凝土前，基底应按设计标高和轴线事先加以校正，并清除淤泥和杂物。对岩石地基应用水清洗，但表面不得积水，对干燥的非黏土地基应浇水润湿。

对开挖出来的水和流入开挖地点的流动水，应加以排除，以防冲刷新浇筑的混凝土。

(4) 模板及钢筋的检查

模板、钢筋、支架和预埋件等应按设计要求安装好，并做检查。检查的项目：模板的标高、位置和尺寸等是否符合设计要求，起拱高度是否正确；支架是否稳定，支柱、支撑和模板的固定是否可靠；组合模板的连接件和支撑是否按规定设置；模板拼缝是否严密；预埋件、预留孔洞用的塞子和框子等是否安装齐全，安装位置是否正确等。

钢筋的位置、规格、数量是否与设计相符；钢筋搭接长度和接头位置是否与规范要求相符。控制混凝土保护层厚度的砂浆垫块或支架是否按规定垫好。

经检查无误后，还应将模板和钢筋上的垃圾、泥土及油污等清除干净。木模板还应提前浇水润湿，但不得有积水。

模板及叠层生产构件时已硬化的下层构件表面，均应事先涂刷好隔离剂。

(5) 其他准备事项

主要是与水、电供应部门联系，防止施工时水、电源中断。若在夜间施工还需作好照明准备。重要工程施工应与气象部门联系，便于及时掌握天气变化情况，作好防雨、防冻、防晒等准备工作。

2. 混凝土的浇筑要求和浇筑方法

(1) 浇筑要求

1) 防止离析　浇筑混凝土时，混凝土拌合物由料斗、漏斗、混凝土输送管、运输车内卸出时，如自由倾落高度过大，由于粗骨料在重力作用下，克服粘着力后的下落动能大，下落速度较砂浆块，因而可能形成混凝土离析。为此，混凝土自高处倾落的自由高度不应超过 2m，在竖向结构中限制自由倾落高度不宜超过 3m，否则应沿串筒、斜槽、溜管等下料。

2) 分层厚度　为保证混凝土浇灌后能充分捣实，混凝土应分层浇筑，分层的厚度与所采用的捣实机械和方法有关，混凝土分层浇筑的厚度参见表 4.26。

3) 连续浇筑　浇筑混凝土应连续进行，以保证混凝土结构有良好的整体性。应在上一层混凝土凝固前，将本层混凝土浇筑完毕。混凝土浇筑间歇时间，不宜超过表 4.27 规定。

混凝土分层浇筑厚度　　表 4.26

项次	捣实混凝土的方法		浇筑层厚度（mm）
1	插入式振动		振捣器作用部分长度的 1.25 倍
2	表面振动		200
3	人工捣固	（1）在基础或无筋混凝土和配筋稀疏的结构中 （2）在梁、墙、板、柱结构中 （3）在配筋密集的结构中	250 200 150
4	轻骨料混凝土	插入式振动 表面振动（振动时需加荷）	300 200

4）正确留置施工缝　混凝土结构大多要求整体浇筑，如因技术或组织上的原因不能连续浇筑时，且停顿时间有可能超过混凝土的初凝时间，则应事先确定在适当位置留置施工缝。由于混凝土的抗拉强度约为其抗压强度的 1/10，因而施工缝是结构中的薄弱环节，宜留在结构剪力较小的部位，柱子宜留在基础顶面、梁或吊车梁牛腿的下面、吊车梁的上面、无梁楼盖柱帽的下面，同时要方便施工。和板连成整体的大截面梁应留在板底面以下 20～30mm 处，当板下有梁托时，留置在梁托下部。单向板应留在平行于短边的任何位置。有主梁的楼盖宜顺着的方向浇筑施工缝应留在次梁跨度的中间 1/3 长度范围内。墙可留在门洞口过梁跨中 1/3 范围内，也可留在纵横墙的交接处。双向受力的楼板、大体积混凝土结构、拱、薄壳、多层框架等及其他复杂的结构，应按设计要求留置施工缝。

混凝土凝结时间（min）　表 4.27

混凝土强度等级	气　温	
	不高于 25℃	高于 25℃
不高于 C30	210	180
高于 C30	180	150

在施工缝处继续浇筑混凝土时，应除掉水泥浮浆和松动石子，并用水冲洗干净，待已浇筑的混凝土的强度不低于 1.2MPa 时才允许继续浇筑，在结合面应先铺抹一层水泥浆或与混凝土砂浆成分相同的砂浆后方能继续浇筑混凝土。

（2）浇筑方法

1）现浇钢筋混凝土框架结构的浇筑

框架结构混凝土浇筑前要划分施工层和施工段，施工层一般按结构层划分，而每一施工层如何划分段工段，则要考虑工序数量、技术要求、结构特点等。要做到木工在第一施工层安装完模板，准备转移到第二施工层的第一段工段上时，该施工段所浇筑的混凝土强度应达到允许工人在上面操作的强度。

施工层与施工段确定后，应求出每班（或每小时）需完成的工程量，据此选择施工机具和设备并计算其数量。

混凝土浇筑前应做好必要的准备工作，如模板、钢筋和预埋管线的检查和清理以及隐蔽工程的验收；浇筑用脚手架，走道的搭设和安全检查；根据试验室下达的混凝土配合比通知单准备和检查材料；并做好施工用具的准备等。

浇筑柱子时，施工段内的每排柱子应由外向内对称地顺序浇筑，不要由一端向另一端推进，预防柱子模板因湿胀造成受推挤倾斜而难以纠正。截面在 400mm×400mm 以内，无交叉箍筋的柱子，如柱高不超过 3.0m，可从柱顶浇筑；如用轻骨料混凝土从柱顶浇筑，则柱高不得超过 3.5m。柱子开始浇筑时，底部应先浇筑一层厚 50 ~ 100mm 与所浇筑混凝土内砂浆成分相同的水泥砂浆。浇筑完毕，如柱顶处有较大厚度的砂浆层，则应加以处理。柱子浇筑后，应间隔 1 ~ 1.5h，待所浇混凝土拌合物初步沉实，再浇筑上面的梁板结构。

梁和板一般应同时浇筑，从一端开始向前推进。只有当梁高大于 1m 时才允许将梁单独浇筑，此时的施工缝留在楼板板面下 20 ~ 30mm 处。梁底与梁侧面注意振实，振捣器不要直接触及钢筋和预埋件。楼板混凝土的虚铺厚度应略大于板厚，用表面振捣器或内部振捣器振实，用钢尺插入检查混凝土厚度，振动完后用长的木抹子抹平。

2）大体积混凝土结构

大体积混凝土结构在工业建筑中多为设备基础，在高层建筑中多为厚大的桩基承台或基础底板等，整体性要求较高，往往不允许留施工缝，要求一次连续浇筑完毕。

a. 大体积混凝土结构浇筑方案　为保证结构的整体性，混凝土应连续浇筑，要求每处的混凝土在初凝前就被后部分混凝土覆盖并捣实成整体，根据结构特点不同，可分为全面分层、分段分层、斜面分层等浇筑方案。

全面分层：当结构平面面积不大时，可将整个结构分为若干层进行浇筑，即第一层全部浇筑完毕后，再浇筑第二层，如此逐层连续浇筑，直到结束。为保证结构的整体性，要求次层混凝土在前层混凝土初凝前浇筑完毕。若结构平面面积为 A（m^2），浇筑分层厚为 h（m），每小时浇筑量为 Q（m^3/时），混凝土从开始浇筑至初凝的延续时间为 T 小时（一般等于混凝土初凝时间减去混凝土运输时间），为保证结构的整体性，则应满足：

$$A \cdot h \leqslant Q \cdot T，故\ A \leqslant Q \cdot T/h \tag{4-7}$$

分段分层：当结构平面面积较大时，全面分层已不适应，这时可采用分段分层浇筑方案。即将结构分为若干段，每段又分为若干层，先浇筑第一段各层，然后浇筑第二段各层，如此逐段逐层连续浇筑，直至结束。为保证结构的整体性，要求次段混凝土应在前段混凝土初凝前浇筑并与之捣实成整体。若结构的厚度为 H（m），宽度为 b（m），分段长度为 L（m），为保证结构的整体性，则应满足式（4-8）的条件。

$$L \leqslant Q \cdot T/b\ (H - h) \tag{4-8}$$

斜面分层：当结构的长度超过厚度的 3 倍时，可采用斜面分层的浇筑方案。这时，振捣工作应从浇筑层斜面下端开始，逐渐上移，且振捣器应与斜面垂直。

b. 温度裂缝的预防　厚大钢筋混凝土结构由于体积大，水泥水化热聚积在内部不易散发，内部温度显著升高，外表散热快，形成较大的内外温差，内部产生压应力，外表产生拉应力，如内外温差过大（25℃以上），则混凝土表面将产生裂缝。当混凝土内部逐渐散热冷却，产生收缩，由于受到基底或已硬化混凝土的约束，不能自由收缩，而产生拉应力。温差越大，约束程度越高，结构长度越大，则拉应力越大。当拉应力超过混凝土的抗拉强度时即产生裂缝，裂缝从基底向上发展，甚至贯穿整个基础。要防止混凝土早期产生温度裂缝，就要降低混凝土的温度应力。控制混凝土的内外温差，使之不超过 25℃，以防止表面开裂；控制混凝土冷却过程中的总温差和降温速度，以防止基底开裂。早期温度裂缝的预防方法主要有：优先采用水化热低的水泥用量；掺入适量的粉煤灰或在浇筑时投入适量的毛石；放慢浇筑速度和减少浇筑厚度，采用人工降温措施（拌制时，用低温水，养护时用循环水冷却)；浇筑后应及时覆盖，以控制内外温差，减缓降温速度，尤应注意寒潮的不利影响；必要时，取得设计单位同意后，可分块浇筑，块和块间留 1m 宽后浇带，待各分块混凝土干缩后，再浇筑后浇带。分块长度可根据有关手册计算，当结构厚度在 1m 以内时，分块长度一般为 20～30m。

c. 泌水处理　大体积混凝土另一特点是上、下浇筑层施工间隔时间较长，各分层之间容易产生泌水层，它将引起混凝土强度降低、酥软、脱皮起砂等不良后果。采用自流方式和抽吸方法排除泌水，会带走一部分水泥浆，影响混凝土的质量。泌水处理措施主要有同一结构中使用两种不同坍落度的混凝土，或在混凝土搅拌物中掺减水剂，都可减少泌水现象。

3）现浇混凝土水池结构

浇筑混凝土水池底板、池壁、顶板应分别保证连续浇筑，当需要间歇时，间歇时间应在前层混凝土初凝之前将次层混凝土浇筑完毕，如超过时，应留施工缝。

当设计有伸缩缝时，可按伸缩缝分仓浇筑。分仓处的池底及池壁应做止水处理，止水带多用橡胶或塑料制成，接头处采用热接法，不得用叠接。缝的填料用木丝板或聚苯乙烯板效果更好。

浇筑大体积底板混凝土，应按前述方案浇筑。

混凝土浇筑结束后，随着现场气温变化应及时覆盖和洒水，养护期不小于 14d，池外壁在回填土时，再停止养护。

4）水下浇筑混凝土

深基础、地下连续墙、沉井及钻孔灌注桩等常需在水下或泥浆中浇筑混凝土。水下或泥浆中浇筑混凝土时，应保证水或泥浆不混入混凝土内，水泥浆不被水带走，混凝土能借压力挤压密实。水下浇筑混凝土常采用导管法。导管直径约 200～300mm，且不小于骨料粒径的 8 倍，每节管长 1.5～3m，用法兰密封连接，顶部有漏斗，导管用起重机吊放，可以升降。浇筑前，用钢丝吊住导管下口的球塞，然后将管内灌满混凝土，并使导管下口距地基约 300mm，距离太小，容易堵管，距离太大，则开管时冲出的混凝土不能封埋管口端处，而导致水或泥浆渗入混凝内。漏斗及导管应有足够的混凝土，以保证混凝土下落后能将导管下端埋入混凝土内 0.5～0.6m。剪断钢丝后，混凝土在自重作用下冲出管口，并迅速将管口下端埋住。此后，一面不断浇灌混凝土，一面缓缓提起导管，且始终保持导管在混凝土内有一定的埋深，埋深越大则挤压作用越大，混凝土越密实，但也越不易浇筑，一般埋深为 0.5～0.8m。这样，最先浇筑的混凝土始终处于最上层，与水接触，且随混凝土的不断挤入不断上升，故水及泥浆不会混入混凝土内，水泥浆不会被带走，而混凝土又能在压力作用下自行挤密。为保证与水接触的表层混凝土能呈塑性状态上升，每一灌筑点应在混凝土初凝前浇至设计标高。混凝土应连续浇筑，导管内应始终注满混凝土，以防空气混入，并应防止堵管，如堵管超过半小时，则应立即换备用管进行浇筑。一般情况下，第一导管灌筑范围以 4m 为限，面积更大时，可用几根导管同时浇筑，或待一个浇筑点浇筑完毕后将导管换插到另一个浇筑点进行浇筑，而不应在一个浇筑点将导管作水平移动以扩大浇筑范围。浇筑完毕后，应清除与水接触的表层松软混凝土。

3. 混凝土的密实

混凝土浇入模板内，其内部是松散不密实状态，含有空洞与气泡。为使混凝土密实，达到设计强度、抗渗性和耐久性的要求，必须采取适当方法，使混凝土在初凝之前加以捣实。

(1) 混凝土的捣实

混凝土捣实可采用人工法和机械法方法

人工振捣法是用捣固铲插入混凝土中，作往返冲击，使混凝土密实成型。这种方法劳动强度大，生产效率低，目前较少单独使用，往往配合机械法作为辅助性捣实。

机械振捣法是依靠振捣器的振动力使混凝土发生强烈振动而密实成型。它的生产效率高，质量好，但噪声较大。

机械振捣器又分为插入式振捣器、外部振捣器和表面振捣器等几种形式。见图4.17。

1) 插入式振捣器（内部振捣器）

适用于振动基础、池壁、柱、板、梁等多种结构物。不适用于钢筋特别稠密或厚度较薄的结构物。

操作要点：

a. 振动方式可垂直振捣，即振捣棒与混凝土表面垂直插入，也可以倾斜振捣。

b. 振捣器操作时应做到“快插慢拔”。快插是为了防止表面混凝土与下部混凝土发生分层；慢拔为了能填满振捣棒拔出时所形成空洞和有利排除气泡。在振捣过程中，振捣棒可略微上下抽动，有利振捣均匀。

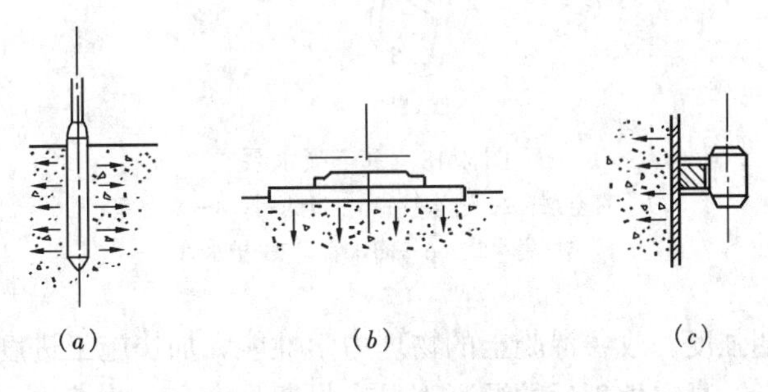

图4.17　振捣器类型

（a）插入式振捣器；（b）表面式振捣器；（c）外部式振捣器

c. 振捣棒插点移动次序可按行列式或交错式布点，但两种方式不得混用，防止漏振。插入点间距不宜大于振捣棒作用半径1.5倍。操作时尽量避免碰撞钢筋、预埋件和模板等。

d. 混凝土分层浇筑时，每层浇筑厚度应小于振捣棒长度的1.25倍。在振捣上一层时，应插入下层中5cm左右，注意要在下层混凝土初凝前进行。

e. 振捣棒在每一插点的振动时间依据经验，视混凝土表面呈水平，表面是否出现水泥浆和不再出现气泡和沉降为度，一般约为20~30s。过短不易振实，过长可能产生离析现象。

2) 表面振捣器（平板振捣器）

适用于水平工作面较大而且厚度较薄结构物，如混凝土路面、地面、管沟基础、池底等混凝土浇筑工程中。

使用操作要点：

a. 将浇筑作业面划分若干条，依次平拉慢移，顺序前进，每条移动间距应覆盖已振好边缘5cm左右，以防漏振。

b. 每一位置上振捣时间，以混凝土面不下沉并往上浮浆为度，一般约为25~40s。

c. 表面振捣器有效作用深度，无钢筋或单层钢筋约为20cm，双层钢筋约为12cm左右。

d. 振捣斜坡混凝土表面时，其顺序由低往高处移动，以利于混凝土成型和密实。

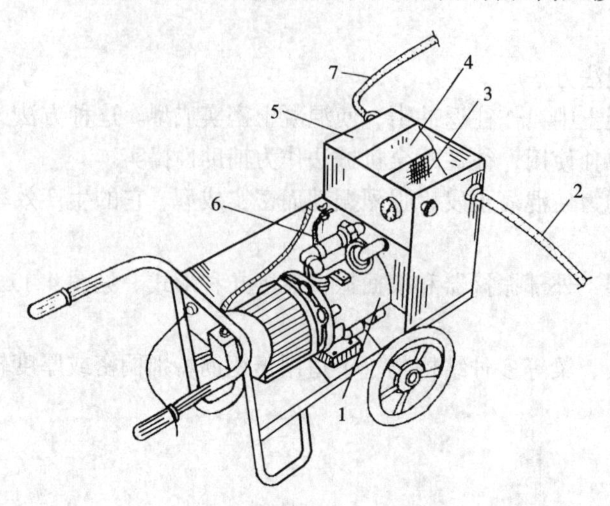

图 4.18　真空吸水泵

1—真空泵；2—进水管；3—过滤网；4—真空室；5—集水室；6—回水管；7—排水管

3）外部振捣器（附着式振捣器）

适用于钢筋稠密而又较薄的直立结构，如墙、柱等。也可以配合插入式振捣器联合使用，振动重要结构物。

它固定在模板外侧，通过模板间接地将振动力传递到混凝土中，它的振动作用深度约为 25cm，设置间距约为 1.0~1.5m 之间。

（2）混凝土的直空吸水技术

混凝土经振动成型后，其中仍残留有水化作用以外的多余游离水分和汽泡。利用混凝土真空吸水技术，可将混凝土中的游离水和汽泡吸出，降低水灰比，提高混凝土早期强度，改善混凝土的物理力学性能，加快施工进度。

真空处理后的混凝土具有早期强度高，收缩小，表面无裂缝，可缩短养护时间，是一项具有发展前途的施工工艺，它适用于混凝土池底、路面、地面以及预制构件施工中。

1）真空吸水设备

一般由真空吸水泵、真空吸盘和连接软管等组成。

a. 真空吸水泵　如图 4.18 所示。它由真空泵、电动机、真空罐和集水器等组成。为了使用方便，一般安装在可移动的小车上。

真空泵　是真空吸水主要设备，其技术性能参见表 4.28 所示。

混凝土真空吸水机组性能　　表 4.28

项目	HZJ-40	HZJ-60
最大真空度（kPa）	96.99	99.33
抽吸能力（m^3）	40	60
配套吸盘规格（m）	3×5	3×5
电动机功率（kW）	4	4

真空罐　其作用是真空储备，保证真空腔内的真空度，体积不小于 150~200L。

集水器　其作用是收集混凝土中排出的水。

b. 真空吸盘（吸垫）真空吸盘是与混凝土表面相接角的装置，有刚性和柔性之分。刚性真空吸盘是由金属板内装粗细两层金属丝网，形成真空腔；柔性真空吸水盘是用橡胶作为面层密封材料，腔内采用粒状或网状发泡和不发泡的塑料网格制成真空腔，柔性真空吸盘可以随意卷起和铺放，使用方便，被广泛采用。

c. 过滤网　直接铺在混凝土表面上，用来阻止水泥等微粒通过，使水汽自由通过，具有较好的透水性。可采用本色的确良布、粗布或尼龙布等。

d. 连接软管　采用加强橡胶管或塑料管，管内径为 38mm，用来连接真空吸盘与集水器。

2）真空吸水工作参数

a. 真空度　真空度越高，抽吸量越大，混凝土越密实。一般选用真空度为66.7～70kPa。

b. 开机时间　它与真空度、构件厚度、水泥品种和用量、坍落度和温度等因素有关。

c. 振动制度　当真空吸水时，为使混凝土内部多余的水均匀排出，防止混凝土脱水过程出现阻滞现象，可采用短暂间歇振动的办法。即开机一段时间，暂时停机，立即进行5～20s短暂振动，然后再开机，重复数次。

3）真空吸水操作注意事项

a. 真空吸水后，混凝土体积会缩小，因此，在浇筑混凝土时，表面要比要求混凝土面高出2～4cm。

b. 安装吸水盘时，铺平过滤网使其与混凝土紧贴，而且使吸水盘周边密封严密。在移动吸水盘时，抽吸区域应搭接3～5cm。

c. 经检查一切正常，即可开机，当混凝土表面的水分明显被抽干，用手指压下无指痕，即可停机。

d. 真空吸水后，混凝土表面应进一步压光抹平。

4.3.6　混凝土的养护与拆模

1. 混凝土的养护

已浇筑好的混凝土，须保持适宜的温度和湿度，才能在规定龄期内达到设计要求的强度，才能预防产生收缩裂缝，所以做好混凝土的养护工作非常重要。

混凝土的养护方法有自然养护和蒸汽养护之分。工地现场浇筑混凝土一般采用自然养护。自然养护是指在平均气温高于+5℃自然条件下，于一定时间内使混凝土保持湿润状态方法。而蒸汽养护多用于预制构件厂生产构件上。

采用自然养护方法时应注意以下事项：

1）混凝土浇筑后，在12h以内覆盖适当材料洒水养护，并避免夏日阳光直晒；

2）在常温下洒水养护日期　普通水泥混凝土不少于7d；火山灰质水泥、矿渣水泥以及掺有塑性外加剂混凝土不少于14d；防渗混凝土不少于14d。

3）对较大面积的混凝土，如池底、路面等可采用蓄水养护。

4）混凝土养护期，其强度低于1.2MPa以前，不得在混凝土面上架设支架、安装模板，更不得撞击混凝土。

5）当室外昼夜平均气温低于5℃时，应按冬期施工方法进行养护。

2. 模板拆除

混凝土浇筑后，达到一定强度方可拆除。

拆模工作务必慎重操作，保证混凝土表面及棱角在拆除时不受损坏，注意安全操作，防止扎伤、砸伤等事故。

一般拆模的顺序，自上而下进行。先拆侧模板，再拆承重模板及支架。

拆除后的模板、支架应及时清理、修补，以便周转使用。钢模板清理后涂油，分堆码放，待下次使用。

4.3.7 混凝土质量缺陷和修补

在混凝土工程施工中，由于对质量重视不够或者违反操作规程，造成混凝土结构构件产生各种缺陷，如麻面、露筋、裂缝、空洞等，产生上述缺陷就会影响结构寿命和使用上的要求，必须采取措施加以修补。

1. 混凝土质量缺陷和产生原因

(1) 麻面 混凝土表面上出现无数小凹点，而无露筋。

产生原因一般由于木模板湿润不够，表面不光滑，振捣不足，气泡未排出，以及振捣后没有很好养护等。

(2) 蜂窝 混凝土结构中局部形成有蜂窝状，骨料间有空隙存在。

产生原因可能由于搅拌不匀，浇筑方法不当，造成砂浆与骨料分离，模板严重漏浆，钢筋较密，振捣不足，以及施工缝接槎处处理不当等情况。

(3) 露筋 钢筋局部裸露在混凝土表面。

产生原因由于浇筑混凝土时，钢筋保护层处理不得当，使钢筋紧贴模板，以及保护层处混凝土漏振或振捣不实等原因。

(4) 空洞 混凝土结构内局部或大部没有混凝土，存在着空隙。

产生原因主要由于钢筋较密的部位，混凝土被卡住，而又漏振，或者砂浆严重分离，石子成堆等造成事故。

(5) 裂缝 混凝土的表面或局面出现细小开裂现象。

裂缝原因有多种情况：有的因地基处理不当，产生不均匀沉降产生裂缝，有的由于发生意外的荷载，以致混凝土的实际应力超过原设计而产生裂缝；而最常见的是冷缩、干缩裂缝。

干缩裂缝多为表面性，走向无规律性，裂缝宽度在 0.05 ~ 0.2mm 之间。这种裂缝一般出现在经一段时间露天养护后发生，并随着温度和温度变化而逐渐发展。

产生的原因主要是混凝土养护不当，表面水份散失过快，造成混凝土内外的不均匀收缩，引起混凝土表面开裂。或者由于混凝土体积收缩受到约束，产生拉应力并超过混凝土的抗裂强度时，则产生裂缝。

冷缩裂缝（温差裂缝）冷缩裂缝多发生在施工期间，尤其冬期或者夜间温差较大时对裂缝宽度有较大影响，这种裂缝宽度一般小于 0.5mm。

产生原因主要由于混凝土内部和表面温度相差较大而引起，或者由于现浇混凝土与前期浇筑混凝土两者冷缩量不同，产生拉应力，使现浇混凝土发生缩裂缝。如常见水池池壁产生冷缩、干缩裂缝。通常水池先浇筑底板，后浇筑池壁，当浇筑池壁混凝土时，由于水泥的水化热使混凝土升温，使池壁凝结时的温度高于底板混凝土温度。冬期池壁降温比底板降温大，因而池壁冷缩量大于底板冷缩量，因受到底板约束力，池壁产生拉应力，而引起池壁产生裂缝。

(6) 混凝土强度不够

混凝土强度低于设计强度，有多方面因素，诸如配合比不准确，水泥强度不足，振动不密实，养护不当以及混凝土受冻等原因。

2. 混凝土缺陷的处理

现浇结构的外观质量缺陷，应由监理（建设）单位、施工单位、设计单位等各方根据缺陷对结构性能和使用功能的影响程度，确定处理方法，通常有以下方法。

（1）表面抹浆修补

对于数量较少的麻面、小蜂窝、露筋、露石的混凝土表面，主要是保护钢筋不受侵蚀，可用1:2水泥砂浆抹面修补。其作法，先用钢丝刷刷去浮渣和松动砂石，然后用清水洗净润湿，即可抹灰，初凝后要加强养护。

对于无影响的细小裂缝，可将裂缝处刷净，用水泥浆抹平。如果裂缝较深而且较宽，应将裂缝处凿毛，扫净并用水湿润，然后用1:2或1:2.5水泥砂浆分层涂抹，压实抹光。有防水要求时，应用水泥净浆和1:2.5水泥防水砂浆交替抹压4～5层，涂抹3～4h后，进行覆盖，洒水养护。

（2）细石混凝土填补

当混凝土蜂窝严重或露筋较深时，应先剔去不密实的混凝土，用清水冲洗干净，用比原强度高一等级的细石混凝土填充并仔细振动密实。

对于空洞事故，应先剔凿掉松散混凝土，空洞顶面凿成斜面，防止形成死角，用清水冲洗干净，然后采用处理施工缝方法处置。其浇筑细石混凝土强度比原混凝土强度等级高一等。其水灰比控制在0.5以内，分层捣实，防止新旧混凝土接触面上出现裂缝。

（3）水泥灌浆和化学灌浆

对于给排水构筑物有抗渗、防水性能要求或者影响结构承载力的裂缝，应采取措施进行修补，恢复其结构的整体性和抗渗性。

一般裂缝宽度大于0.5mm，可采用水泥灌浆法修补；宽度小于0.5mm的裂缝，应采用化学灌浆法。化学浆液材料的选用应根据裂缝性质、宽度和干燥情况选用，常用浆液材料。

4.3.8 混凝土工程质量检查

混凝土的拌合和浇筑过程中应按下列规定进行检查：

（1）检查混凝土所用材料的品种、规格和用量每一工作班至少两次；

（2）检查混凝土在浇筑地点的坍落度，每一工作班至少两次；

（3）在每一工作班内，如混凝土配合比由于外界影响有变动时，应及时检查处理；

（4）混凝土的搅拌时间应随时检查。

检查混凝土质量应做抗压强度试验。当有特殊要求时，还需做抗冻、抗渗等试验。混凝土抗压极限强度的试块为边长为150mm的正立方体。试件应在混凝土浇筑地点随机取样制作，不得挑选。

检验评定混凝土强度等级用的混凝土试件组数，应按下列规定留置：

（1）每拌制100盘且不超过100m^3的同配合比的混凝土，其取样不得少于一组；

（2）每工作班拌制的同配合比的混凝土不足100盘时，其取样不得少于一组；

（3）现浇楼层，同一配合比的混凝土，每层取样不得少于一组；

（4）当一次连续浇筑超过1000 m^3，同一配合比的混凝土每200 m^3取样不得少于一组。

商品混凝土除在搅拌站按上述规定取样外，在混凝土运到施工现场后，还应留置试块。

为了检查结构或构件的拆模、出池、出厂、吊装、预应力张拉、放张等需要，还应留置与结构或构件同条件养护的试件，试件组数可按实际需要确定。

每组试块由三个试块组成，应在浇注地点，同盘混凝土中取样制作，取其算术平均值作为该组的强度代表值。但三个试块中最大和最小强度值，与中间值相比，其差值如有一个超过中间值的15%时，则以中间值作为该组试块的强度代表值。如其差值均超过中间值的15%时，则其试验结果不应做为评定的依据。

混凝土强度检查评定，应符合下列要求：

1. 混凝土强度应分别进行验收。同一验收批的混凝土应由强度等级相同，龄期相同以及生产工艺和配合比基本相同的混凝土组成。同一验收批的混凝土强度，应以同批内全部标准试件的强度代表值来评定。

2. 当混凝土的生产条件在较长时间内能保持一致，且同一品种混凝土的强度变异性保持稳定时，由连续的三组试件代表一个验收批，其强度应同时满足下列要求：

$$m_{fcu} \geqslant f_{cu,k} + 0.7\sigma_0 \quad f_{cu,min} \geqslant f_{cu,k} 0.7\sigma_0$$

当混凝土强度等级不超过C20时，强度的最小值尚应满足下式要求：

$$f_{cu,min} \geqslant 0.85 f_{cu,k}$$

当混凝土强度等级高于C20时，强度的最小值则应满足下式要求：

$$f_{cu,min} \geqslant 0.9 f_{cu,k}$$

式中 m_{fcu}——同一验收批混凝土立方体抗压强度的平均值，N/mm^2；

$f_{cu,k}$——混凝土立方体抗压强度标准值，N/mm^2；

$f_{cu,min}$——同一验收批混凝土立方体抗压强度的最小值，N/mm^2；

σ_0——验收批混凝土立方体抗压强度的标准差，N/mm^2；应根据前一个检查期内同一品种混凝土试件的强度数据，按 $\sigma_0 = 0.59 \sum \Delta f_{cu,j} / m$ 求得：

m——用以确定该验收批混凝土立方体抗压强度标准的数据总批数；

$\Delta f_{cu,}$——第I试件立方体抗压强度中最大值与最小值之差。

上述检验期超过3个月，且在该期间内强度数据的总批数不得小于15。

3. 当混凝土在生产条件在较长时间内不能保持一致，且混凝土强度变异性不能保持稳定时，或在前一检验期内的同一品种混凝土没有足够的数据用以确定批混凝土立方体抗压强度的标准差时，应由不少于10组的试件组成一个验收批，其强度应同时满足下列要求：

$$m_{fcu} - \lambda_1 \delta_{fcu} \geqslant 0.9 f_{cu,k}$$

$$f_{cu,min} \geqslant \lambda_2 f_{cu,k}$$

式中 δ_{fcu}——同一验收批混凝土立方体抗压强度的标准差（N/mm^2）；当计算值小于 $0.06 f_{cu,k}$ 时，取 $0.06 f_{cu,k}$；

λ_1、λ_2——合格判定系数，按表4.29取值。

合格判定系数 **表4.29**

试件组数	10~14	15~24	≥25
λ_1	1.70	1.65	1.60
λ_2	0.90	0.85	0.85

4. 对零星生产的预制构件的混凝土或现场搅拌的批量不大的混凝土，可采用非统计评定。此时，验收批混凝土的强度必须满足下列两式要求：

$$m_{fcu} \geqslant 1.15 f_{cu,k} \quad f_{cu,min} \geqslant 0.95 f_{cu,k}$$

由于抽样检验存在一定的局限性，混凝土的质量评定可能出现误判。因此，如混凝土试块强度不符合上述要求时，允许从结构上钻取或截取混凝土试块进行试压，亦可用回弹仪或超声波仪直接在结构上进行非破损检验。现浇结构尺寸允许偏差和检验方法见表4.30。

4.3.9 混凝土工程冬期施工

混凝土的凝结、硬化是由于水泥颗粒与水接触后产生水化作用，温度高低对水化作用有较大影响，温度高，水化作用的进展就迅速、完全，混凝土的强度增长快；相反，温度越低，水化作用缓慢，当温度降到0℃以下时，水泥的水化作用就基本停止。当温度降到-3℃及以下时，混凝土中的水开始结冰，这时水泥、砂、石和冰就形成了一种互不起作用的混合物，强度无法增长，混凝土会因水结冰膨胀而发生冰胀性破坏，从而大大降低了混凝土的密实性和耐久性。

现浇结构尺寸允许偏差和检验方法　　　　表4.30

<table>
<tr><th colspan="3">项　目</th><th>允许偏差（mm）</th><th>检验方法</th></tr>
<tr><td rowspan="4">轴线位移</td><td colspan="2">基　础</td><td>15</td><td rowspan="4">钢尺检查</td></tr>
<tr><td colspan="2">独立基础</td><td>10</td></tr>
<tr><td colspan="2">墙、柱、梁</td><td>8</td></tr>
<tr><td colspan="2">剪力墙</td><td>5</td></tr>
<tr><td rowspan="3">垂直度</td><td rowspan="2">层　高</td><td>≤5m</td><td>8</td><td>经纬仪或吊线，钢尺检查</td></tr>
<tr><td>>5m</td><td>10</td><td>经纬仪或吊线，钢尺检查</td></tr>
<tr><td colspan="2">全高 H</td><td>H/1000且≤30</td><td>经纬仪，钢尺检查</td></tr>
<tr><td rowspan="2">标高</td><td colspan="2">层　高</td><td>±10</td><td rowspan="2">水准仪或拉线，钢尺检查</td></tr>
<tr><td colspan="2">全　高</td><td>±30</td></tr>
<tr><td colspan="3">截面尺寸</td><td>+8，-5</td><td>钢尺检查</td></tr>
<tr><td rowspan="2">电梯井</td><td colspan="2">井筒长、宽对定位中心线</td><td>+25，0</td><td>钢尺检查</td></tr>
<tr><td colspan="2">井筒全高（H）垂直度</td><td>H/1000且≤30</td><td>经纬仪，钢尺检查</td></tr>
<tr><td colspan="3">表面平整度</td><td>8</td><td>2m靠尺和塞尺检查</td></tr>
<tr><td rowspan="3">预埋设施
中心线位置</td><td colspan="2">预埋件</td><td>10</td><td rowspan="3">钢尺检查</td></tr>
<tr><td colspan="2">预埋螺栓</td><td>5</td></tr>
<tr><td colspan="2">预埋管</td><td>5</td></tr>
<tr><td colspan="3">预留洞中心线位置</td><td>15</td><td>钢尺检查</td></tr>
</table>

实验证明，混凝土在终凝前遭到冻结，要比终凝后严重得多，而且难以挽回。当混凝土的强度增长到设计强度的40%以上时，如再遭到冻结，则对混凝土强度的影响不大，但增长速度缓慢，待温度升高时仍能继续增长。为此，规范中规定，当室外平均气温连续5昼夜低于5℃时，即进入冬期施工。

混凝土进入冬期施工应采取相应技术措施，否则不能保证混凝土的质量。这些措施的依据主要是热工计算，防止早期受冻，保证混凝土在受冻前达到受冻临界强度。这些措施的要点是对混凝土的材料、运输工具、设备和模板等采取加热和保温，促使混凝土早强和降低冰点或对混凝土加热养护等。

常用的混凝土冬期施工方法有外加剂法、蓄热法和外部加热法。具体选用应根据当地气温、工程特点、施工条件、工期紧迫程度等，在保证质量、加快进度、节约能源、降低成本的前提下，选择适宜的冬期施工措施。

1. 蓄热法

蓄热法是利用对混凝土组成材料的加热的热量及水泥水化的热量，用保温材料对混凝土加以覆盖保温，保证混凝土在正温条件下硬化并在受冻前达到临界强度的方法。蓄热法施工简单，费用低，适用于室外温度不低于 -15℃时，地面以下工程或表面系数不大于 $15m^{-1}$的结构。

(1) 对原材料及加热要求

冬期施工中混凝土所用的水泥，应优先选用活性高、水化热大的硅酸盐和普通硅酸盐水泥；

水泥强度不应低于 42.5 级，最小水泥用量不宜少于 300kg；水灰比不应大于 0.6。

混凝土所用骨料必须清洁，不得含有冰雪等冰结物及易冻裂的矿物质；

冬期施工加热原材料，宜优先加热水，其次加热骨料。骨料加热时不得用火焰直接烧烤。各种材料加热的最高温度见表 4.31。

水及骨料加热的最高温度 **表 4.31**

项　目	水　泥　强　度	拌合用水（℃）	骨　料（℃）
1	<52.5 级的普通水泥、矿渣水泥	80	60
2	≥52.5 级的普通水泥、硅酸盐水泥	60	40

(2) 蓄热法施工的要求

1) 冬期施工所采用的保温材料经过严格检查验收后，方可以使用；

2) 材料加热的温度必须由专业人员测量；每天不小于 3 次；

3) 现场环境温度的测量每天不小于 4 次；

4) 混凝土施工过程中的各环节应 2 小时测量温度一次；搅拌时间适当延长，控制投料顺序，运输时应保温；

5) 混凝土浇筑时，室外温度过低，应对粗大钢筋进行加热；浇筑时混凝土宜直接入模；

6) 混凝土养护时的测温点应设在易于冷却的部位；

7) 混凝土浇筑后应加强捣实，捣实后应立即覆盖；

8) 施工缝处浇筑混凝土时，应对旧混凝土进行加热处理；

9) 养护期间由专人监督，发现问题及时处理。

2. 外部加热法

当蓄热法不能满足要求，可采用外部加热来促进混凝土的硬化。外部加热法有暖棚法、蒸汽加热法和电热法等。

(1) 暖棚法

暖棚法是在混凝土结构周围用保温材料搭成暖棚，棚内生火或设热风机加热，也可用在棚内安装散热器的方法采暖，使混凝土保持在正温下养护至设计强度。

此法适用于气温较低、建筑物体积不大、混凝土结构又较集中的工程。本法需搭设暖棚，需用较多木料和围护保温材料，以及耗用较多燃料，致使施工费用提高。尚须特别注意防火安全，避免火灾的发生。

此法可与蓄热法或外加剂法结合使用，以缩短养护时间。

(2) 蒸汽加热法

蒸汽加热法是利用低压饱和蒸汽对混凝土构件均匀加热，使之得到适宜的温度和湿度，以促进水化作用，加快混凝土的硬化。采用这种方法时，混凝土强度增长快，易于保证质量，广泛用于构件厂成批生产构件中。施工现场要求混凝工养护时间短时也可采用。但是需要增加锅炉和蒸汽管路系统。

蒸汽加热法应注意事项：

1) 应利用低压饱和蒸汽（小于70kPa），使用高压蒸汽需减压；

2) 蒸汽加热温度要均匀，最高温度控制在30℃以内，升温速度不宜大于10℃/h，降温速度不宜大于5℃/h。

3) 混凝土冷却到5℃以后，才允许拆除模板，拆模后应进行围护，使混凝土慢慢冷却，防止产生裂缝。

4) 设置测温孔，定时观测，做好记录。

(3) 电热法

电热法是在混凝土内部或外表面设置电极，通入低压电流，利用未硬化混凝土中游离水分具有导电性，产生热量来加热混凝土。如果材料的成分相同、温度相同，砂浆中电流分布亦均匀，能使混凝土均匀加热。而钢筋混凝土由于材质不同，导电性不同，电流分布不均匀，致使温度分布也不均匀，因此，电极分布要合理，且不得靠近钢筋。

电热法一般用于表面系数不大于6的构件，可在任何气温条件下使用，但是，由于电热法要耗用大量电能，一般情况下较少采用。

3. 外加剂法

在混凝土中加入适量的外加剂，可以使混凝土能在负温下继续水化，增长强度。使混凝土冬期施工的工艺简化，节约能源，降低费用。

(1) 常用的外加剂

1) 减水剂　能改善混凝土的和易性及用水量，降低水灰比，提高混凝土的强度和耐久性。常用的减水剂有木质素系减水剂、萘磺酸盐系减水剂、水溶性树脂减水剂。

2) 早强剂　可以在常温、低温或负温条件下加速混凝土早期强度发展的外加剂常用的早强剂有氯化钠、氯化钙、硫酸钠、亚硝酸钠、三乙醇胺、碳酸钾等。

3) 引气剂　在搅拌混凝土中加入产生无数小气泡的引气剂，可以改善混凝土拌合物的和易性和减少用水量，并显著提高混凝土的抗冻性和耐久性。常用的引气剂有松香热聚物、松香皂、烷基苯磺酸盐等。

4) 阻锈剂　对混凝土中的金属阻止锈蚀的外加剂。常用的有亚硝酸钠、重铬酸钾等。

(2) 混凝土中外加剂的应用

混凝土冬期施工中外加剂的配用，应满足抗冻、早强的需要；对结构钢筋 无锈蚀作用；对混凝土后期强度和性能无不良影响；同时适应施工环境的需要。单一的外加剂常不能满足混凝土冬期施工的要求，一般宜采用复合配方。常用的复合配方有下面几种类型：

1) 氯盐类外加剂：氯化钠、氯化钙价廉、易购买，但对钢筋有锈蚀作用，一般钢筋混凝土中其掺量按无水状态计算不得超过水泥重量的1%；无筋混凝土中，采用热拌混凝土时不得大于水泥重量的3%；冷拌混凝土时不得大于拌合水重量的15%。掺用氯盐的混凝土必须振捣密实，不宜采用蒸气养护。在下列工作环境的钢筋混凝土结构中不得掺用氯盐：

a. 在高湿度空气环境中使用的结构；

b. 处于水位升降部位的结构；

c. 露天结构或经常受水淋的结构；

d. 有镀锌钢材或与铝铁相接触部位的结构，以及有外露钢筋、预埋件而无防护措施的结构；

e. 与含有酸、碱和硫酸盐等介质相接触的结构；

f. 使用过程中经常处于环境温度为60℃以上的结构；

g. 使用冷拉钢筋或冷拔低碳钢丝的结构；

h. 薄壁结构、中级或重级工作制吊车梁、屋架、落锤或锻锤基础等结构；

i. 电解车间和直接靠近直流电源的结构；

j. 直接靠近高压（发电站、变电所）的结构；

k. 预应力混凝土结构。

2）硫酸钠—氯化钠复合外加剂　由硫酸钠2%、氯化钠1%～2%和亚硝酸钠1%～2%组成。当气温在－3～－5℃时，氯化钠和亚硝酸钠掺量分别为1%；当气温在－5～－8℃时，其掺量分别为2%。这种复合外加剂不能用于高温湿热环境及预应力结构中。

3）亚硝酸钠—硫酸钠复合外加剂　由亚硝酸钠2%～8%和硫酸钠2%组成。当气温为－3℃、－5℃、－8℃、－10℃时，亚硝酸钠的掺量分别为水泥重量的2%、4%、6%、8%。

使用该复合外加剂时，宜先将其溶解在30～50℃的温水中，配成浓度不大于20%的溶液。施工时混凝土的出机温度不宜低于10℃，浇筑成型后的混凝土温度不宜低于5℃，且应立即加以覆盖保温。

4）三乙醇胺复合外加剂　由三乙醇胺0.5%、氯化钠0.5%～1%、亚硝酸钠0.5%～1.5%组成。当气温低于－15℃时，还可以掺入1%～1.5%的氯化钙。混凝土浇筑成型后应立即加以覆盖保温。

混凝土冬期掺外加剂施工时，混凝土的搅拌、浇筑及外加剂的配制应有专人负责，严格按规定掺量。搅拌时间应比常温下适当延长，按外加剂的种类及要求严格控制混凝土的出机温度，混凝土的搅拌、运输、浇筑、振捣、覆盖应连续作业，减少施工过程中的热量损失。

4.4　钢筋混凝土工程施工的安全技术

钢筋混凝土工程在建设施工中，工程量大、工期较长，且需要的设备、工具多，施工中稍有不慎，就会造成质量安全事故。因此必须根据工程的建筑特征、场地条件、施工条件、技术要求和安全生产的需要，拟定施工安全的技术措施。明确施工的技术要求和制定安全技术措施，预防可能发生的质量安全事故。

钢筋混凝土工程施工安全，一般可从以下几方面考虑：

4.4.1　钢筋加工安全技术

1. 钢筋加工使用的夹具、台座、机械应符合以下要求：

(1) 机械的安装必须竖实稳固，保持水平位置。固定式机械应有可靠的基础，移动式机械作业时应楔紧行走轮。

(2) 外作业应设置机棚，机旁应有堆放原料、半成品的场地。

(3) 较长的钢筋时，应有专人帮扶，并听从操作人员指挥，不得随意推拉。

(4) 作业后，应堆放好成品、清理场地、切断电源、锁好电闸。

对钢筋进行冷拉、冷拔及预应力筋加工，还应严格遵守有关规定。

2. 焊接必须遵循以下规定：

(1) 焊机必须接地，以保证操作人员安全，对于焊接导线及焊钳接线处，都应可靠的绝缘。

(2) 大量焊接时，焊接变压器不得超负荷，变压器升温不得超过60℃。

(3) 点焊、对焊时，必须开放冷却水，焊机出水温度不得超过40℃，排水量应符合要求。天冷时应放尽焊机内存水，以免冻塞。

(4) 对焊机闪光区域，须设薄钢板隔挡。焊接时禁止其他人员停留在闪光区范围内，以防火花烫伤。焊机工作范围内严禁堆放易燃物品，以免引起火灾。

(5) 室内电弧焊时，应有排气装置。焊工操作地点相互之间应设挡板，以防弧光刺伤眼睛。

4.4.2 模板施工安全技术

(1) 进入施工现场人员必须戴好安全帽，高空作业人员必须配戴安全带，并应系牢。

(2) 经医生检查认为不适宜高空作业人员，不得进行高空作业。

(3) 工作前应先检查使用的工具是否牢固，扳手等工具必须用绳链系挂在身上，以免掉落伤人。工作时要思想集中，防止钉子扎脚和空中滑落。

(4) 安装与拆除5m以上的模板，应搭脚手架，并设防护栏，防止上下在同一垂直面操作。

(5) 高空、复杂结构模板的安装与拆除，事先应有切实的安全措施。

(6) 遇六级以上大风时，应暂停室外的高空作业，雪、霜、雨后应先清扫施工现场，略干后不滑时再进行工作。

(7) 两人抬运模板时要互相配合、协同工作。传递模板、工具应用运输工具或绳子系牢后升降，不得乱扔。装拆时，上下应有人接应，钢模板及配件应随装随拆运送，严禁从高处掷下。高空拆模时，应有专人指挥，并在下面标出工作区，用绳子和白旗加以围栏，暂停人员过往。

(8) 不得在脚手架上堆放大批模板等材料。

(9) 支撑、牵杠等不得搭在门框架和脚手架上，通路中间的斜撑、拉杠等应设在1.8m高以上。

(10) 支模过程中，如需中途停歇，应将支撑、搭头、柱头板等钉牢。拆模间歇应将已活动的模板、牵杠等运走或妥善堆放，防止因扶空、踏空而坠落。

(11) 模板上有预留洞者，应在安装后将空洞口盖好。混凝土板上的预留洞，应在模板拆除后随即将洞口盖好。

(12) 拆除模板一般用长撬棍。人不许站在正在拆除的模板上。在拆除楼板模板时，要注意整块模板掉下，尤其是用定型模板做平台模板时，更要注意拆模人员要站在门窗洞口外拉支撑，防止模板突然全部掉落伤人。

(13) 在组合钢模板上架设的电线和使用电动工具，应用35V低压电源或采取其他有效措施。

4.4.3 混凝土施工安全技术

1. 垂直运输设备的规定

(1) 垂直运输设备，应有完善可靠的安全保护装置（如起重量及提升高度的限制、制动、防滑、信号等装置及紧急开关等），严禁使用安全保护装置不完善的垂直运输设备。

(2) 垂直运输设备安装完毕后，应按出厂说明书要求进行无负荷、静负荷、动负荷试验及安全保护装置的可靠性实验。

(3) 对垂直运输设备应建立定期检修和保养责任制。

(4) 操作垂直运输设备的司机，必须通过专业培训，考核合格后持证上岗，严禁无证人员操作垂直运输设备。

(5) 操作垂直运输设备，有下列情况之一时，不得操作设备。

1) 司机与起重机之间视线不清、夜间照明不足，而又无可靠的信号和自动停车、限位等安全装置。

2) 设备的传动机构、制动机构、安全保护装置有故障，问题不清，动作不灵。

3) 电气设备无接地或接地不良、电气线路有漏电。

4) 超负荷或超定员。

5) 无明确统一信号和操作规程。

2. 混凝土机械

(1) 混凝土搅拌机的安全规定

1) 进料时，严禁将头或手伸入料斗与机架之间察看或探摸进料情况，运转中不得用手或工具等伸入搅拌筒内扒料出料。

2) 料斗升起时，严禁在其下方工作或穿行。料坑底部要设料斗枕垫，清理料坑时必须将料斗用链条扣牢。

3) 向搅拌筒内加料应在运转中进行；添加新料必须先将搅拌机内原有的混凝土全部卸出来才能进行。不得中途停机或在满载荷时启动搅拌机，反转出料者除外。

4) 作业中，如发生故障不能继续运转时，应立即切断电源，将筒内的混凝土清除干净，然后进行检修。

(2) 混凝土喷射机作业安全注意事项

1) 机械操作和喷射操作人员应密切联系，送风、加料、停机以及发生堵塞等应相互协调配合。

2) 在喷嘴的前方或左右5m范围内不得站人，工作停歇时，喷嘴不准对向有人方向。

3) 作业中，暂停时间超过1h，必须将仓内及输料管内干混合料（不加水）全部喷出。

4) 如辅料软管必生堵塞时，可用木棍轻轻敲打外壁，如敲打无效，可将胶管拆卸用压缩空气吹通。

5) 转移作业面时，供风、供水系统也随之移动，输料软管不得随地拖拉和折弯。

6) 作业后，必须将仓内和输料软管内的干混合料（不加水）全部喷出，再将喷嘴拆下清洗干净，并清除喷射机粘附的混凝土。

(3) 混凝土泵送设备作业的安全事项

1) 支腿应全部伸出并支固，未支固前不得启动布料杆。布料杆升离支架后方可回转。布料杆伸出时应按顺序进行。严禁用布料杆起吊或拖拉物件。

2) 当布料杆处于全伸状态时，严禁移动车身。作业中需要移动时，应将上段布料杆折叠固定，移动速度不超过 10km/h。布料杆不得使用超过规定直径的配管，装接的软管应系防脱安全绳带。

3) 应随时监视各种仪表和指示灯，发现不正常应及时调整或处理。如出现输送管道堵塞时，应进行逆向运转使混凝土返回料斗，必要时应拆管排除堵塞。

4) 泵送工作应连续作业，必须暂停时应每隔 5～10min（冬期 3～5min），泵送一次。若停止较长时间后泵送时，应逆向运转一至二个行程，然后顺向泵送。泵送时料斗内应保持一定量的混凝土，不得吸空。

5) 应保持储满清水，发现水质混浊并有较多砂粒时应及时检查处理。

6) 泵送系统受压力时，不得开启任何输送管道和液压管道。液压系统的安全阀不得任意调整，蓄能器只能充入氮气。

(4) 混凝土振捣器的使用规定

1) 使用前检查各部件是否连接牢固，旋转方向是否正确。

2) 振捣器不得放在初凝的混凝土、地板、脚手架、道路和干硬的地面上进行试振。维修或作业间断时，应切断电源。

3) 插入式振捣器软轴的弯曲半径不得小于 50cm,并不多于两个弯,操作时振捣棒应自然垂直地沉入混凝土,不得用力硬插,斜推或使钢筋夹住棒头,也不得全部插入混凝土中。

4) 振捣器应保持清洁，不得有混凝土粘粘在电动机外壳上妨碍散热。

5) 作业转移时，电动机的导线应保持有足够的长度和松度。严禁用电源线拖拉振动器。

6) 用绳拉平板振捣器时，绳应干燥绝缘，移动或转向时不得用脚踢电动机。

7) 振动器与平板应保持紧固，电源线必须固定在平板上，电器开关应装在手把上。

8) 在一个构件上同时使用几台附着台式振动器工作时，所有振动器的频率必须相同。

9) 操作人员必须穿戴绝缘手套。作业后，必须做好清洗、保养工作。振捣器要放在干燥处。

4.5 构 筑 物 施 工

4.5.1 清水池

清水池是给水系统中调节水厂均匀供水和满足用户不均匀用水的调蓄构筑物。

由于每座水厂供水能力与水厂总平面布局的不同，水厂清水池的容量、数量、平面尺寸、深度以及结构类型也不同。单体容量有由几百吨至几千吨乃至十多万吨容量的清水池。其结构类型有全现浇的“设缝单元组合式”水池，还有砖砌池壁的水池。

现将清水池的分类及施工方法介绍如下。

清水池的分类：

常见清水池的分类见表 4.32。

常见清水池的分类 **表 4.32**

分类						适用条件及特点
平面形状	按建筑材料及施工方法	按结构分类				
		底板	池壁	柱	梁板	
矩形池	现浇钢筋混凝土	整体现浇钢筋混凝土		钢筋混凝土	同左	适用于小型水池，当用于中型水池时，要采取防裂措施
		分离式钢筋混凝土	整体现浇钢筋混凝土	钢筋混凝土（或预制装配）	有梁板或无梁楼盖，或预制装配梁板	施工技术比较简单，模板及支架一次性投入量大消耗高
		设缝钢筋混凝土		钢筋混凝土（或预制装配）	同左	适用于大中型水池抗裂性能好，其他同上
	现浇“设缝单元组合式”钢筋混凝土	单元组合式底板	单元组合式池壁	现浇钢筋混凝土	单元组合式底板钢筋混凝土顶板	适用于大中型与特大型水池的建造；结构构件标准化、模数化，易于组合成不同容量的水池。由于施工工艺的改革与机械化水平的提高，降低了消耗加快了施工速度。但要特别注意变形缝、止水带的材质与施工质量，以免缝间渗漏
	砖砌池壁	整体现浇钢筋混凝土	砖砌池壁内外设防水层	钢筋混凝土	现浇（预制）梁板	适用小型水池。用材及施工简便，造价低，但要注意做好池体及进出水管等防水处理
平面形状	现浇钢筋混凝土	现浇钢筋混凝土		钢筋混凝土	有梁板或无梁楼盖，或预制装配梁板	适用于中型水池，抗裂，抗渗性能好。对较大直径的圆形池，要注意采用防裂措施。模板消耗高，一次性投入大
	装配式预应力混凝土	现浇钢筋混凝土	装配式预应力钢筋混凝土	预制装配式钢筋混凝土	预制装配式梁板	适用于较大型水池（不超过1万t）。抗裂防渗性能好，模板、支架投入少。但技术要求高，施工设备校复杂
圆形池	砖砌池壁	整体现浇钢筋混凝土	砖砌池壁内外设防水层	钢筋混凝土	有梁板或无梁楼盖	同砖砌矩形水池

4.5.2 矩形现浇钢筋混凝土清水池

清水池的类型与结构作法不尽相同，但其主要施工方法与要求是相通或类似的。

矩形现浇钢筋混凝土清水池包括了整体现浇设缝钢筋混凝土清水池及部分预制安装的清水池。

不设缝的现浇钢筋混凝土清水池多用于小型水池（图4.19），设缝水池多用于中型或较大型水池。

1. 施工缝的设置与施工程序　水池底板一次浇筑完成。底板与池壁的施工缝在池壁下八字以上15~20cm处，底板与柱的施工缝设在底板表面。

水池池壁竖向一次浇到顶板八字以下15~30cm处，该处设施工缝。柱基、柱身及柱帽分两次浇柱。第一次浇到柱基以上10~15cm，第二次连同柱帽一起浇至池顶板下皮。

池顶一次完成，施工缝位置见图4.20。

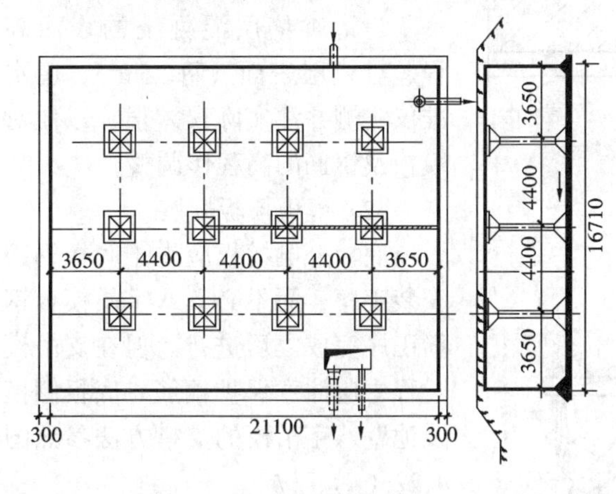

图4.19　某工程1250m³矩形钢筋混凝土清水池

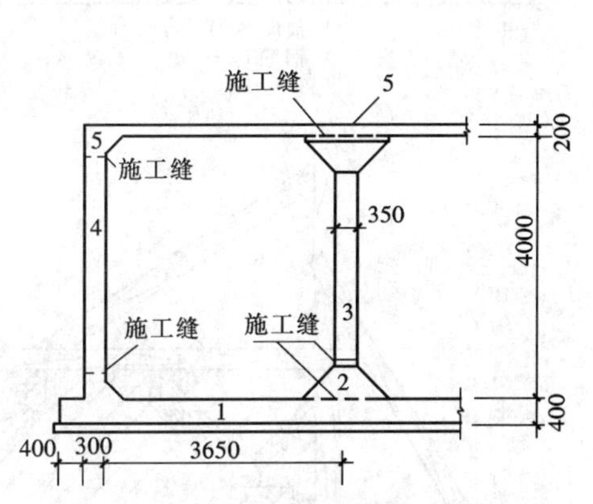

图4.20　清水池施工缝位置及施工程序图

1—底板；2—柱基；3—柱；4—池壁；5—顶板

2. 垫层

(1) 基坑开挖后，应按照有关地基规范与设计要求对地基进行检查验收。检查验收后，引放水池各部轴线控制桩与垫层模板外缘线。

(2) 垫层混凝土的表面成型与高程控制垫层混凝土表面高程与平整度的精度影响到上部结构的质量水平。为使垫层混凝土表面高程控制在标准（允许偏差±10cm）以内，首先要控制好垫层侧模板的高程的误差值≤5mm（用水准仪测量）。为此在垫层平面控制板，将整体大面积垫层分为若干条。其次在分条浇筑垫层过程中，用平杠尺和抹子对混凝土表面整平。浇筑一条后，便拆除临时侧模，并继续浇筑下一条垫层，如此直到全部完成。混凝土表面高程控制的模板分条支搭方法见图4.21。

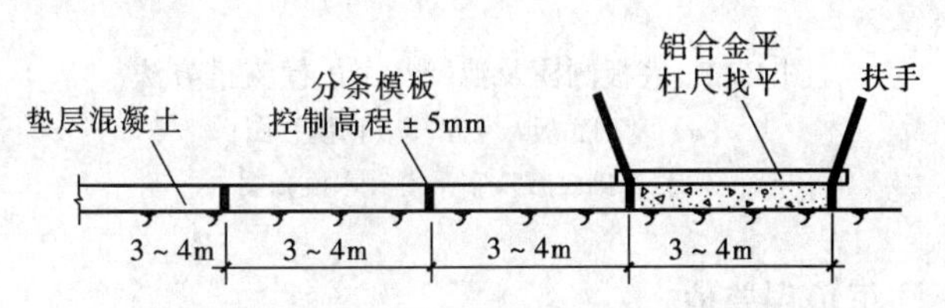

图4.21　垫层混凝土土高程控制及分条支模方法

3. 底板钢筋混凝土

水池底板混凝土连续一次浇筑完成，设缝水池的底板要分层浇筑（不要连续浇筑，以免变形缝移位）。

水池底板施工的关键是：确保底板各部轴线位置及高程符合标准要求；钢筋位置（特别是底板内的预埋池壁、柱插筋）；钢筋位置的强度及抗渗标号要符合标准要求，设缝水池的变形缝防水标号要符合要求。

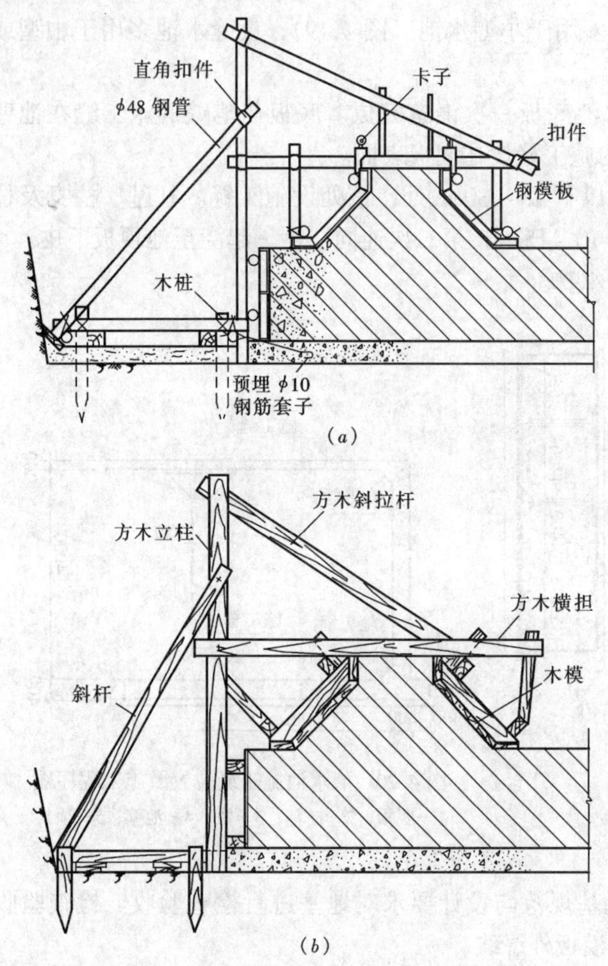

图 4.22 底板侧模及池壁八字吊模支搭方法
(a) 基础底板八字吊模（钢模）图；
(b) 基础底版八字吊模（木模）图

(1) 测量放线

当垫层混凝土的强度达到 1.2N/mm^2 以后开始放线。用经纬仪将水池的池壁、柱及进出水口的轴线投至垫层上（弹墨线），据此将底板的外缘线以及进出水口的基础线等逐一放出。

为检查垫层混凝土的表面高程，对垫层表面（每 25m^2），用水准仪实测并注实际误差值，以便对模板及钢筋的高程作调整。

(2) 底板模板安装

底板外侧模板应先于底板钢筋安装工序，而不必下八字吊模板钢筋工序完成之后进行。但在支吊模过程中应注意保护钢筋。底板侧模及池壁八字吊模的支搭方法参照图 4.22 (a)、(b)。

池壁根部吊模的尺寸、轴线位置要按照允许偏差严格控制，确保与上部池壁模板接茬直顺。

(3) 底板钢筋安装

1) 测量放线

a. 按照各部主轴线施放钢筋位置线（弹墨线），池壁及柱筋放外皮控制线。

b. 按照已测的垫层表面标高，标注正负误差值。

2) 绑好底板钢筋的关键是控制好上下层钢筋的保护层，确保池壁与柱预留筋的准确位置。为达到上述要求，要做好以下工作：

a. 认真分析图纸，提出钢筋绑扎措施。根据底板筋的直径与分布情况，预先确定上下层筋的保护垫块与架立筋（板凳筋）的摆放间距发及钢筋固定方法。

当底板筋直径为 ϕ16 或更大时，排架的间距不宜超过 80～100cm。当主筋直径为 ϕ12 或更小时，排架间距宜控制在 60cm 以内。

排架作法可利用底板的上下层的内层筋，用钢筋焊接预制排架，支撑和固定上下层底板筋。

b. 池壁及柱筋保护层的允许偏差的要求分别为 ±3、±5mm。为达到这一要求，先固定好上下层底板筋，使其稳固不变形；其次是调整好底板上下层池壁、柱根部钢筋的位置，使池壁、柱预埋筋对准其位置。

c. 底板筋垫块的位置要与排架的立筋位置相对应。

d. 绑扎后的底板筋要逐点检查保护层厚度，对池壁及柱预埋盘的位置要拉通线检查，为使底板钢筋稳固，在上下层盘之间加斜向盘。特别是池壁八字吊模板完成后，对底板筋及池壁筋再次检查与调整（见图 4.23 底板钢筋排架支撑加固图）。

图 4.23　底板钢筋排架支撑加固图

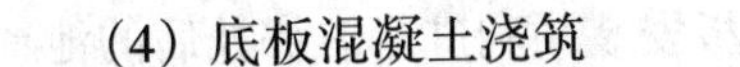

(4) 底板混凝土浇筑

a. 水池底板混凝土的原材料及配合比应符合设计与有关规范要求

b. 底板混凝土的坍落度。采用吊斗浇筑机械振捣时，在浇筑地点混凝土的坍落度宜选用 50~70mm。

采用掺用外加剂的泵送混凝土时，其坍落度不宜大于 150mm。

c. 混凝土浇筑应连续进行，尽量减少间隔时间。

浇筑段接茬时间，当气温小于 25℃时，不应超过 3h，气温大于或等于 25℃时，不应超过 2.5h。为此对底板混凝土的浇筑，要根据底板厚度和混凝土的供应与浇筑能力来确定浇筑宽度和分层厚度，以保证间隔时间不超过规定的要求。

d. 池壁八字吊模部分的混凝土浇筑应在底板平面混凝土浇筑 30min 后进行，防止八字腋角部分的混凝土由吊模下部底板面压出后造成蜂窝麻面，为保证池壁腋角部分的混凝土密实，应在混凝土初凝前进行二次振捣，压实混凝土表面，同时对八字吊模的根部混凝土表面整平。

e. 底板表面的整平与压实。设置底板混凝土表面高程控制轨。在稳固定的底板钢筋排架上，安装临时控制轨。在浇筑底板混凝土时，用杠尺整平。

f. 混凝土浇筑完成后，应视气温与混凝土的硬化情况适时覆盖并洒水养护时间不少于规定的 14d。特别是池壁的施工缝部位，要覆盖严密，洒水养护。

4. 池壁钢筋混凝土

(1) 施工程序

清除池壁钢筋上水泥浆→施工缝凿毛→拆除池壁八字吊模→绑扎池壁钢筋→验收钢筋→安装池壁模板→验收准备工作→浇筑池壁混凝土→养护→拆除池壁侧模→继续养护（池壁筋也可在内模完成后进行）。

(2) 施工缝凿毛处理

池壁根部混凝土强度达到 2.5N/mm^2 上时开始凿毛。凿毛应用剁斧或尖锤轻锤将混凝土的不密实表面及浮浆凿掉露出新茬。凿毛过程中要注意保护混凝土的棱角，不要将粗骨料剔出。

(3) 池壁钢筋

1) 绑扎前的准备工作

按施工图纸核对各型号钢筋的直径、长度、成型尺寸。

为控制池壁竖向筋的上顶皮的高度，在池壁八字腋角根部侧面上，测量高程控制线。标明到池顶上皮的高度，据此绑扎竖筋。搭设内外脚手架，清除钢筋表面灰浆，整理埋筋。

2) 绑扎

重点应控制好内外层钢筋的净尺寸，为此采用排架或板凳筋作法。无论采用哪种方法，要按施工图保护层厚度的要求，精心加工排架与砂浆垫块，使误差值不大于 ± 3mm。排架（支撑板凳）的间距不应大于 100cm。砂浆垫块摆放的位置，要与钢筋排架的支点相对应。绑丝扣应向内侧弯曲，不应占用保护层的厚度。

绑扎后的池壁钢筋，应稳固不变形，竖向筋保持垂直，横向筋保持水平。特别要注意池壁转角部位的垂直度与钢筋的保护层不超差，以保证模板安装顺利进行。绑扎后的池壁钢筋，应经检查验收。

3) 池壁模板

池壁模板的质量，直接影响池壁混凝土的质量水平。池壁模板设计，应根据模板的支搭高度与浇筑方式，对模板的强度、刚度、稳定性进行计算。作到构造合理、结构稳定、易于装拆、操作方便。

正常厚度的池壁（池壁厚度:池壁高度约为 1:12)，池壁模板一次支到顶板腋角以下 20 ~ 30cm 左右。特殊的薄壁水池将视结构情况和设计要求，采取分段支模连续浇筑的方法。

图 4.24　斜撑

游泳池池壁模板采用钢模板时，用钢管作水平龙骨，竖向圆孔梁作大梁，内外模板采用工具式钢螺栓拉杆，用斜撑将整体模板固定在游泳池底板的埋件上（图 4.24、图 4.25、图 4.26)。

固定模板的拉结螺丝分为 3 段，中间混凝土内的一段为两端带丝扣的内拉杆。其长度较结构混凝土厚度小 60mm，两端为工具式的外拉杆。在浇筑混凝土后 6 ~ 12h（视气温情况）拔出重复使用。

4) 池壁混凝土浇筑

混凝土配合比、外加剂及所用材料除应符合规范要求外，应采取措施解决好下述问题:

a. 混凝土浇筑平台与池壁模板连成一体时，应保证池壁模板的整体稳固，避免模板振动变形而影响混凝土的硬化。

b. 非泵送混凝土的坍落度不大于 80mm；掺外加剂的泵送混凝土的坍落度不宜大于 150mm。

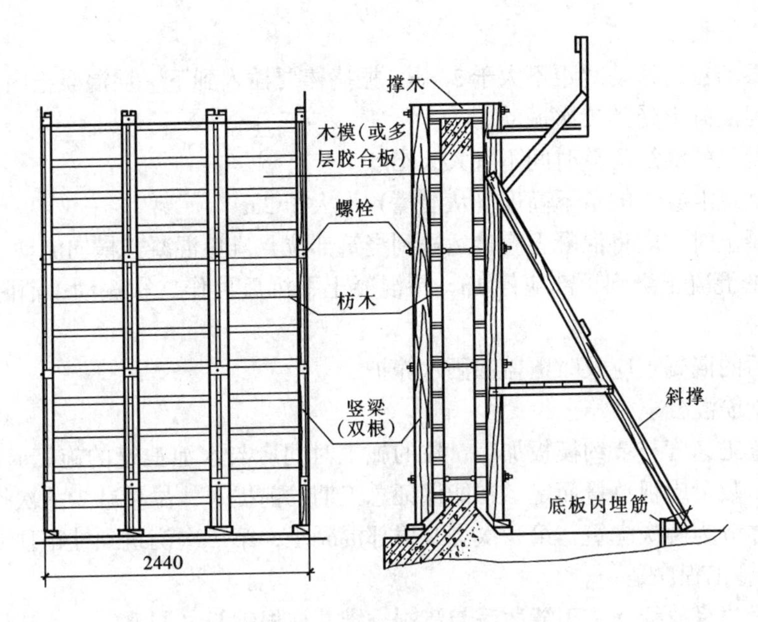

图 4.25　矩形水池池壁模板（木模）

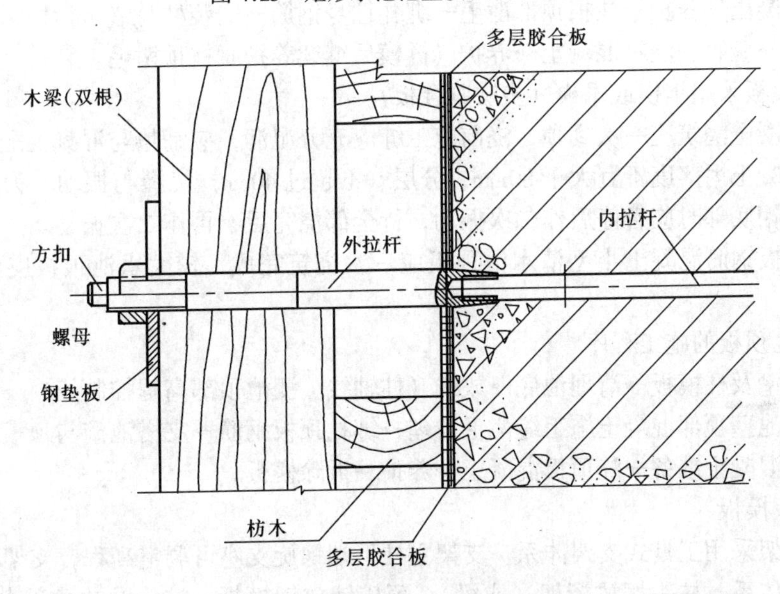

图 4.26　池壁模板拉结螺栓作法

混凝土的供应、运输、浇灌、振动等各个环节应协调一致，以保证池壁混凝土的连续浇筑。

c. 施工缝应事先清除干净，保持湿润，但不得积水。

浇筑前施工缝应先铺 15 ~ 20mm 厚的与混凝土配合比相同的水泥砂浆。所铺的水泥砂浆与混凝土的浇筑的相隔时间不应过长。

d. 池壁混凝土应分层浇筑完成，每层混凝土的浇筑厚度不应超过 40cm，沿池壁高度均匀摊铺；每层水平高差不超大型过 40cm。

池壁转角、进出水口、洞口是配筋较密难操作的部位，应按照混凝土捣固的难易程度划分小组的浇筑长度。

插入式振动器的移动间距不大于30cm，振捣棒要插入到下一层混凝土内5～10cm，使下一层未凝固混凝土受到二次振动。

每层混凝土的浇筑间歇时间不宜大天1h。

用溜筒浇筑混凝土的落下高度（从溜嘴）不大于2m。

浇筑混凝土时，应将混凝土直接运送到浇筑部位，避免混凝土横向流动。

e. 池壁的混凝土浇到顶部应停1h，待混凝土下沉后再作二次振动，消除因沉降而产生的顶部裂缝。

f. 浇筑后的混凝土应及时覆盖和洒水养护。

（4）柱钢筋混凝土

为加快施工速度与节约模板加工，柱的施工时间应与水池池壁的施工时间同步进行，柱模板的加工数量应视总量而定。在能保证总工期的前提下，尽量减少一次投入量。

一般柱体分为两次浇筑，第一次浇筑根部混凝土，第二次浇筑到柱帽顶或梁底。

1）柱的施工程序是：

柱轴线及边缘放线→施工缝凿毛与清刷→绑扎柱根钢筋（调整）→安装柱根模板→验收→浇筑混凝土→养护→柱根顶部凿毛→绑扎柱身钢筋→安装柱身（包括柱帽）模板→绑扎柱帽钢筋→验收→浇筑混凝土→养护（拆模后继续养护）柱顶凿毛。

2）柱模板采用钢模或木模（多层胶合板）

柱身混凝土浇筑应一次到顶，浇前施工缝应充分湿润，应铺垫与混凝土配比相同的水泥砂浆。混凝土坍落度不宜大于80mm，分层（不超过40cm）浇灌与振动，为使混凝土沉实，浇到柱帽底部时应暂停后作二次振动，待全部浇完后，再作二次振动。

（5）顶板钢筋混凝土小型清水池顶板应一次浇筑完成，较大水池顶板应考虑防裂措施。

1）水池顶板的施工程序

拆除池壁及柱模板→清理池底→放线（柱轴线、测池顶部高程控制线）→支搭池顶支架及模板→池壁顶部混凝土施工缝凿毛清理→绑扎顶板钢筋→支搭池壁与顶板腋角的外模板→验收→混凝土准备→浇顶板混凝土→养护→拆除模板。

2）顶板模板

模板支架采用工具式支架体系。支架立柱下端螺旋支座可调整高程，支架柱头采用可调早拆柱头体系，柱头摆放桁架（或梁），顶模铺放钢模板。柱头及边角部分铺放木模，铺齐全部顶板。

3）顶板钢筋

顶板钢筋应根据配筋情况设置主筋。其作法是用双层钢筋的内层筋作为架立水平筋（如上层盘的直径较小时，在征得设计同意后，将上层的内层筋适当扩大到ϕ12）。排架立筋的间距一般取60～80cm（为普通钢筋网的间距的整倍数）。钢筋保护层的垫块位置应与排架的立筋位置相对应。

绑扎后的钢筋直径、接头作法、间距，特别是保护层厚度（允许偏差±3mm）应认真检查与调整。

在以后的工序操作中应着重保护钢筋，以防变形，直到浇筑完毕。

4）顶板混凝土的准备工作中，最重要一点是对顶板钢筋的保护，绑扎钢筋时，要铺设操作脚手板，禁止踩踏钢筋。

顶板混凝土的浇筑顺序，应在较短的一侧开始分条浇筑，先浇低处。分条宽度根椐混凝土的供应量与接槎的间歇时间决定。

顶板混凝土强度达到设计规定的拆模强度时才准许拆除支架，如采用早拆体系模板支架时，在支架及柱头不动的情况下，可于顶板强度达到59%（≤2m跨）时，拆除顶板模板（底板）。支架体系应在达到规定拆模强度时，才能拆除。顶板支架的搭设与拆除过程中，应有足够的斜向支撑。为了保持其稳定，拆除时，应先上后下，逐层拆除，随拆随运，按指定地点码放整齐。

（6）水池的防裂措施

水池混凝土在浇筑过程中，在终凝前的沉实以及在以后的硬化、干燥及温度变化的条件下，水池结构混凝土将引起收缩和裂缝。因而对水池结构的承载能力、抗渗和耐久性都会产生重要的影响。

1）产生裂缝的原因

a. 材料及配合比方面

（a）水泥凝结时间不正常，使混凝土产生大面积的不规则裂缝；

（b）水泥安定性不合格，引起的混凝土裂缝；

（c）水泥水化热高或水泥用量高，引起的贯通直线裂缝；

（d）骨料中含有碱性反应的材料，产生不规则的大面积裂缝；

（e）由于混凝土中的加水量多、坍落度大，而引起混凝土中的骨料沉实，造成墙顶或板面的裂缝。还会使池壁与柱的侧表面产行大面积不规则的水平微裂缝；

b. 施工方面

（a）混凝土搅拌后至浇筑完成的间隔时间长与施工组织不利，导致额外向混凝土内加水及搅拌时间过长；

（b）浇筑速度过快，浇筑厚度过高、振动不密实致使混凝土产生较大沉缩，粗骨料下沉，致使结构侧面的上半部出现较多的横向不均匀的微裂缝，在混凝土的上表面沿钢筋出现裂缝；

（c）施工缝未经凿毛处理，并有疏松的混凝土夹层或混凝土间歇缝的停置时间过长，致使局部出现裂缝；

（d）池壁、柱与顶板混凝土的交接处，因未经沉实，一二次重复振捣而产生裂缝；

（e）早期养护不足，混凝土内失水过早，水泥水化不充分，加剧了混凝土的收缩，致使局部出现裂缝。

c. 水池混凝土固有的收缩（化学、干燥、硬化）及温差引起的收缩。

（a）化学收缩。

（b）在混凝土的全部硬化过程中，内部水分的蒸发，在干燥条件下引起的体积缩小，同时存在着由于混凝土的硬化引起的收缩。

（c）温差收缩。

结构混凝土在浇筑时的初始温度与施工过程中及以后长期使用中（或某一时期）温度的变化，引起体积的收缩。

上述几方面多种因素引起了混凝土土体积的缩小，当水池池体较大，水池底板、池壁及水池顶板混凝土在地基、底板、池壁的约束下，使结构混凝土产生内应力，就会引起上一层结构的开裂。

2）防裂措施

a. 混凝土原材料及配合比

(a) 采用水泥强度采用 42.5 级的普通硅酸盐水泥。

(b) 砂、石除应符合现行《普通混凝土用砂质量标准及检验方法》和《普通混凝土用碎石或卵石质量标准及检验方法》的规定外，还应符合下列要求：

不允许含有泥块或使泥土包裹集料表面；

砂率宜为 35%～40%；

灰砂比宜为 1.2～1.25；

水灰比宜在 0.55 以下；

单方水泥用量不小于 320kg/m^3；

掺减水剂等外加剂，以减少单方水泥用量和用水量；

外加剂应符合现行国家标准的规定，并通过系列性能试验确定；

水池混凝土坍落度：水池底板不宜大于 80mm，池壁及柱不宜大于 150mm。

(c) 混凝土配合比及原材料必须通过试验选定。

b. 施工措施

(a) 选择当天较低温度时浇筑混凝土（指常温施工）。

(b) 作好施工准备与现场的组织工作，减少延误时间。

(c) 分层均匀浇捣，控制好浇筑速度，池壁混凝土的浇筑速度不宜超过 1.25m/h。

(d) 池壁、柱及顶板与池壁的支搭处，要采取二次振动（浇筑后约 1h 重复振捣）。

(e) 加强养护（覆盖与洒水）。养护时间不少于 14d，并减少结构的暴露时间。

c. 减少混凝土固有的收缩与温差引起了收缩的影响

(a) 在垫层与水池钢筋混凝土底板之间设滑动层（铺贴一油毡），以减小垫层以下地基对池底板的约束。

(b) 根据池体平面尺寸的情况，在底板、池壁与顶板的中间设置后浇带。即预留 1m 宽的池体结构混凝土暂不浇筑（钢筋继续通过），待已浇结构混凝土经过 30～40d 的混凝土收缩之后，再将预留部分的混凝土补齐。

(c) 后浇带的间距应根据当地温度及结构的暴露情况决定（不宜超过 20m）。后浇带的施工缝，凿毛浇混凝土前应充分湿润。浇筑施工缝用与混凝土水灰比相同的水泥浆。后浇带混凝土宜掺用 UEA3%～5%微膨胀剂，坍落度与配合比应与原混凝土相同，浇筑时应分层振捣，要加强二次振捣与养护，保持不少于 14d 的洒水养护。

涂料耗用量 **表 4.33**

材料	施工方法	两层面漆时	一层玻璃布时	两层玻璃布时
底漆	手工	0.1	0.1	0.1
面漆	手工	0.4	1.0	1.2
固化剂	手工	0.05	0.11	0.13
稀释剂	手工	0.05	0.11	0.13
玻璃布（m^2）			1.2	2.4

4.6 水处理构筑物的满水试验

4.6.1 满水试验

1. 水池满水试验的前提条件

(1) 池体结构混凝土的抗压强度、抗渗强度或砖砌水池的砌体水泥砂浆强度达到设计要求；

(2) 现浇钢筋混凝土水泥的防水层、水池外部防腐层施工以及池外回填土施工之前；

(3) 装配式预应力混凝土水池施加预应力或水泥砂浆保护层喷涂之前；

(4) 砖砌水池的内外防水水泥砂浆完成之后；

(5) 进水、出水、排空、溢流、连通管道的安装及其穿墙管口的填塞已经完成；

(6) 水池抗浮稳定性，满足设计要求；

(7) 满足设计图纸中的其他特殊要求。

2. 水池满水试验前的准备工作

(1) 池体混凝土的缺陷修补

局部蜂窝、麻面、螺栓孔、预埋筋需在满水前修补完成。

(2) 池体结构检查

有无开裂、变形，嵌缝处理等应经过检查。如有开裂和不均匀沉降等情况发生，应经设计等有关部门鉴定后再作处理。

(3) 临时封堵管口。

(4) 检查闸阀，不得渗漏。

(5) 清扫池内杂物。

(6) 注水的水应采用清水，并作好注水和排空管路系统的准备工作。

(7) 清水池顶部的通气孔、人孔盖应装备完毕。必要的安全防护设施和照明等标志应配备齐全。

(8) 设置水位观测标尺，标定水池最高水位，安装水位测针。

(9) 准备现场测定蒸发量的设备。

(10) 对水池有观测沉降要求时，应事先布置观测点，至测量记录水池各观测点的初始高程值。

3. 满水试验步骤及检查测定方法

(1) 注水

向池内注水分三次进行，每次注入为设计水深的 1/3。注水水位上升速度不宜超过 2m/24h，相邻两次充水的时间间隔不少于 24h。以便混凝土吸收水分后，有利于混凝土微裂缝的愈合。

首次注水后宜测读 24h 的水位下降值。同时应仔细检查池体外部结构混凝土和穿墙管道的填塞质量情况。

如果池体外壁混凝土表面和管道填塞处有渗漏情况，同时水位降的测读渗水量较大时，应停止注水。经过检查、分析处理后，再继续注水。

即使水位降（渗水量）符合标准要求，只要池壁外表面出现渗漏的迹象，也被认为结构混凝土不符合规范要求。

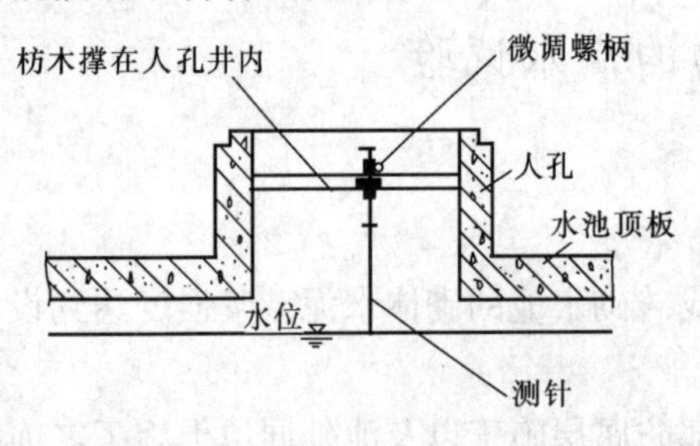

图 4.27 水位测针安装示意图

(2) 水位观测

1) 注水时的水位用水位标尺观测。

2) 注水至设计深度进行渗水量测定时，应用水位测针测定水位降。水位测针的读数精度为1/10mm。将水位测针安装在人孔内的横木上，见图 4.27。

3) 池内水位注水设计深度 24h 以后，开始测读水位测针的初读数。

4) 测读水位的末读数与初读数的时间间隔，应不少于 24h。

5) 水池水位降的测读时间，可依实际情况而定。如水池外观无渗漏，且渗水量符合标准，可继续测读一天；如前次渗水量超过允许渗水量标准，可继续测读水位降，并记录其延长的测读时间。同时查找水位降超过标准的原因，直至作出合理的解释。

(3) 蒸发量的测定

1) 有盖水池的满水试验，对蒸发量可忽略不计。

2) 无盖水池的满水试验的蒸发量，按国家标准《给水排水构筑物施工及验收规范》(GBJ 141—1992) 附录一水池满水试验（三）蒸发量测定一节的规定方法进行。

a. 现场测定蒸发量的设备，可采用直径约为 50cm，高约 30cm 敞口钢板水箱，并设有测定水位的测针。水箱应做渗水检验，不得渗漏。

b. 水箱固定在水池中，水箱中充水深度可在 20cm 左右。

c. 测定水池中水位的同时，测定水箱中的水位。

(4) 水池渗水量的计算

水池的渗水量按下式计算：

$$q = \frac{A_1}{A_2}[(E_1 - E_2) - (e_1 - e_2)] \tag{4-9}$$

式中 q——渗水量，L/（$m^2 \cdot d$）；

A_1——水池的水面面积，m^2；

A_2——水池的浸湿总面积，m^2；

E_1——水池中水位测针的初读数，即初读数，mm；

E_2——测读 E_1 后 24h 水池中水位测针末的读数，即末读数，mm；

e_1——测读 E_1 时水箱中水位测针的读数，mm；

e_2——测读 E_2 时水箱中水位测针的读数，mm。

注：①当连续观测时，前次的 E_2、e_2 即为下次的 E_1 及 e_1。

②雨天时，不做满水试验渗水量的测定。

③按上式计算结果，渗水量如超过规定标准，应经检查，处理后重新进行测定。

4. 满水试验标准

水池施工完毕必须进行满水试验。在满水试验中，应进行外观检查，不得有漏水现象。水池渗水量按池壁（不包括内隔墙）和池底的浸湿面积计算，钢筋混凝土水池不得超过 2L/（$m^2 \cdot d$）；砖石砌体水池不得超过 3L/（$m^2 \cdot d$）。

4.6.2 水池渗漏处理

常见的混凝土渗漏和损坏有如下几类：

(1) 施工缝渗漏（水平、垂直）；

(2) 构筑物局部混凝土抗渗等级低；

(3) 局部穿墙孔、穿墙管、预埋铁处渗漏；

(4) 变形缝渗漏；

(5) 混凝土裂缝渗漏。

1. 施工缝渗漏的处理

(1) 渗漏的原因

1) 施工缝未作糙化处理，直接浇混凝土；

2) 施工缝混凝土强度不足时（应达到 $2.5N/mm^2$），即开始对混凝土凿毛，用工具刮、锤子砸，破坏了水泥砂浆和松动了石子；

3) 施工缝未清理干净或积水；

4) 施工缝干燥或砂浆不足，振动不实、浇筑混凝土过厚而漏振。

上述几种原因，使施工缝形成孔隙而造成渗漏。

(2) 修补与处理方法

应采取降水与内外同时修补的作法。仅仅由背水面单侧修补，虽然可以堵住大部渗漏，但解决不了钢筋锈蚀和混凝土耐久性问题。

具体的修补方法是：

1) 将渗漏的施工缝部位（视具体情况），剔成 3~5cm 深，2~3cm 宽的沟槽，用钢丝刷和压力水将槽内浮渣清除干净，不积水。

2) 用水泥砂浆修补。

a. 所用水泥为出厂不超三个月的普通硅酸盐水泥，强度为 42.5 级。

b. 洁净的过筛中粗砂，最大颗粒不超 3mm。

c. 水泥砂浆配合比为 1:2:（0.55~0.60）（水泥:砂:水灰比）。所拌制砂浆应注意掌握稠度，随用随拌，不应放置时间过长。

d. 修补时，基层稍湿润，不流淌。沟槽全深应分层填实（2~3），特别有露盘子的部位要仔细填塞。分层修补时间隔不少于 8h，分层填塞前，底层刷水泥素浆，每层的水泥砂浆要压实，但不要过多地往返压光，以免砂浆水分集中后砂浆与混凝土基层脱落。

3) 施工缝位于墙与底板的角部时，角部抹三角水泥砂浆加强带，以增强其防水抗渗的能力。

2. 构筑物局部混凝土抗渗等级低

(1) 渗漏情况及原因

局部混凝土由于浇筑时，浇筑层厚、漏振或混凝土的和易性差等原因造成渗漏。渗漏的形式表现呈现潮湿而未见渗流，有的成细微可见的渗流，严重的形成较大的渗漏（成流）。

(2) 修补方法

1) 对较轻的渗流部位，可将表面凿毛、刷净，按防水水泥砂浆五层作法，作表面处理。

2）较为严重的渗流部位，应视情况剔掉松散的混凝土，然后分层按水泥砂浆防水层作法，补平后再加抹10～15mm厚的加强防水层。

3. 局部穿墙孔、穿墙管、预埋铁渗漏的修补

将渗漏部位扩大地的剔除，清扫、吹洗干净，然后按施工缝修补的作法补平。

4. 变形缝渗漏

（1）渗漏的原因

1）止水带周围混凝土未捣实；

2）止水或搭接（接头）损坏；

3）止水带产生偏移。

（2）补救措施

1）局部径向渗漏：采取加深变形缝嵌密封腻子和外涂防水材料的办法，来增强其抗渗能力。

将渗漏部位（范围）以外1m以内的缝板剔净（注意不要损坏止水带），用热风机吹干。然后用密封腻子将内缝分层填密实，在池外部缝宽30m范围内用抗拉强度高、延伸率大的三乙-丙-丁基橡胶或氯丁胶类的卷材防水层（2层）。

2）如止水带部位混凝土严重漏振或止水带严重移位，则应局位剔凿修补混凝土后，再按上述方法修补内缝。

5. 混凝土裂缝隙渗漏。

正确分析混凝土裂缝渗漏。

确定混凝土裂缝修补前，应首先弄清造成裂缝的原因。

混凝土裂缝的形成及原因有多种：

1）构筑物混凝土的池体长度较长，地基对上部结构有约束，温差大等原因引起的结构混凝土的内应力，致使结构混凝土裂缝。

2）地基不均匀沉降引发的结构性裂缝。

3）混凝土早期养护不好，混凝土表面形成规则的裂缝。

4）混凝土施工管理不善，混凝土计量，配合比不准、坍落度大或随意加水以及浇筑速度不准。

复习思考题

1. 什么叫模板？有何作用和要求？
2. 基础、柱、梁的木模板有何特点？有何构造要求？
3. 定型组合钢模板有哪几种？有何优点？配板时应遵守什么原则？
4. 作用在模板上的荷载有哪些？为什么进行模板设计时要进行荷载组合？
5. 模板安装和拆除时应注意哪些问题？
6. 采用早拆和永久性模板有何意义？
7. 建筑工地上常用的钢筋有哪些？
8. 进场的钢筋如何验收？又如何存放？
9. 钢筋冷拉的作用是什么？如何进行冷拉控制？如何选择冷拉设备？
10. 建筑工地上常用的钢筋焊接方法有哪些？它们是怎样将钢筋焊接起来的？
11. 粗直径钢筋的机械连接是怎样施工的？有何优点？

12. 如何计算钢筋的下料长度？怎样编制钢筋配料单？
13. 钢筋代换的原则是什么？如何进行代换？
14. 钢筋调直、除锈的方法有哪些？
15. 钢筋绑扎接头和焊接接头有何要求？
16. 钢筋工程验收检查的内容包括哪些方面？
17. 混凝土工程施工前应做好哪些准备工作？
18. 什么叫混凝土的施工配料？如何进行配料？
19. 混凝土搅拌有几种类型的机械？应遵守哪些制度？
20. 混凝土运输有何要求？泵送混凝土对材料有何要求？
21. 混凝土浇筑的要求是什么？如何处理施工缝？
22. 大体积混凝土结构混凝土如何浇筑？
23. 混凝土为什么要密实？有哪些捣实的方法？操作要点是什么？
24. 混凝土的自然养护方法是如何进行的？
25. 混凝土的质量缺陷产生的原因是什么？如何处理缺陷？
26. 水下浇筑混凝土有何要求？
27. 混凝土冬期施工应采取什么措施？有哪些方法？

第 5 章　室外地下管道开槽法施工

由于城市管道所输送的流体性质和用途不同，其所用的管材、接口形式、基础类型，施工方法和验收标准各不相同。就其开槽法施工而言，一般包括土方开挖、管道基础、下管和稳管，接口、砌筑附属构筑物和土方回填等过程。

沟槽开挖与回填已在第一章中讲述，本章侧重介绍室外管道安装。

5.1　下管和稳管

5.1.1　下管

下管工序是在沟槽和管道基础已经验收合格后进行。为了防止将不合格或已经损坏的管材及管件下入沟槽，所以，下管前应做好对管材的检查与修补工作。

1. 下管前的检查

下管前安排专人对管材进行质量检查，按照管材种类分述如下：

(1) 钢管的检查

1) 钢管应有制造厂的合格证书，并证明按国家标准检验的项目和结果。管子的钢号，直径、壁厚等应符合设计规定；

2) 钢管应无明显锈蚀，无裂缝、脱皮等缺陷；

3) 清除管内尘垢及其杂物，并将管口边缘的里外管壁擦抹干净；

4) 检查管内喷砂层厚度及有无裂缝、空鼓等现象；

5) 校正因碰撞而变形的管端，以使连接管口之间相吻合；

6) 对钢制管件，如弯头、异径管、三通、法兰盘等须进行检查，其尺寸偏差应符合部颁标准。

7) 检查石棉橡胶、橡胶、塑料等非金属垫片，均应质地柔韧，无老化变质，表面不应有折损、皱纹等缺陷。

8) 绝缘防腐层应检查各层间有无气孔、裂纹和落入杂物。防腐层厚度可用钢针刺入检查，凡不符合质量要求和在检查中损坏的部位，应用相同的防腐材料修补。

(2) 铸铁管的检查

1) 检查铸铁管材、管件有无纵向、横向裂纹，严重的重皮脱层、夹砂及穿孔等缺陷。可用小锤轻轻敲打管口、管身，破裂处发出嘶哑声。凡有破裂的管材不得使用。

2) 对承口内部，插口外部的沥青可用气焊、喷灯烤掉，对飞刺和铸砂可用砂轮磨掉，或用錾子剔除。

3) 承插口配合的环向间隙，应满足接口填料和打口的需要。

4) 防腐层应完好，管内壁水泥砂浆无裂纹和脱落，缺陷处应及时修补。

5) 检查管件、附件所用法兰盘、螺栓、垫片等材料，其规格应符合有关规定。

（3）预（自）应力钢筋混凝土管的检查

1）管体内外表面应无露筋、空鼓、蜂窝、裂纹、脱皮、碰伤等缺陷。

2）承插口工作面应光滑平整，必须逐节测量承口内径、插口外径及其椭圆度。按照承插口配合的环形间隙，选配胶圈直径。胶圈内环径一般为插口外径的 0.85～0.87 倍，胶圈截面直径以胶圈滚入接口后截面直径的压缩率为 35%～45%为宜。

3）承插口工作面不应有碰伤、凹凸等缺陷。其环向碰伤不超过壁厚的 1/3，纵向不超过 20mm 者可用环氧树脂水泥进行修补后才能使用。

4）检查管子出厂日期，并必须有质量检查部门试验结果。对于出厂时间过长、质量有降低的管子应经水压试验合格后，方可使用。

（4）管道配件的检查

室外管道的配件，一般应在安装前经过严格检查后方可使用。

1）配件必须配有制造厂家合格证书；

2）核对实物的型号、规格、材质是否符合设计要求；

3）核对配件与连接管件的配合尺寸是否配套；

4）清除杂物，检查阀杆是否转动灵活，阀体、零件应无裂纹、砂眼、锈蚀等缺陷。

5）为了延长使用寿命，配件在安装前应解体检查，并应擦洗加油润滑。

（5）预应力混凝土管修补

当预应力混凝土管和钢筋混凝土管有小面积空鼓、脱皮，局部有蜂窝和碰撞造成缺角、掉边等缺陷，可用环氧腻子或环氧树脂砂浆进行修补，其配方见表 5.1。

环氧腻子及砂浆配方（重量比） **表 5.1**

材料名称	配方		
	环氧树脂底胶	环氧腻子	环氧树脂砂浆
6101 环氧树脂	100	100	100
邻苯二甲酸二丁酯	10	8	8
乙二胺	6～10	6～10	6～10
强度 42.5 级水泥		350～450	150～200
滑石粉		350～450	
细砂（粒径 0.3～1.2mm）			400～600

其操作顺序：先将修补部位凿毛→清洗晾干→刷一薄层底胶→抹环氧腻子（或环氧树脂砂浆）→用铁抹子压实压光。

下管前除对管材、配件进行检查和修补外，还应对沟槽进行必要的检查。

1）检查地基。地基土壤如有被扰动时，应进行处理；

2）检查槽底高程及宽度应符合质量标准。如在混凝土基础上下管时，除检查基础面高程外，混凝土强度应达到 50kPa 以上才能允许下管；

3）检查沟槽边坡。沟槽有裂缝及坍塌危险者必须先采取加固措施方可下管；

4）检查下管工具和设备是否处于正常状态。如发现不正常情况，必须及时修理或更换；

5）检查下管、运管的道路是否满足操作需要，遇有高压电线，采用机械下管时应特别注意，防止吊车背杆接触电线，发生触电事故。

2. 下管

下管方法有人工下管和机械下管法。施工时采用哪一种方法，应根据管子的重量和工程量的大小，施工环境，沟槽断面情况以及工期要求及设备供应等情况综合考虑确定。

(1) 下管方法及适用场合

机械下管：
- 管径大、自重大
- 沟槽深、工程量大
- 施工现场便于机械操作的条件下

人工下管：
- 管径小、重量轻
- 施工现场窄狭、不便于机械操作
- 工程量较小，而且机械供应有困难

无论采取哪一种下管法，一般采用沿沟槽分散下管，以减少在沟槽内的运输。当不便于沿沟槽下管，允许在沟槽内运管，可以采用集中下管法。

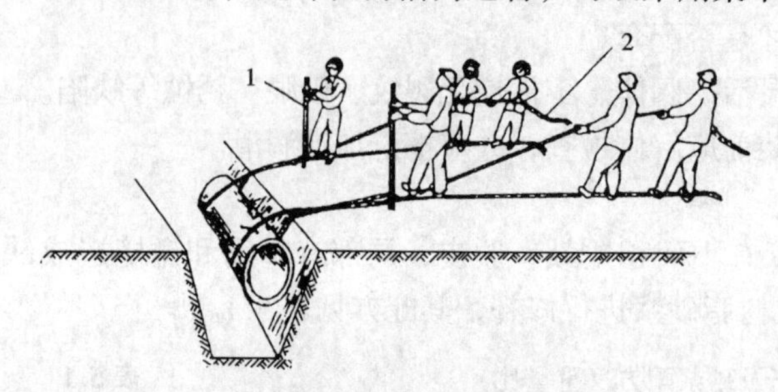

图 5.1　压绳下管法

1—撬棍；2—下管大绳

(2) 人工下管法

人工下管应以施工方便，操作安全为原则，可根据工人操作的熟练程度、管子重量，管子长短、施工条件、沟槽深浅等因素，考虑采用何种人工下管法。

1) 贯绳法　适用于管径小于300mm以下混凝土管、缸瓦管。用一端带有铁钩的绳子钩住管子一端，绳子另一端由人工徐徐放松，直至将管子放入槽底。

2) 压绳下管法　压绳下管法是人工下管法中最常用的一种方法，如图 5.1 所示。适用于中、小型管子，方法灵活，可作为分散下管法。具体操作是在沟槽上边打入两根撬棍，分别套住一根下管大绳，绳子一端用脚踩牢，用手拉住绳子的另一端，听从一人号令，徐徐放松绳子，直至将管子放至沟槽底部。

当管子自重大，一根撬棍摩擦力不能克服管子自重时，两边可各自多打入一根撬棍，以增加大绳摩擦阻力。

3) 集中压绳下管法　此种方法适用于较大管径，集中下管法，即从固定位置往沟槽内下管，然后在沟槽内将管子运至稳管位置。如图 5.2 所示。在下管处埋入 1/2 立管长度，内填土方，将下管用两根大绳缠绕（一般绕一圈）在立管上，绳子一端固定，另一端由人工操作，利用绳子与立管之间的摩擦力控制下管速度。操作时注意两边放绳要均匀防止管子倾斜。

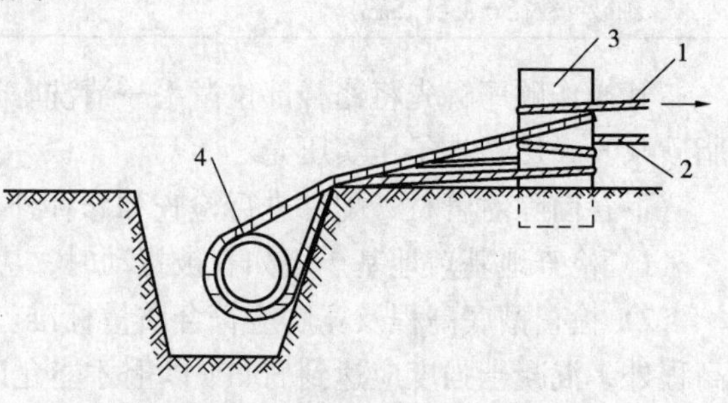

图 5.2　立管压绳下管法

1—放松绳；2—绳子固定端；3—立管；4—下管

4）搭架法（吊链下管） 常用有三角架或四角架法，在塔架上装上吊链起吊管子。

其操作过程如下：先在沟槽上铺上枋木，将管子滚至枋木上。吊链将管子吊起，撤出原铺方木，操作吊链使管子徐徐下入沟底。此种方法可下单根管子，也可以用吊链组（多个塔架）下较长管段，如铺设钢管，可在槽上进行焊接、防腐，经检验后下入沟底，可减少在槽内焊接等工序，这样有利用提高工效和保证安装质量。

下管用的大绳应质地坚固、不断股、不糟朽、无夹心，其直径选择可参照表5.2。

下管用大绳截面直径（mm） **表5.2**

管子直径			大绳截面直径
铸铁管	预应力钢筋混凝土管	钢筋混凝土管	
≤300	≤200	≤400	20
350～500	300	500～700	25
600～800	400～500	800～1000	30
900～1000	600	1100～1250	38
1100～1200	800	1350～1500	44
		1600～1800	50

（3）机械下管法

有条件尽可能采用机械下管法，因为机械下管速度快、安全，并且可以减轻工人的劳动强度。

机械下管视管子重量选择起重机械，常用有汽车起重机和履带式起重机。如图5.3和图5.4所示。

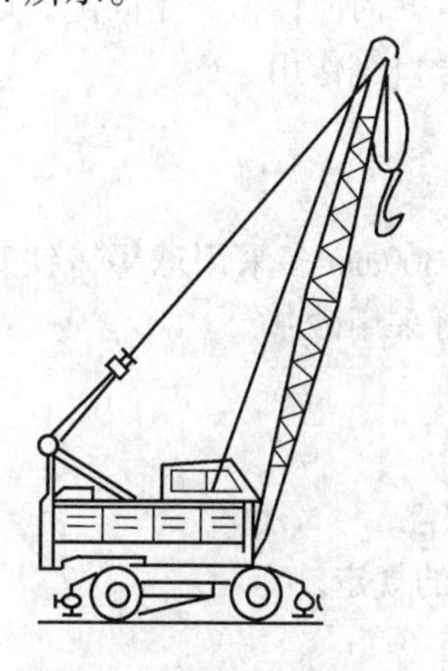
图5.3 汽车起重机

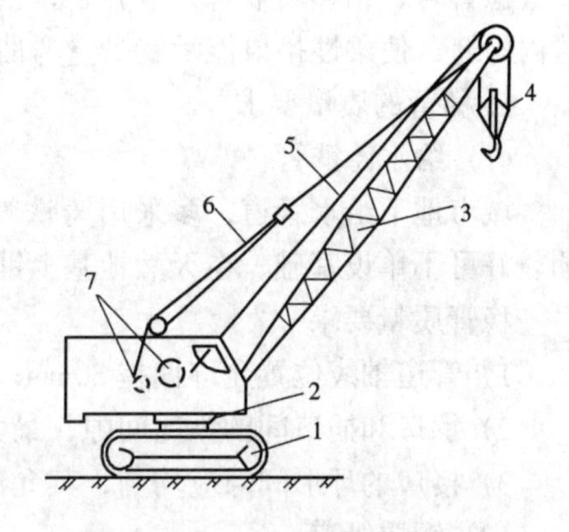

图5.4 履带式起重机

1—履带；2—回转装置；3—起重臂；4—吊钩；5—吊钩钢丝绳；6—起重臂钢丝绳；7—卷扬机

机械下管一般沿沟槽移动，因此，沟槽开挖时应一侧堆土，另一侧作为机械工作面，运输道路以及堆放管材。管子堆放在下管机械的臂长范围之内，以减少管材的二次搬运。

采用机械下管时，应设专人统一指挥，驾驶员必须听从指挥信号进行操作。在起吊作业区内，禁止无关人员停留或通过。在吊钩和被吊起的重物下面，严禁任何人通过或站立。

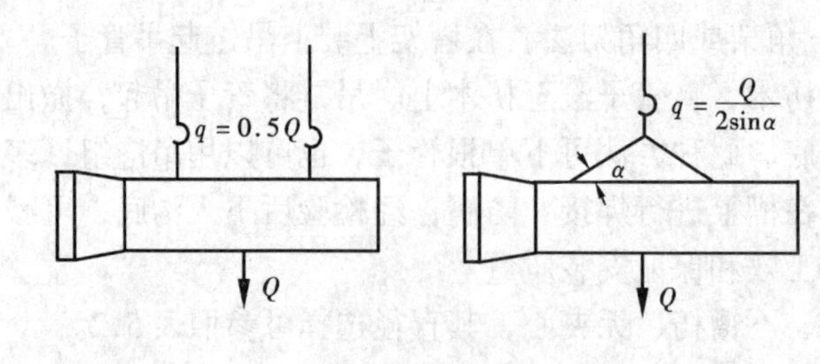

图 5.5 吊钩受力图

机械下管不应一点起吊，采用两点起吊时吊绳应找好重心，平吊轻放。各点绳索受的重力 q 与管子自重 Q、吊绳的夹 α 角有关。如图 5.5 所示。当 $\alpha=90°$时。$Q=0.5Q$；$\alpha=60°$，$q=0.577Q$；$\alpha=30°$，$q=Q$。说明 α 角越小，其吊绳所受的重力越大。一般 α 角大于 45°为宜。

起重机禁止在斜坡地方吊着管子回转，轮胎式起重机作业前将支腿撑好，轮胎不应承担起吊的重量。支腿距沟边要有 2.0m 以上距离，必要时应垫木板。

起吊及搬运管材、配件时，对于法兰盘面，非金属管材承插口工作面，金属管防腐层等，均应采取保护措施，以防损伤。吊装闸阀等配件，不得将钢丝绳捆绑在操作轮及螺栓孔上。

起吊作业不应在带电的架空线路下作业，在架空线路同侧作业时，起重机臂杆距架空线保持一定安全距离，并有专人看管。

电压≤1kV　$L=2.0$m；

35kV < 电压 < 110kV，$L=3.0\sim4.0$m。

5.1.2 稳管

稳管是将每节管子按照设计的平面位置和高程稳在地基或基础上。稳管包括管子对中和对高程两个环节，两者同时进行。

稳管时，相邻两节管口应齐平，根据材料的不同，管口纵向应保留一定间隙，以便于管内勾缝，使柔性接口能承受少量弯曲，防止热胀时挤坏管口等作用。

1. 稳管的质量要求

（1）给水铸铁管

城市地下给水管道，多采用铸铁管，近年来管径大于 300mm 多采用球墨铸铁管。土质较好可不单设基础，在天然地基上铺设管道，较大管径可采用砂基。

稳管质量要求

1）管道轴线位置允许偏差 30mm；

2）承口和插口间的纵向间隙，最大不超过表 5.3 的规定；

3）接口的环形间隙应均匀，其允许偏差不超过表 5.4 的规定。

（2）钢质管道

铸铁管承插口的对口最大间隙（mm）

表 5.3

管　径	沿直线铺设	沿曲线铺设
75	4	5
100～250	5	7
300～250	6	10
600～700	7	12
800～900	8	15
1000～1200	9	17

铸铁管接口环行间隙允许偏差（mm）

表 5.4

管　径	标准环形间隙	允许偏差
75～200	10	－2～＋3
250～450	11	－2～＋4
500～900	12	
1000～1200	13	

钢管安装时，在直线管段相邻两节管子对口前要进行坡口，使管子端面、坡口角度应符合对口接头尺寸要求。

管子对口时，两节管纵向焊缝应错开，错开的环向距离不小于100mm，而且使其纵向焊缝放在管道受力弯矩最小位置，一般放在管道上半圆中心垂直线左右45°处。

不同管径对口时，如管径差小于小口径的15%时，可将大管端部管径压小，再同小口径对口；如管径差超过小口径15%时，可设渐缩管连接。

(3) 预应力混凝土管

预应力混凝土管一般边下管边稳管。用吊车下管时，将管子插口端靠近已经稳好的承口端，调整环向间隙，使插门的胶圈准确地插入承口内，然后装好牵拉设备，缓慢进行操作，直至均匀嵌入。

稳管质量要求

1）管道轴线位置允许偏差30mm;

2）插口插入承口的长度允许偏差±5mm;

3）胶圈滚至插口小台处。

(4) 排水管道

排水管道一般为重力流，多采用钢筋混凝土管，而且设有混凝土基础，接口处采用水泥砂浆或柔性接口材料连接。

稳管质量要求

1）管轴位置偏差允许15mm;

2）管内底标高允许偏差±10mm;

3）相邻两节管口内底错口不大于3mm，接口间隙可留10mm，以便于在管内勾缝，管径过小时，可酌情减小间隙。

2. 管轴线位置的控制

管轴线位置的控制是指所铺设的管线符合设计规定的坐标位置。其方法在稳管前由测量人员将管中心钉测设在坡度板上，稳管时由操作人员将坡度板上中心钉挂上小线，即为管子轴线位置。如图5.6所示。

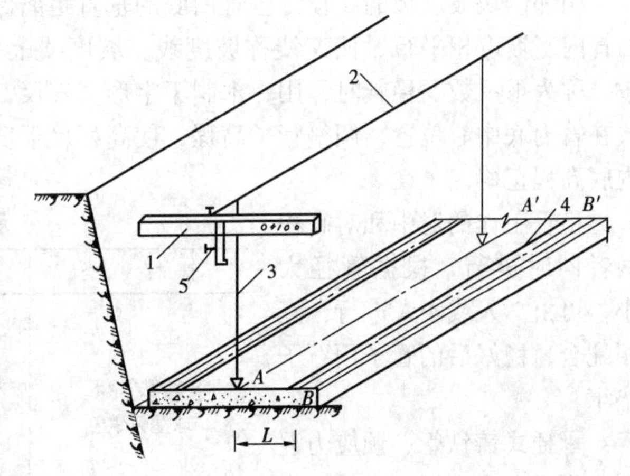

图5.6 坡度板

1—坡度板；2—中心线；3—中心垂线；4—管基础；5—高程钉

稳管具体操作方法有中心线法和边线法：

(1) 中线对中法　如图5.7所示，即在中心线上挂一垂球，在管内放置一块带有中心刻度的水平尺，当垂球线穿过水平尺的中心刻度时，则表示管子已经对中。倘若垂线往水平尺中心刻度左边偏离，表明管子往右偏离中心线相等一段距离，调整管子位置，使其居中为止。

(2) 边线对中法　如图5.8所示，即在管子同一侧，钉一排边桩，其高度接近管中心处。在边桩上钉一小钉，其位置距中心垂线保持同一常数值。稳管时，将边桩上的小钉挂上边线。即边线与中心垂线相距同一距离的平行线。在稳管操作时，使管外皮与边线保持同一间距，则表示管道中心处于设计轴线位置。

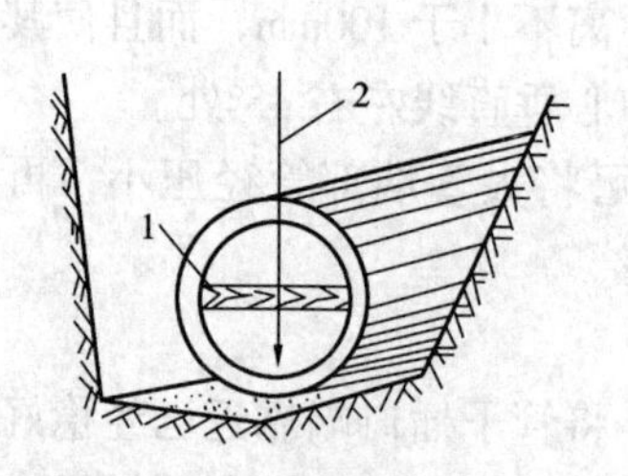

图 5.7 中线对中法
1—水平尺；2—中心垂线

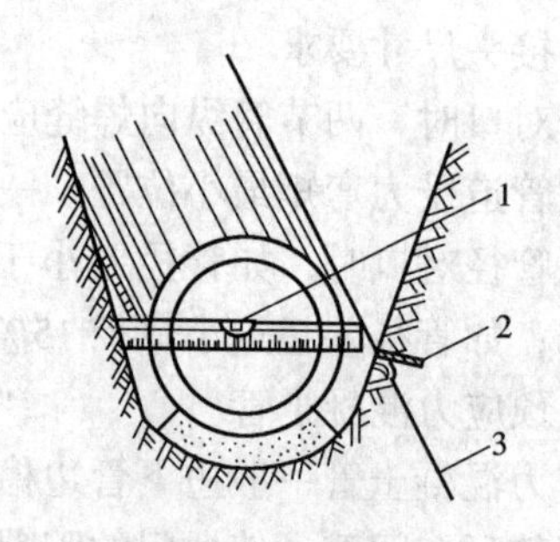

图 5.8 边线对中法
1—水平尺；2—边桩；3—边桩

边线法稳管操法简便，应用较为广泛。

3. 管内底高程控制

沟槽开挖接近设计标高，由测量人员埋设坡度板，坡度板上标出桩号、高程和中心钉，如图 5.6 所示。

坡度板埋设间隙，排水、热力管道一般为 10m，给水、燃气管道一般为 15 ~ 20m。管道平面及纵向折点和附属构筑物处，根据需要增设坡度板。

相邻两块坡度板的高程钉至管内底的垂直距离保持一常数，则两个高程钉的连线坡度与管内底坡度相平行，该连线称坡度线。坡度线上任何一点到管内底的垂直距离为一常数，称为下反数。稳管时，用一木制丁字形高程尺，上面标出下反数刻度，将高程尺垂直放在管内底中心位置，调整管子高程，使高程尺下反数的刻度与坡度线相重合，则表明管内底高程正确。

稳管工作的对中和对高程两者同时进行，根据管径大小，可由 2 人或 4 人进行，互相配合，稳好后的管子用石子垫牢。

承插式铸铁管、预应力混凝土管、自应力混凝土管，常遇到管线需要微量偏转或曲线安装，在不使用弯头的情况下，依靠扭转承插口角度，解决管线偏转问题。而扭转的允许转角值见表 5.5。

承插式接口允许转角值 **表 5.5**

管 材 种 类	接 口 种 类	管径（mm）	允许转角（°）
铸铁管和球墨铸铁管	刚性或半柔性接口	75 ~ 450	2
		500 ~ 1200	1
	滑入式 T 形、梯唇形柔性接口	75 ~ 600	3
		700 ~ 800	2
		>900	1
预应力混凝土管	柔性接口	400 ~ 700	1.5
		800 ~ 1400	1
		1600 ~ 3000	0.5
自应力混凝土管	柔性接口	100 ~ 800	1.5

5.2 压力流管道接口施工

管道接口是管道施工中的主要工序，也是管道安装中保证工程质量的关键。而压力管道接口种类较多，诸如承插式刚性接口、承插式柔性接口、法兰接口、螺纹接口、焊接接口等多种形式。本节主要介绍承插式接口和焊接接口。

5.2.1 承插式刚性接口

承插式刚性接口的形式如图 5.9 所示。是由嵌缝材料和密封填料组成。

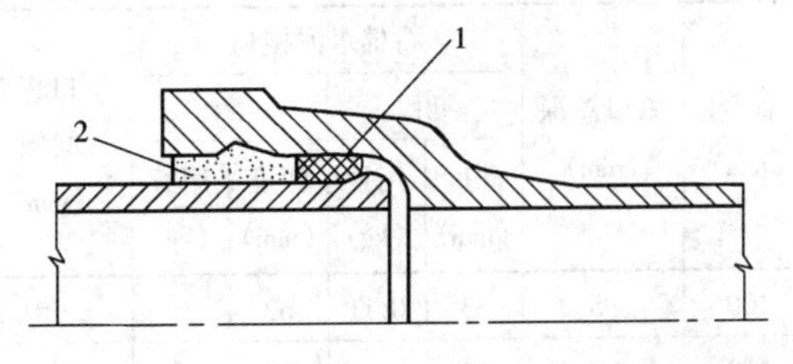

图 5.9 接口形式

1—嵌缝材料；2—密封填料

1. 嵌缝材料

嵌缝的主要作用是使承插口缝隙均匀，增加接口的黏着力，保证密封填料击打密实，而且能防止填料掉入管内。

嵌料的材料有油麻、橡胶圈、粗麻绳和石棉绳等。其中给水管线常用前两种材料。

采用麻质材料，在接口初期，麻和管壁间的摩擦系数较大，能加强接口黏着力，当麻腐蚀后这种作用消失。所以，一般扎麻嵌缝只扎 1~2 圈，对于缝隙大，承口深以及铅接口时，扎麻为 2~4 圈。

石棉绳不易腐蚀，耐久性好，有一定阻水作用，但石棉纤维浸入水中不符合饮用水卫生要求，所以，给水管线较少采用。

橡胶圈嵌缝效果较好，既能使缝隙均匀，又能起到良好的阻水作用。

(1) 麻的填塞

1) 油麻的制作　采用松软、有韧性、清洁、无麻皮的长纤维麻，加工成麻辫，浸放在 5%石油沥青、95%的汽油配制的溶液中，浸透、拧干，并经风干而成的油麻，具有较好的柔性和韧性，不会因敲打而断碎。

2) 填麻深度及用量

承插式铸铁管接口填麻深度及用量见表 5.6。其中石棉水泥类接口的填麻深度约为承口总深的 1/3，铅接口的填麻深度约距承口水线里边缘 5mm 为宜。如图 5.10 所示。

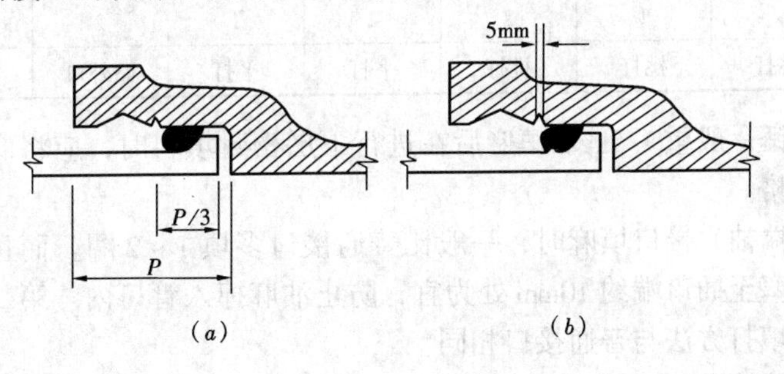

图 5.10 填麻深度

(a) 石棉水泥接口；(b) 青铅接口

承插式铸铁管接口填麻用量　　表 5.6

管径 (mm)	承口总深 (mm)	石棉水泥接口				接口环形间隙 (mm)	每缕长度		麻辫截面直径 (mm)	油麻、水泥接口	
		麻		灰							
		深度 (mm)	用量 (kg)	深度 (mm)	用量 (kg)		无搭接长度 (mm)	搭接长度 (mm)		缕数	填麻圈数
75	90	33	0.09	57		10	584		15	1	2

续表

管径（mm）	承口总深（mm）	石棉水泥接口				接口环形间隙（mm）	每缕长度		麻辫截面直径（mm）	油麻、水泥接口	
		麻		灰			无搭接长度（mm）	搭接长度（mm）		缕数	填麻圈数
		深度（mm）	用量（kg）	深度（mm）	用量（kg）						
100	95	33	0.11	62		10	741	50~100	15	1	2
150	100	33	0.154	67		10	1062	50~100	15	1	2
200	100	33	0.98	67		10	1382	50~100	15	1	2
250	105	35	0.27	70		11	1076	50~100	16.5	1	2
300	105	35	0.32	70		11	2028	50~100	16.5	1	2

注：1. 麻辫截面直径是指填麻时将每缕油麻拧成麻辫状的截面直径，以实测环形间隙的1.5倍计。
2. 麻的用量系指每个接口的用量值。

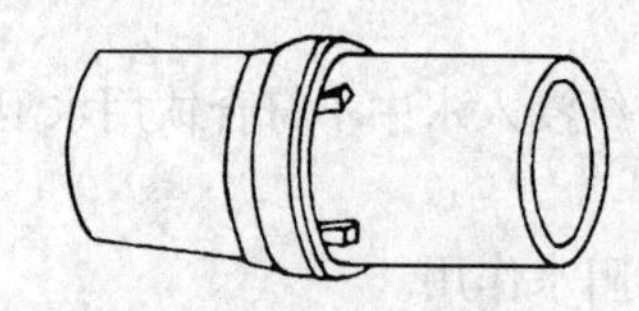
图5.11　油麻镇打

3）油麻填打程序和打法

填麻前先将承口、插口用毛刷沾清水洗干净。用铁牙将环形间隙背匀，如图5.11所示。随后用麻錾将油麻塞入接口。塞麻时需倒换铁牙。打第一圈油麻时，应保留2个铁牙，以保证间隙均匀。待第一圈油麻打实后，再卸铁牙。打麻时麻錾应一錾挨一錾打，防止漏打。通常操作程序及打法参见表5.7。

油麻填打程序及打法　　**表5.7**

圈数／打法	第一圈		第二圈			第三圈		
遍　次	第一遍	第二遍	第一遍	第二遍	第三遍	第一遍	第二遍	第三遍
击　数	2	1	2	2	1	2	2	1
打　法	挑打	挑打	挑打	平打	平打	贴外口	贴内口	平打

打麻所用手锤一般重1.5kg。填麻后在进行下层密封填料时，应将麻口重打一遍，以麻不再走动为合格。

再打套管（揣袖）接口填麻时，一般比普通接口多填1~2圈。而且第一圈稍粗，可不用锤打，将麻塞至插口端约10mm处为宜，防止油麻掉入管口内。第二圈麻填打用力不宜过大。其他圈填打方法与普通接口相同。

（2）橡胶圈的填塞

采用圆形截面橡胶圈作为接口嵌缝材料，比用油麻密封性能好，即使填料部分开裂或微小走动，接口也不致漏水。这种接口形式又称半柔性接口。常用在重要管线铺设或土质较差或地震烈度6~8度以下地区。

1）胶圈的选配

橡胶圈的直径和内环直径的选择按下列情况确定。

橡胶圈直径，是按压缩率为37%~48%的幅度选用。

橡胶圈内环直径为插口外径的0.85~0.9倍。当管径≤300mm时为0.85倍，否则为0.9倍。

安装承插铸铁管选配橡胶圈截面直径可参照表 5.8。

选配圆型胶圈直径参考表 **表 5.8**

环形间隙 (mm)	胶圈直径 d' (mm)					
	$\rho=35\%$	$\rho=37\%$	$\rho=40\%$	$\rho=43\%$	$\rho=46\%$	$\rho=49\%$
9	14	14	15	16	17	18
10	15	16	17	18	19	20
11	17	17	18	19	20	22
12	18	19	20	21	22	24
13	20	21	22	23	24	25
14	22	22	23	25	26	27
15	23	25	25	26	28	29
16	25	27	27	28	30	31

注：1. 环形间隙为实测值。

2. ρ—胶圈压缩率（%）。

3. d'为套在插口上的胶圈直径，原始胶圈直径 $d=\frac{d'}{\sqrt{k'}}$，k 为胶圈环径系数，一般为 0.85～0.95。

现将 GB3422—82 连续铸铁管选配“O”形胶圈尺寸参考值列于表 5.9。

连续铸铁管选配胶圈参考表（mm） **表 5.9**

公称直径	环形间隙	胶圈环内径 ($k=0.90$)	截面直径 d					
			$\rho=35\%$	37%	40%	43%	45%	48%
300	11	291	18	18	19	20	21	22
350	11	337	18	18	19	20	21	22
400	11	383	18	18	19	20	21	22
500	12	475	19	20	21	22	22	24
600	12	567	19	20	21	22	22	24

2）胶圈填打程序和注意事项

下管时应先将胶圈套在插口上，然后将承插口工作面用毛刷清洗干净，对好管口，用铁牙背好环形间隙，然后自下而上移动铁牙，用錾子将胶圈填入承口。第一遍先打入承口水线位置，錾子贴插口壁使胶圈沿着一个方向依次均匀滚入承口水线。防止出现“麻花”。再分 2～3 遍将胶圈打至插口小台，每遍不宜使胶圈打入过多。以免出现“闷鼻”或“凹兜”。当出现上述弊病，可用铁牙将接口适当撑大，进行调整处理。对于插口无小台管材，胶圈以打至距插口边缘 10～20mm 为止，防止胶圈掉入管缝。

3）填打胶圈质量要求

a. 胶圈压缩率符合规定；

b. 胶圈填至小台，距承口外缘的距离相同；

c. 无“麻花”、“凹兜”、“闷鼻”等现象。

2. 密封填料部分

（1）石棉水泥填料

石棉水泥接口应用较为广泛，操作简便，价格较低。

1）材料的配比与拌制

石棉在填料中主要起骨架作用，改善刚性接口的脆性，有利于接口的操作。所用石棉应有较好柔性，其纤维有一定长度。通常使用4F级温石棉，石棉在拌合前应晒干，以利拌合均匀。

水泥是填料的重要成分，它直接影响接口的密封性、填料的强度、填料与管壁间的粘着力。作为接口材料的水泥不应低于42.5级，不允许使用过期或结块的水泥。

石棉水泥填料的配合比（重量比）一般为3:7，水占干石棉水泥混合重量的10%，气温较高时适当增加。

石棉和水泥可集中拌制成干料，装入桶内，每次干拌填料不应超过一天的用量。使用时随用随加水湿拌成填料，加水拌合石棉水泥应在1.5h内用完。否则影响接口质量。

2）填打石棉水泥

在已经填打合格的油麻或橡胶圈承口内，将拌合好的石棉水泥，用捻灰錾自下而上往承口内填塞，其填塞深度，捻打遍数及使用錾子的规格，各地区有所不同，可参考表5.10选用。

石棉水泥填打方法 **表5.10**

管径(mm) / 打法 / 填灰遍	75～450			500～700		
	四填八打			四填十打		
	填灰深度	使用錾号	击打遍数	填灰深度	使用錾号	击打遍数
1	1/2	1#	2	1/2	1#	3
2	剩余的2/3	2#	2	剩余的2/3	2#	3
3	填　平	2#	2	填　平	2#	2
4	找　平	3#	2	找　平	3#	2

当接口填平嵌料与填打密封料采用流水作业时，二者至少相隔2～3个管口，以免填打嵌料时影响填打密封料的质量。

填打石棉水泥时，每遍均应按规定深度填塞均匀。用1、2号錾子时，打两遍时，贴承口打一遍，再靠插口打一道，打三遍时，再靠中间打一遍，每打一遍，每一錾至少打击三下，錾子移位应重叠1/2～1/3。最后一遍找平时，用力稍轻，填料表面呈灰黑色，并有较强回弹力。

管径小于300mm一般每个管口安排一人操作，管径大于300mm时，可两人操作。

管道试压或通水时，发现接口局部渗漏，可用剔口錾子将局部填料剔除，剔除深度以见到嵌缝油麻、胶圈为止。然后淋湿，补打石棉水泥填料。

3）石棉水泥接口的冬季施工

a. 气温低于－5℃以下，不宜进行石棉水泥接口，必须进行接口时，可采取保温措施。

b. 在零度下需要刷管口时，宜用盐水。

c. 在零度下拌合石棉水泥时，采用热水，其水温不得超过50°C，装入保温桶运至现场使用。

d. 石棉水泥口填打合格后，可用加盐水拌合黏土封口养护，同时覆盖草帘或用不冻土回填夯实。

4）接口的养护

石棉水泥接口填打完毕，应保持接口湿润。一般可用湿黏土覆盖接口处；夏季，可覆盖淋湿的草帘，定时洒水，一般养护24h以上。养护期间管道不准承受振动荷载，管内不得承受有压的水。

(2) 膨胀水泥砂浆接口

膨胀水泥在水化过程中体积膨胀，密度减小，体积增加，提高水密性和与管壁的粘结力，并产生封密性微气泡，提高接口抗渗性。

1）材料的配比与拌制

a. 水泥接口用的膨胀水泥强度不低于42.5级的石膏矾土膨胀水泥或硅酸盐膨胀水泥。出厂超过三个月者，经试验证明其性能良好方可使用。自行配制膨胀水泥时，必须经过技术鉴定合格，才能使用。

b. 中砂最大粒径小于1.2mm，含泥量小于2%。

c. 配合比一般膨胀水泥:砂:水＝1:1:0.3，经试配调整后确定。

d. 膨胀水泥砂浆的拌制

膨胀水泥与砂需要拌合均匀，外观颜色一致。在使用地点加水，随用随拌，一次拌合量不宜过多，应在0.5h内用完。

2）膨胀水泥砂浆的填捣

填膨胀水泥砂浆之前，用探尺检查嵌料层深度是否正确。然后用清水湿润接口缝隙。

膨胀水泥砂浆应分层填入、分层捣实，捣实时应一錾压一錾进行，具体操作方法见表5.11的规定。

填膨胀水泥砂浆方法 **表5.11**

填打遍数	填料深度	捣实方法
第一遍	至接口深度的1/2	用錾子用力捣实
第二遍	填至承口边缘	用錾子均匀捣实
第二遍	找平成活	捣至表面返浆，比承口凹进1～2mm，刮去多余灰浆，找平表面

3）膨胀水泥砂浆接口的养护

接口成活后，应及时用湿草帘覆盖，2h以后，用湿泥将接口糊严，并用潮湿土覆盖。

(3) 青铅接口

青铅接口是铸铁管接口中使用最早的方法之一。这种材料填打以后，不需养护，即可通水。通水后发现有渗漏，不必剔除，只要在渗漏处，用手锤重新锤击，即可堵漏。目前采用铅接口较少，只有在重要部位，如穿越河流、铁路、地基不均匀沉降地段采用。

青铅选用82—62的6号铅。常用工具有化铅炉、铅锅、布卡箍等。

1）灌铅

在灌铅前检查嵌缝料填打情况，承口内擦洗干净，保持干燥。然后将特制的布卡箍或泥绳贴在承口外端。上方留一灌铅口，用卡子将布卡箍卡紧，卡箍与管壁接缝处用湿黏土抹严，以防漏铅，其装置如图5.12所示。

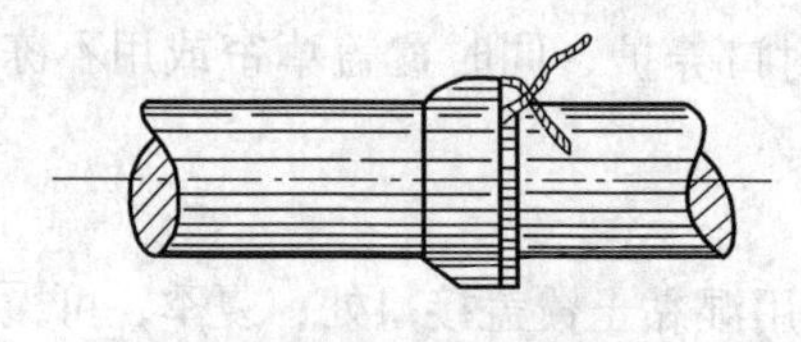

图 5.12 灌铅装置

灌铅及化铅人员配带石棉手套、眼镜，灌铅人站在灌铅口承口一侧，铅锅距灌铅口高度约 20cm，铅液从铅口一侧倒入，以便于排气。

每个铅口应一次连续灌完，凝固后，卸下布卡箍和卡子。

2）填打铅口

首先用錾子将铅口飞刺剔除，再用铅錾捻打。打的方法：第一遍紧贴插口，第二遍紧贴承口，第三遍居中打。捻打时一錾压着半錾打，直至铅表面平滑，并凹进承口 1～2mm 为宜。

采用橡胶圈作为嵌料时，应先打一圈油麻，以防烧坏橡胶圈。

5.2.2 承插式柔性接口

刚性接口抗变性能较差，受外力作用容易使密封填料产生裂缝，造成向外漏水事故，尤其在松软地基和地震区，接口破坏率较高。因此，可采用柔性接口方式，减少漏水事故的发生。

目前国内外使用的柔性接口其密封材料多为橡胶圈。橡胶圈在接口中处于受压缩状态，起到了防渗作用。

这类橡胶圈接口不同于普通铸铁管胶圈石棉水泥接口中的橡胶圈，不是靠人工打入，而是靠机械的牵引或顶推力将插口推入承口内，使橡胶圈受到压缩。如图 5.13 所示。

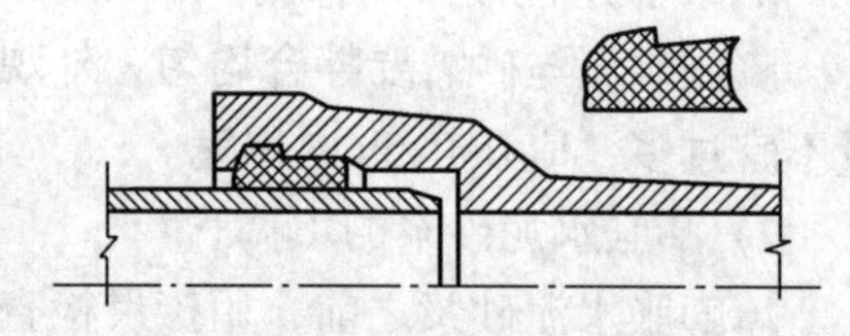

图 5.13 铸铁管唇形橡胶圈接口形式

1. 承插式球墨铸铁管接口

这类管材是我国近年来引进开发的一种新型管材，广泛应用于城市给水管线工程中，球墨铸铁管与普通铸铁管相比其强度和韧性有大幅度提高。

橡胶圈柔性接口性能见表 5.12。

橡胶圈接口性能 **表 5.12**

项目 \ 口型	梯唇形接口 $D = 200$mm	机械接口 = 150mm
密封折角	0～30MPa	0～2.2MPa
弯曲折角	在 0～1.4MPa 水压下 5～70	在 0～1.0MPa 水压下 55°
轴向位移	在 0～1.4MPa 水压下 0～3mm	在 0～1.4MPa 水压下 0～30mm
耐振性	可耐 9°以下地震	在 1.0MPa 水压下以 3.5Hz 振幅 6.2mm 振动 3min 未漏

从表中看出这类接口能耐较大的弯曲变形和轴向拉伸变形，抗震性能好。施工时改善了操作工艺、节省劳力、缩短工期，而且安装以后立即可通水使用。

目前采用大连炼铁厂和邢台钢铁厂生产的球墨铸铁管居多，已有国家标准，但生产管件不配套。而且选用该种管材时应与橡胶圈配套购买。

（1）安装前的准备

1）检查铸铁管有无损坏、裂缝，承插口工作面尺寸是否在允许范围内；

2）对承插口工作面的毛刺和杂物清除干净；

3）橡胶圈形体完整、表面光滑，用于扭曲和拉伸，其表面不得出现裂缝；

4）检查安装机具是否配套齐全。

（2）安装步骤

滑入式橡胶圈接口操作过程如下：

1）清理承口　清刷承口，铲去所有粘结物，并擦洗干净；

2）清理橡胶圈　清擦干净，检查接头、毛刺、污斑等缺陷；

3）上胶圈　把胶圈上到承口内，如图 5.14 所示。由于胶圈外径比承口凹槽内径稍大，故嵌入槽内后，需用手沿圆周轻轻按压一遍，使其均匀一致的卡在槽内；

4）刷润滑剂　用厂方提供的润滑剂，或用肥皂水均匀地刷在胶圈内表面和插口工作面上；

5）将插口中心对准承口中心　安装好顶推工具，使其就位。扳动手拉葫芦，均匀地使插口推入承口内，如图 5.15 所示；

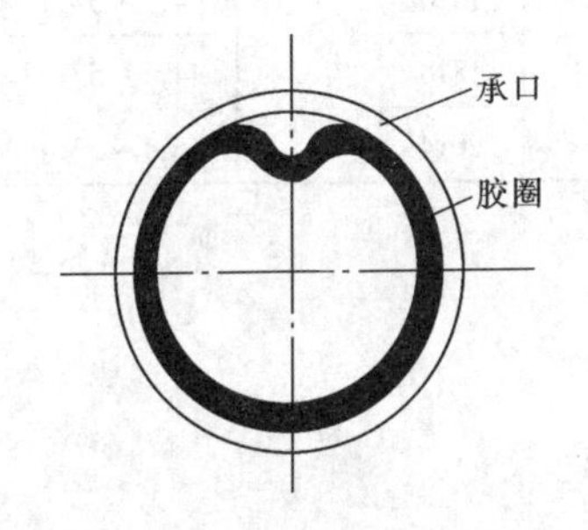

图 5.14　上胶圈

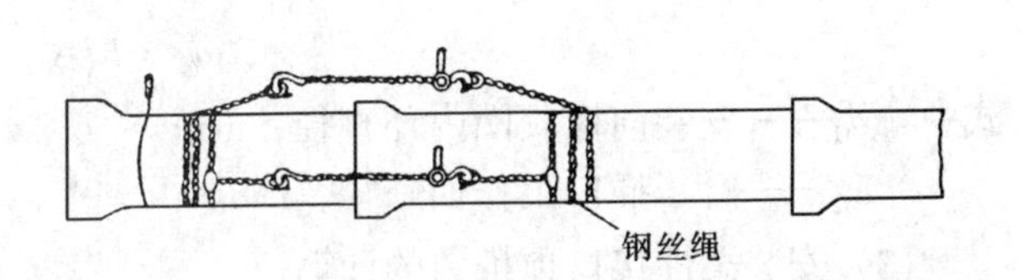

图 5.15　推入式安装机具

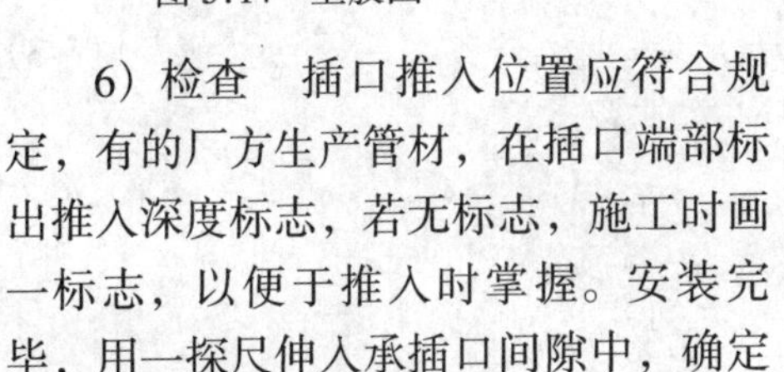

6）检查　插口推入位置应符合规定，有的厂方生产管材，在插口端部标出推入深度标志，若无标志，施工时画一标志，以便于推入时掌握。安装完毕，用一探尺伸入承插口间隙中，确定胶圈位置是否正确。

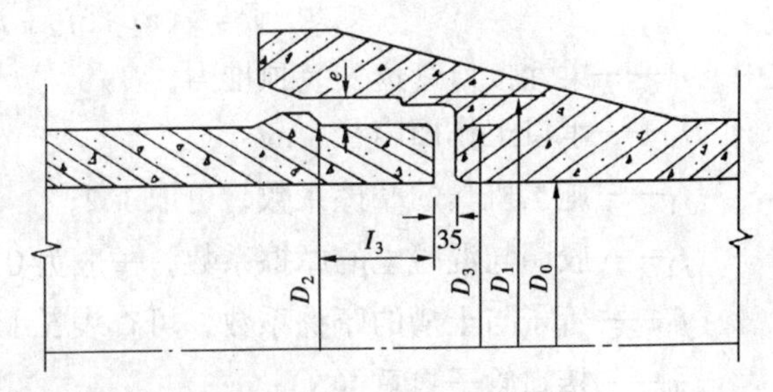

图 5.16　预应力管口大样

2. 预（自）应力钢筋混凝土管接口

目前国内生产的预（自）应力钢筋混凝土管多为承插式接口形式，采用橡胶圈为密封材料。图 5.16 及表 5.13 为北京某水泥管厂生产预应力钢筋混凝土管规格及尺寸。

（1）橡胶圈截面直径的选择

$$d = \frac{E}{1-\rho} \cdot \frac{1}{\sqrt{k}} \tag{5-1}$$

式中　d——橡胶橡胶圈伸长前直径，mm；

E——管子接口环向间隙，mm；

k——胶圈的环径系数，常温施工，一般在 0.85～0.90 之间；

ρ——胶圈压缩率，铸铁管取 34%～40%。之间，预应力、自应力混凝土管取

35%~45%。

(2) 橡胶圈内环直径的选择

预应力混凝土管及配套胶圈尺寸　　表 5.13

公称内径 D_0 (mm)	一阶段预应力混凝土管						“O”形橡胶圈				
	承口		插口								
	内径 D_1 (mm)	公差 (mm)	外径 D_2 (mm)	外径 D_2 (mm)	公差 (mm)	长度 L_1 (mm)	截面直径 d (mm)	公差 (mm)	环内径 d_1 (mm)	公差 (mm)	压缩率 ρ (%)
600	724	+1.5 −1.0	710	700	±0.8	95	24	±0.5	630	±5	45.2~53.2
800	944		920	910		95	24		828		45.2~53.8
1000	1166	+2.0 −1.0	1144	1130	±1.3	95	26		1026		44.6~53.5
1200	1386		1360	1348		95	28		1422		44.6~53.5
1400	1608		1580	1568		95	28		1620		44.1~54.1
1600	1838		1808	1794		115	30		1818		44.5~53.8
2000	2296		2262	2245		115	34		2014		45.1~53.4

$$d_1 = KD_2 \tag{5-2}$$

式中　d_1——安装前橡胶圈内环直径，mm；

D_2——管子插口工作面外径，mm。

(3) 安装柔性接口顶推力的计算

安装柔性接口的顶推力大小，可按下式计算。

$$P = (\pi D_1 N f_2 + w f_3)\ f_2 \tag{5-3}$$

式中　P——柔性接口管道安装顶推力，N；

D_1——承口工作面内径，mm；

f_1——施工机具的摩擦系数，可取 1.2；

f_2——胶圈与混凝土的摩擦系数，一般为 0.2~0.3；

f_3——管子与土槽的摩擦系数，可查表 5.14；

w——接口管子自重（N）；

N——橡胶圈受压缩时，单位长度上所受的垂直力。此压力与胶圈直径、硬度、压缩率等因素有关，其数值可实际测得。

混凝土管与土的摩擦系数　　表 5.14

土的种类	摩擦系数	土的种类	摩擦系数
干的细砂	0.64	黏土	0.3
湿的细砂	0.32	砂砾	0.44
粉质黏土	0.51		

N 的求法　通过在压力机上对所选用的胶圈作压力试验，测出胶圈压缩率 ρ 与每厘米长胶圈受的垂直压力值 N 之间的相关数据，绘出以 ρ 为横坐标，N 为纵坐标关系曲线。

(4) 柔性接口安装方法

安装方法应按管径大小、施工条件、机具状况和工人操作习惯等因素，各地采用方法各异。归纳为推和拉两大类别。

预应力混凝土管下管以后，在承口就位后挖一工作坑，工作坑尺寸视管径大小、安装工具而定，一般管子承口前≥60cm，承口后大于承口斜面长度，承口下部挖深≥20m，管子左右宽≥40cm，如图 5.17 所示。

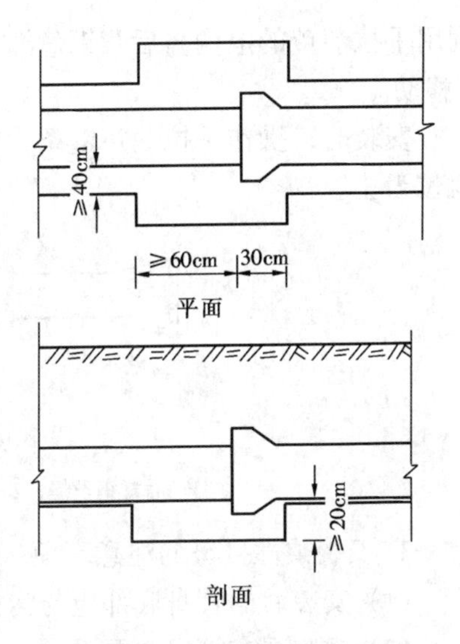

图 5.17　接口工作坑

安装程序：清洗管口和胶圈→上胶圈→初步对口找中心和高程→装顶推设备→开始顶进插口→随时用探尺检查胶圈位置直至就位→移动顶推设备。

下面介绍几种顶进方法：

1）撬管法

将待安装的管子插口对准已安装好承口，套上胶圈。然后在待安装的管子承口端用方木和撬棍把插口推向前一节管子承口内。这种方法适用于管径 75～200mm 小口径管道的安装。其特点操作简便。安装后的管道立即回填部分土方，防止胶圈回弹。

2）千斤顶安管法

其装置如图 5.18 所示。先将胶圈套在插口上，用起重设备吊起管子，向已装好的管子承口处对口，然后安装拉杆 4 与千斤顶小车后背工字钢 5 连接牢，徐徐开动千斤顶，将待装管子 2 顶入已装好的管于承口内。

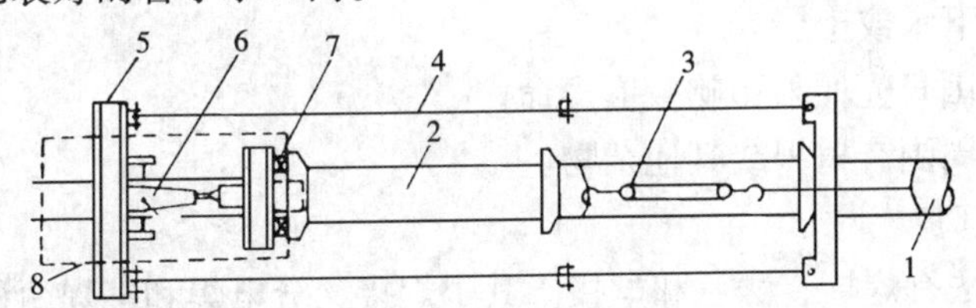

图 5.18　千斤顶安装法

1—已装好管子；2—待装管子；3—吊链；4—钢筋拉杆；
5—后背；6—千斤顶；7—顶木；8—小车

安装时注意事项：

a. 管子吊起时不宜过高，稍高于沟底即可，有利于使插口胶圈准确地对入承口内；

b. 利用边线法调整管身，使管于中心符合设计要求；

c. 检查胶圈与承口接触是否均匀，发现不均匀处，可用錾子捣去，以使均匀进入承口；

d. 千斤顶顶推着力点应在管子的重心点上，约为 1/3 管子高度处。

这种方法安装设备简单，易于操作，劳动强度小。适用于较大口径管道的安装。

为了避免新安装管道回弹，可用吊链 3 与安装好的管子连锁拉紧。

3）手拉葫芦安装法

其装置如图 5.19 所示。管径较小可设一台手拉葫芦（吊链），放置在管顶处；管径较大时可设 2 台，放置在管的两侧。

钢丝绳 1 锁在已安装好管子前 3～4 节处，防止后背走动，将已安装好的管口拔出。

利用手拉葫芦的上钩与后背钢丝绳 1 连接，手拉葫芦下钩与钢筋拉杆 3 连接，并连动横铁 5 移动。

安装时，操作手拉葫芦链条，带动横铁 5，将待安装的管子 4 进入承口内，直至胶圈就位为止。

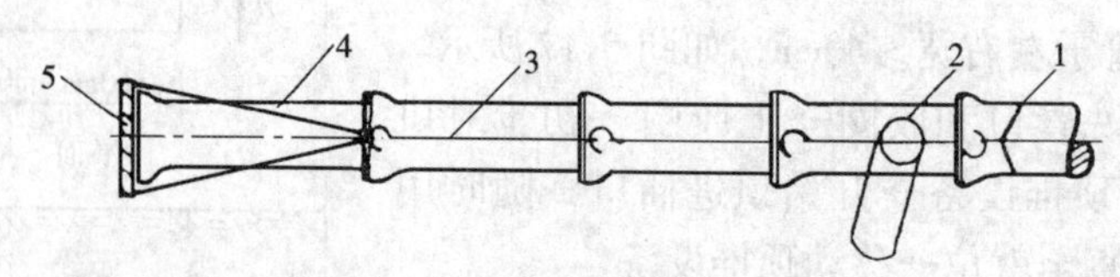

图 5.19　手拉葫芦安装法

1—后背钢丝绳；2—手拉葫芦；3—拉杆；4—待安装管；5—横铁

3. 安装柔性接口的注意事项

(1) 安装后的管身底部应与沟槽基础面均匀接触，防止产生局部应力集中。

(2) 橡胶圈在管口内要平顺、无扭曲，严格控制胶圈到位情况。

(3) 安装预应力混凝土管时，由于生产工艺原因，管材承口内径的椭圆度不一，间隙不等，所以，安装前应逐根检查承口尺寸，标名记号，分别配制相应直径的胶圈。

(4) 倘若沟底坡度较大，管道安装应从低处向高处进行，防止因管身自重，管口产生回弹现象。

(5) 柔性接口一般不作封口，可直接还土。但遇下列情况时应封管口：

a. 有侵蚀性地下水或土层；

b. 明装管道，因日光照射影响胶圈寿命；

c. 在埋设管道周围有树根或其他杂物。

5.2.3　钢管接口

钢管的连接方法有焊接、法兰和丝接。其中焊接又分电焊和气焊两种。

在施工现场，钢管的焊接常采用手工电弧焊。

1. 手工电弧焊

(1) 坡口形式及焊缝尺寸

钢管焊接时，采用坡口的目的是为了保证焊缝质量。坡口形式如设计无规定，可参照表 5.15 所示。

电弧焊管墙坡口各种尺寸（mm）　　表 5.15

坡口形式	壁厚 t	间隙 b	钝边 p	坡口角度 α (°)
V形坡口（图示：α、p、t、b）	4 ~ 9	1.5 ~ 2.0	1.0 ~ 1.5	60 ~ 70
	10 ~ 26	2 ~ 3	1.5 ~ 4	60 ± 5

焊缝为多层焊接时，第一层焊缝根部必须均匀焊透。并不应烧穿，每层焊缝厚度一般为焊条直径的 0.8 ~ 1.2 倍。各层引弧点应错开。焊缝表面凸出管皮高度 1.5 ~ 3.0mm，但

不大于管壁厚的40%。

(2) 对口和定位点焊

对口是组焊的一个工序，是接口焊接的前期工作。

对口工作包括管节尺寸检查，调整管子纵向焊缝间的位置，校正对口间隙尺寸，错位找平等内容。对好口以后再进行定位点焊。

对口允许错口量见表5.16。

焊接管口间隙和错位允许值 **表5.16**

管壁厚度（mm）	4~5	6~8	9~10	11~14
对口间隙（mm）	2.0	2.0	3.0	3.0
错口偏差（mm）	0.5	0.7	0.9	1.5

定位点焊应符合下列要求：

1）点焊所用的焊条性能，应与焊接所采用的相同；

2）点焊焊缝的质量应与焊缝质量相同；

3）钢管纵向焊缝处，不得进行点焊；

4）点焊厚度应与第一层焊缝厚度相同，其焊缝根部焊透，点焊长度和间距可参照表5.17。

钢管点焊长度及点数 **表5.17**

公称直径	点焊长度（mm）	点　　数	公称直径	点焊长度（mm）	点　　数
200~300	45~50	4	600~700	60~70	6
350~500	50~60	5	800以上	80~100	间距400mm左右

5）点焊后的焊口不得用大锤敲打，若有裂缝应铲掉重焊。

(3) 焊接操作

依据焊条与管子间的相对位置有平焊、立焊和仰焊。平焊易于操作，仰焊操作困难，要求技术高。施工时，应尽量在沟槽上面采用滚动平焊法，组焊成管段，然后再下至沟槽内，以减少在沟槽内的焊接工作量，有利于保证焊缝质量和提高工效。

1）焊接电流的选择

合理选择电流非常重要，电流过小，电弧不稳定，易造成夹渣或未焊透等缺陷，电流过大，容易产生咬边和烧穿等缺陷。

焊接电流的大小，主要依据焊条直径和焊缝间隙。其平焊可按下式计算

$$L = Kd \tag{5-4}$$

式中　L——焊接电流，A；

d——焊条直径，mm；

K——与焊条直径有关的系数，见表5.18。

不同焊条直径的 *K* 值 **表5.18**

d（mm）	1.6	2~2.5	3.2	4~6
K	15~25	20~30	30~40	40~50

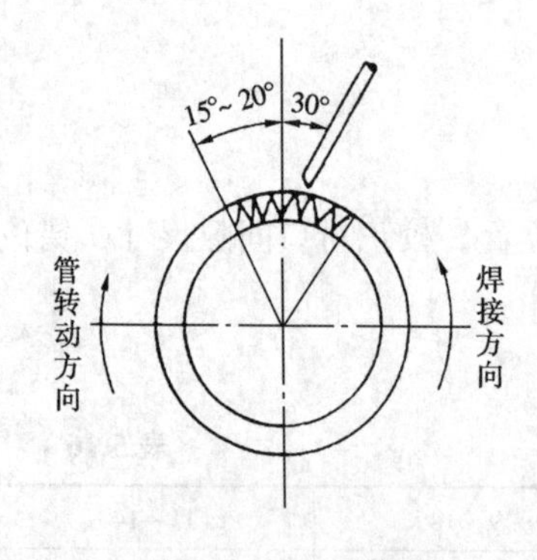

图 5.20 焊缝运条位置

立焊电流值应比平焊小 15%~20%，仰焊比平焊电流小 10%~15%。焊件厚度大，取电流上限值。

2）钢管转动焊接操作

钢管转动焊在焊接过程中绕管纵轴转动，可避免仰焊。

转动焊其运条范围宜选择在平焊部位，即焊条在垂直中心线两边各 15~20mm 范围运条。而焊条与垂直中心线的夹角呈 30°角，如图 5.20 所示。若焊接小管径的接口可单方向平焊完成；中等管径每层施焊方向应当相反，焊接起始点应错开，大的管径应采用分段退焊法，每段焊缝长度为 200~300mm。

3）钢管固定焊接操作

当管径较大，不便转动时应用固定焊接法，固定焊接程序：先仰焊→立焊→平焊。并应从管子两侧同时焊接。

焊接中的仰、立、平三种位置焊接质量的关键是处理好各种位置上的焊缝接头。

4）焊缝常见缺陷

a. 没有焊透　产生的原因可能坡口开得不恰当、钝边太厚、对口间隙过小、运条速度过快、电流偏小，焊条选用不当等。

b. 气孔　产生的原因可能运条速度过快，焊条摆动不对，焊接表面有油脂等脏物，或因电流过大、焊条潮湿等所致。

c. 夹渣　产生原因可能在多层焊接时，焊渣清除不干净，焊条摆动不当，熔化金属粘度大等。

d. 咬边　产生原因可能是电流过高、焊条摆动不当、电弧过长等。

e. 裂缝　产生原因主要由于热应力集中、冷却太快、焊缝含硫、磷等杂质。

f. 焊缝表面残缺　即焊缝尺寸、宽度、高度不一致，焊缝不直或有焊瘤。

2. 焊接质量检查

(1) 焊前的检查　各种焊接材料必须有质量合格证，焊缝对口质量符合规定要求，焊接操作者必须执有合格证。

(2) 焊接中的检查　焊接操作者对夹渣、未焊透等缺陷加强自检，防止缺陷的形成。

(3) 焊后成品检查

1) 外观检查　外观检查包括焊缝尺寸、咬边、焊瘤、气孔、夹渣、裂纹等。发现存在上述缺陷，均应重新补焊。

2）致密性检查

a. 油渗检验　在焊缝的一面涂白垩粉水溶液，待干燥后，再在焊缝另一面涂煤油，检验停留时间 15~30min，如在白垩粉一面出现油斑时，说明焊缝有裂纹。检查原因，采取补救措施。

b. 超声波探伤　采用脉冲反射式探伤仪检查焊缝质量。

c. 水压或气压试验　它是在管道全部焊接以后，进行最后一步检查，其试验方法及标准见本章第 8 节。

3. 电弧焊的安全技术

(1) 预防触电

通过人体电流大小，引起对人体的伤害程度有所不同，当电流超过0.02~0.025A时对生命就有危险。40V电压对人体可构成危险。而焊机的空载电压一般在60V以上，因此焊接操作人员必须十分注意防止触电。

1) 焊机应配备继电保护装置。

2) 焊接作业前，检查设备是否完好，如外壳接地、触点接触状况等。

3) 下入沟槽或管内作业时，其照明应使用36V以下的安全灯。

4) 保险丝应和焊机容量相匹配。

5) 焊接人员必须穿戴好工作鞋、绝缘手套等防护用品。

(2) 预防电弧光的伤害

焊接产生的电弧光强度比眼睛能安全忍受的光线要强得多，电弧辐射还产生大量的眼睛看不见的紫外线，这些不可见的光线对人的眼睛和皮肤有害，所以应有防护措施。

1) 焊接时必须戴防护面罩，人不得直视正在施焊部位。

2) 焊接作业人员应穿白色帆布工作服和护脚面布，以防灼伤皮肤。

3) 焊接作业人员引弧时注意防止伤害他人。

(3) 防止飞溅焊渣灼伤

电弧焊时，由于溶化金属飞溅，容易产生灼伤和火灾，特别在仰焊或风力较大时尤其应注意。

仰焊作业操作人员穿戴工作服，不应将上衣工作服束在裤腰内，裤脚不应翻卷。

焊接场地不应有木屑、油脂和其他易燃物。

4. 钢管的防腐

金属在有水和空气的环境中，就会氧化而生成铁锈，失去金属特性。这是管材发生的外腐蚀。管道输送的水具有一定的侵蚀性时，也会发生内腐蚀。

钢管的防腐，就是采取必要的手段，防止金属腐蚀的措施，延长管材使用寿命。

埋在土壤中的钢管，引起腐蚀的原因包括化学腐蚀和电化学腐蚀。

化学腐蚀是由于金属和四周介质直接相互作用发生置换反应而产生的腐蚀，生成氢氧化物。这种氢氧化物易溶于水，当制作管材的金属为活泼性金属，即容易腐蚀。如铁的腐蚀作用，首先是由于空气中的二氧化碳溶解于水，变成碳酸和溶解氧，使铁生成可溶性的酸式碳酸盐 $Fe(HCO_3)_2$ 然后在氧的氧化作用下变成 $Fe(OH)_2$。

土壤中的某些细菌和金属管道的腐蚀有关，当土壤的pH值、温度和电阻率有利于某些细菌繁殖时，细菌就起腐蚀作用。

电化学腐蚀是由于金属本身具有的电极电位差而形成腐蚀电池。如钢管的焊缝熔渣和管体金属之间，电位差可能高达0.275V。

另外城市地下存在杂散电流对管道的腐蚀，这是一种外界因素引起的电化学腐蚀的特殊情况，其作用类似于电解过程。

钢在土层中被腐蚀的情况归纳如下；

低电阻率上层，腐蚀性弱；

透气性良好的土层，开始腐蚀性强，但后来减弱很快；

透气性、排水性不良的土层腐蚀性大；

有厌气细菌在其中繁殖的土层，其腐蚀更快。

为了防止腐蚀，必须不使金属与电解质接触，或者金属表面不形成电位差。防腐的途径，前者采用涂裹绝缘层的方法，后者采用电气防腐法——阴极保护。

(1) 涂裹（覆盖）防腐蚀法

覆盖防腐层施工，包括除锈→涂底漆→刷包防腐层。

1) 除锈

a. 机械处理

①手工除锈　利用钢丝刷、砂纸等将管道表面上的铁锈、氧化皮除去。这种方法适用于小型少量钢管。对于出厂时间较短的管材表面氧化皮，一般不必清除。

②喷砂除锈　依靠压缩空气射流将研磨材料喷到金属表面上，去除金属表面铁锈。研磨材料有石英砂、钢砂、钢球等。施工现场常用石英砂，粒径0.5~1.0mm，砂粒要清洁、干燥。

喷砂除锈的优点是除锈效率高，而且彻底，工作表面较粗糙，有利于防腐层的附着。喷砂的最大缺点是工作环境差、噪声大。喷砂人员要戴防尘口罩、防护眼镜等。

为了克服上述缺点，可采用湿喷砂法，即在喷砂嘴处加水，砂与水同时进入喷嘴混合，水与砂的比例约为1:2。可获得较好的喷砂效果。

喷砂用的压缩空气要经过油水分离器，压力在0.4~0.6MPa。喷砂时，喷嘴与工件之间呈50°~70°夹角，并保持100~200mm的距离。

b. 化学处理

化学处理是用酸液溶解管外壁的氧化皮、铁锈的方法。酸液可用醋酸、硫酸、盐酸、硝酸和磷酸等。

无机酸作用力强，除锈速度快，而且价格低，倘若控制不好，会造成对金属的过度腐蚀。有机酸的作用缓和，不致对金属造成过度腐蚀，酸洗后不易重新生锈，但酸洗成本较高。

硫酸对金属的腐蚀性最大，而且应用也广泛。硫酸浓度为25%时，腐蚀过度最快。使用中控制硫酸浓度为5%~15%左右，温度达到50~70℃时，酸洗效果更好，酸洗时间10~40min。配制硫酸溶液时，应先将水置于容器内，然后慢慢倒入硫酸。切不可把水往硫酸中倒。

2) 钢质外防腐层的结构与施工

埋在地下的钢管，因受到土壤中的酸、碱、盐类，地下水和杂散电流等的腐蚀，因此，需要在管道外壁覆盖防腐层。防腐层的结构应根根据土壤腐蚀等级参照表5.19确定。

土壤特性与防腐等级对照表　　**表5.19**

土壤腐蚀等级	电阻率（Ω·m）	含盐量（%）	含水率（%）	防腐等级
一般性土壤	>20	<0.05	<6	普　通
高腐蚀性土壤	5~10	0.05~0.75	5~12	加　强
特高腐蚀性土壤	<5	>0.75	>12	特加强

管道穿越河道、公路、铁路、山洞、盐、碱沼泽地，靠近电气铁路地段等处，一般采用加强防腐层；穿越电气铁路的管道采用特加强防腐层。

a. 防腐层的结构

防腐层划分为普通防腐层，加强防腐层和特加强防腐层三种，其结构见表 5.20 所列。

钢质管道外防腐层结构 表 5.20

材料种类	普通级		加强级		特加强级	
	结构	厚度（mm）	结构	厚度（mm）	结构	厚度（mm）
石油沥青涂料	1. 底漆一层 2. 沥青 3. 玻璃布一层 4. 沥青 5. 玻璃布一层 6. 沥青 7. 聚氯乙烯工业薄膜一层	每层涂料均匀分布总厚度不小于4.0	1. 底漆一层 2. 沥青 3. 玻璃布一层 4. 沥青 5. 玻璃布一层 6. 沥青 7. 玻璃布一层 8. 沥青 9. 聚氯乙烯工业薄膜一层	每层涂料均匀分布总厚度不小于5.5	1. 底漆一层 2. 沥青 3. 玻璃布一层 4. 沥青 5. 玻璃布一层 6. 沥青 7. 玻璃布一层 8. 沥青 9. 玻璃布一层 10. 沥青 11. 聚氯乙烯工业薄膜一层	每层涂料均匀分布总厚度不小于7.0
环氧煤沥青涂料	1. 底漆一层 2. 面漆 3. 面漆	每层涂料均匀分布总厚度不小于0.2	1. 底漆一层 2. 面漆 3. 玻璃布一层 4. 面漆 5. 面漆	每层涂料均匀分布总厚度不小于0.4	1. 底漆一层 2. 面漆 3. 玻璃布一层 4. 面漆 5. 玻璃布一层 6. 面漆 7. 面漆	每层涂料均匀分布总厚度不小于0.6

b. 石油沥青外防腐层施工

①材料选用　沥青应选用 10 号建筑石油沥青；玻璃布应选用干燥、脱脂、网状平纹的玻璃布；外包保护层应选用厚 0.2mm 的聚氯乙烯工业薄膜。

②涂刷底漆　底漆涂刷前管子表面应清除油垢、铁锈、灰渣，基面必须干燥，除锈后的基面与涂底漆的间隔时间不宜超过 8h。涂刷时保持均匀、饱满、不得有凝块、起泡等缺陷。厚度约为 0.1～0.2mm，管子两端 150～250mm 范围内不涂刷，待管口焊接后再做防腐层。

③涂包防腐层　沥青熬制温度控制在 230℃左右，最高不宜超过 250℃，防止焦化，注意搅拌，熬制时间不大于 5h。涂刷沥青应在未受沾污，已干燥的底漆上，常温下沥青涂刷温度宜在 200～220℃，不应低于 180℃，每层厚度为 1.5mm。涂沥青后应立即缠绕玻璃布，缠绕时应紧密、无褶皱，玻璃布的压边宽度为 30～40mm；接头搭接长度为 100～

150mm。上下两层接缝应错开。管端或施工中断处应留出长200mm左右，不涂防腐层，其留茬为阶梯形。

沥青涂料温度低于100℃以后再包扎聚氯乙烯工业薄膜，包扎时不应有褶皱，脱壳现象，压边宽度为30~40mm。

c. 环氧煤沥青外防腐层施工

环氧煤沥青应选用双组份，常温固化型的涂料，按照产品说明书规定比例将甲、乙组份混合拌匀，使用前熟化30min，配好的涂料应在规定时间内用完。

①涂刷底漆　涂底漆前管子表面应清除灰渣、铁锈并保持干燥，应在表面除锈后8h之内涂刷底漆。并须均匀，不得有漏刷、起泡等现象。

②涂包防腐层　面漆涂刷和包扎玻璃布，应在底漆表面干燥后进行，但底漆与第一道面漆涂刷的间隔时间不宜超过24h。普通级防腐层第一道面漆实干后即可涂第二道面漆。加强级防腐层涂第一道面漆后即可缠绕玻璃布，缠绕方法和要求与石油沥青防腐层作法相同，玻璃布缠绕后即可涂第二道面漆，第二道面漆干后再涂第三道面漆。特加强级防腐层依上述顺序进行，但两层玻璃布的缠绕方向应相反。

d. 外防腐层雨、冬季施工

环境温度低于10℃时，不宜采用环氧煤沥青涂料，环境温度低于5℃，采用石油沥青涂料时，应采取冬季施工措施，环境温度低于-25℃时，不宜进行外防腐层施工。冬期气温等于或小于沥青脆化温度时，不应起吊、运输和铺设。

不应在雨、雪以及五级以上大风中露天作业。涂好后的石油沥青防腐层，不宜在炎热夏季受阳光直接照射。

e. 外防腐层施工质量与检查验收

外防腐层施工质量应符合表5.21所列规定。其检查项目有：

①外观检查　按工序进行，检查涂抹质量，有无不均匀，产生气泡、褶皱等缺陷。

②厚度检查　每隔一段距离检查一处防腐层厚度，每处沿管周围检查点数不少于4个，其中有疑问的地方，应增加检查点。

③粘附性检查　在管道防腐层上，切口撕开，其防腐层不应成层剥落。

④绝缘性检查　必要时用电火花检漏仪检测，其电压值见表5.21所示。

外防腐层施工质量　　**表5.21**

材料种类	等级	检查项目				
		厚度（mm）	外观	绝缘体		粘附体
石油沥青涂料	普通	≥4.0	涂层均匀、褶皱、气泡、凝块	18kV	用电火花检漏仪检查无打火花现象	夹角45°~60°边长40~50mm的切口从角尖端撕开防腐层，首层沥青层应100%的粘附在管道的外表面
	加强	≥5.5		22kV		
	特加强	≥7.0		26kV		
环氧煤沥青涂料	普通	≥0.2		2kV		以小刀割开一舌形切口，用力撕开切口外的防腐层，管道表面仍为漆皮所覆盖，不得露出金属表面
	加强	≥0.4		3kV		
	特加强	≥0.6		5kV		

检查出的问题和在检查中损坏的部位，在管道回填土之前修补好。

3）钢质内防腐层结构与施工

钢质管道内层防腐常采用水泥砂浆作为防腐层。其材料的选用应符合下列规定：

a. 不能用对管道及饮用水水质造成腐蚀或污染的材料，使用外加剂时，其掺量经试验决定；

b. 应选用坚硬、洁净、级配良好的天然砂，其含泥量不大于2.0%，砂最大粒径不大于1.19mm或14目，使用前应筛洗；

c. 水泥应选用大于42.5级的硅酸盐水泥、普通硅酸盐水泥或矿渣硅酸盐水泥。

水泥砂浆内防腐层施工的注意事项：

①施工前先将管道内壁的浮锈、氧化铁皮，焊渣、油污彻底清洗干净；

②水泥砂浆内防腐层施工，可采用机械喷涂、人工抹压、离心预制法施工。采用预制法时，注意在运输、安装、还土过程中，防止损坏水泥砂浆内防腐层；

③采用人工抹压法时，应分层抹压并留有搭槎；

④水泥砂浆内防腐层成型后，必须立即将管口封堵，防止形成空气对流，水泥终凝后进行喷水潮湿养护；

⑤水泥砂浆内防腐层的施工质量，应符合有关规定。

(2) 阴极保护法

阴极保护法是从外部设一直流电源，由于阴极电流的作用，将管道表面上下不均匀的电位消除，即不产生腐蚀电流，达到金属管道不受腐蚀之目的。

从金属管道流入土壤的电流称为腐蚀电流。从外面流向金属管道的电流称为防腐蚀电流。阴极保护原理如图5.21所示。将一直流电源的负极与金属管道相接，直流电源的正极与一辅助阳极相连，通电后，电源给管道以阴极电流，管道的电位向负值方向变化。当电位降至阴极起始电位时，金属管道的阳极腐蚀电流等于零，管道就不受腐蚀。

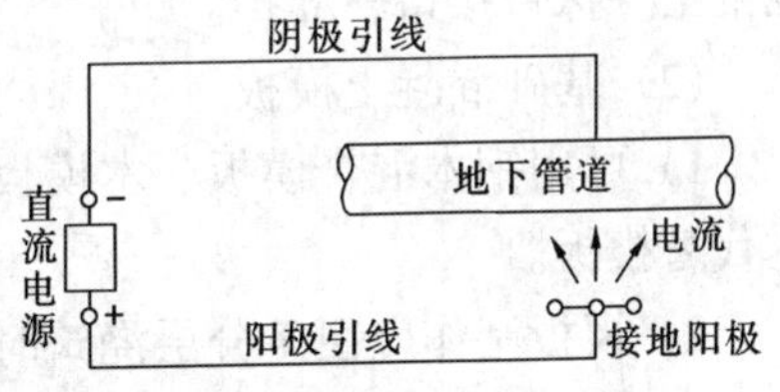

图5.21　阴极保护原理图

阴极保护中的阳极所用材料有石墨、高硅铁、普通钢管等。阳极埋设地点可选在地下水位较高、潮湿低洼、电阻率小于30Ωm处。阳极钢管可成排打入土中，再将阳极钢管上端用钢筋连成一体，再与电源阳极相接。

5.3　重力流管道接口施工

5.3.1　管道基础和管座

合理设计管道基础，对于排水管道使用寿命和安装质量有较大影响。在实际工程中，有时由于管道基础设计不周，施工质量较差，发生基础断裂、错口等事故。

重力流管道一般指排水管道而言。由于管内压力小，所用管材多采用混凝土管和钢筋混凝土管，其接口方式有刚性和柔性两大类。

管道基础一般采用混凝土通基。通基是沿管道长度方向连通浇筑的混凝土基础，适用各种混凝土管铺设。

管道设置基础及管座的目的，在于减少管道对地基的压强，同时也减少地基对管道的作用反力。前者不使管子产生沉降，后者不致压坏管材。并使下部管口严密、防止漏水。

试验证明，管座包的中心角越大，地基所受的压强越小，其管子所受反作用也越小，否则相反。通常管座包角分为90°、135°、180°和360°（全包）四种。如图5.22所示为其中三种。

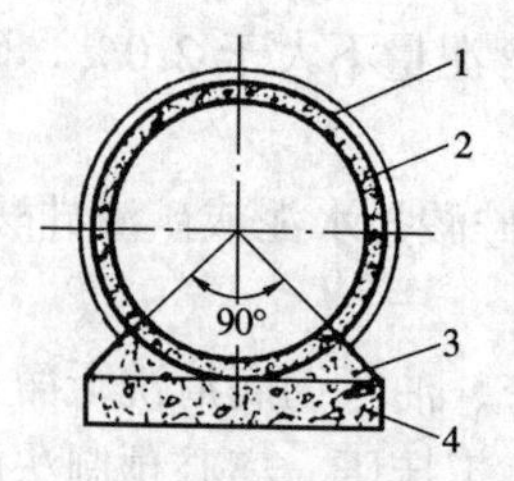

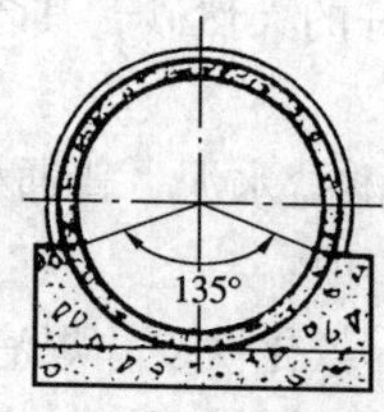

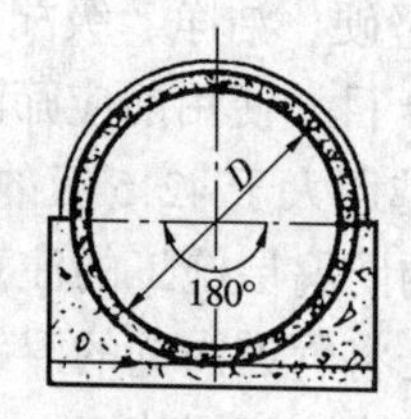

图5.22　混凝土基础与管座

1—水泥砂浆抹带；2—混凝上管；3—管座；4—平基

5.3.2　安管方法

根据管径大小，施工条件和技术力量等情况可归纳为三种安管方法：即平基法，垫块法和“四合一”法。

1. 平基安管法

（1）施工程序　支平基模板→浇筑平基混凝土→下管→稳管→支管座模板→浇筑管座混凝土→抹带接口→养护。

（2）基础混凝土模板

1）可用钢木混合模板、木模板、土质好时也可用土模。有可能也可用15cm×15cm方木代替模板。

2）模板制作应便于分层浇筑时的支搭，接缝处应严密，防止漏浆。

3）模板沿基础边线垂直竖立，内打钢钎，外侧撑牢。

（3）浇筑平基时的注意事项

1）浇筑平基混凝土之前，应进行验槽。

2）验槽合格后，尽快浇筑混凝土平基，减少地基扰动的可能性。

3）严格控制平基顶面高程。

4）平基混凝土抗压强度达到5MPa以上时，方可进行下管，其间注意混凝土的养护。遇有地下水时不得停止抽水。

（4）安管施工要点

1）根据测量给定的高程和中心线，挂上中心和高程线，确定下反常数并做好标志；

2）在操作对口时，将混凝土管下到安管位置，然后用人工移动管子，使其对中和找高程，对口间隙，管径≥700mm按10mm控制，相邻管口底部错口应不大于3mm；

3）稳好后的管子，用干净石子卡牢，尽快浇筑混凝土管座。

（5）浇筑管座时的注意事项

1）浇筑混凝土之前，平基应冲洗干净，有条件应凿毛；

2）平基与管子接触的三角区应特别填满捣实；

3）管径>700mm，浇筑时应配合勾捻内缝；管径<700mm，可用麻袋球或其他工具在管内来回拖拉，将渗入管内的灰浆拉平。

2. 垫块安管法

按照管道中心和高程，先安好垫块和混凝土管，然后再浇筑混凝土基础和管座。用这种方法可避免平基和管座分开浇筑，有利于保证接口质量。

(1) 施工程序

安装垫块→下稳管→支模板→浇筑混凝土基础与管座→接口→养护。

(2) 安管注意事项

1) 在每节管下部放置两块垫块，设置要平稳，高程符合设计要求；

2) 管子对口间隙与平基法相同；

3) 管子安好后一定要用石子将管子卡牢，尽快浇筑混凝土基础和管座；

4) 安管时，防止管子从垫块上滚下伤人，管子两侧设保护措施。

(3) 浇筑混凝土管基时注意事项

1) 检查模板尺寸、支搭情况，并在浇筑混凝土前清扫干净；

2) 浇筑时先从管子一侧下灰，经振捣使混凝土从管下部涌向另一侧；再从两侧浇筑混凝土，这样可防止管子下部混凝土出现漏洞；

3) 管子底部混凝土要注意捣密实，防止形成漏水通道；

4) 钢丝网水泥砂浆抹带接口，插入管座混凝土部分的钢丝网位置正确，结合牢固。

3.“四合一”施工法

在混凝土施工中，将平基、安管、管座、抹带4道工序连续进行的过程，称为“四合一”施工法。这种方法安装速度快，质量好，但要求操作熟练。适用于管径500mm以下管道安装，管径大，自重就大，混凝土处于塑性状态，不易控制高程和接口质量。

(1) 施工程序

验槽→支模→下管→“四合一”施工→养护。

(2)“四合一”施工

1) 根据操作需要，支模高度略高于平基或90°基础面高度。因“四合一”施工一般将管子下到沟槽一侧压在模板上，如图5.23所示，所以模板支设应特别牢固。

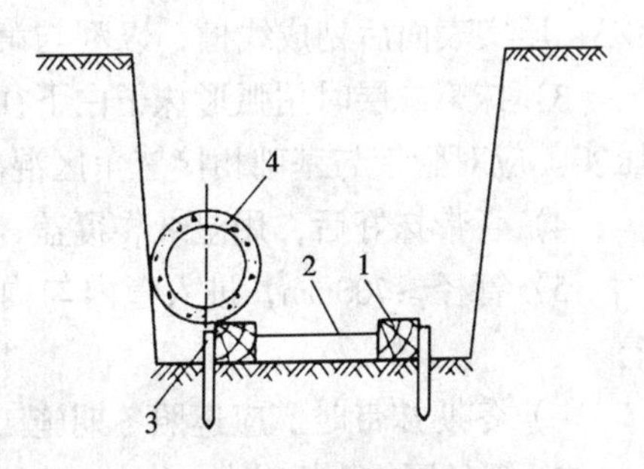

图5.23 “四合一”支模排管示意图
1—方木；2—临时撑木；3—铁钎；4—管子

2) 浇筑平基混凝土坍落度控制在2~4cm，浇筑平基混凝土面比平基设计面高出2~4cm，在稳管时轻轻挪动管子，使管子落到略高于设计高程，以备安装一节时有微量下沉。当管径≤400mm，可将平基与管座混凝土一次浇筑。

3) 安装前先将管子擦净，管身湿润，并在已稳好管口部位铺一层抹带砂浆，以保证管口严密性。然后将待稳的管子滚到安装位置，用手轻轻挪动，一边找中心，一边找高程，达到设计要求为止。当高程偏差大于规定时，应将管子撬起，重新填补混凝土或砂浆，达到设计要求。

4) 浇筑管座混凝土，当管座为135°、180°包角时，平基模板与管座模板分两次支设时，应考虑能快速组装，保证接缝不漏浆。若为钢丝网水泥砂浆抹带时，注意钢丝网位置正确。管径较小，人员不能进入管内勾缝时，可用麻带球将管口处的砂浆拉平。

5）当管座混凝上浇筑完毕，应立即抹带，这样可使管座混凝土与抹带砂浆结合成一体。但应注意抹带与安管至少相隔2~3个管口，以免稳管时影响抹带的质量。

5.3.3 管道接口

管道接口种类较多，下面介绍几种常用管道接口形式。

1. 水泥砂浆抹带

（1）材料及其配比

水泥　采用≥32.5级普通硅酸盐水泥。

砂子　经过2mm孔径筛子过筛，含泥量小于2%。

配合比　水泥:砂子=1:2.5。

水灰比　小于0.5。

（2）抹带工具

一般接口不带钢丝网，接口抹成弧形，如图5.24所示。需要特制成弧形抹子。其尺寸见表5.22。

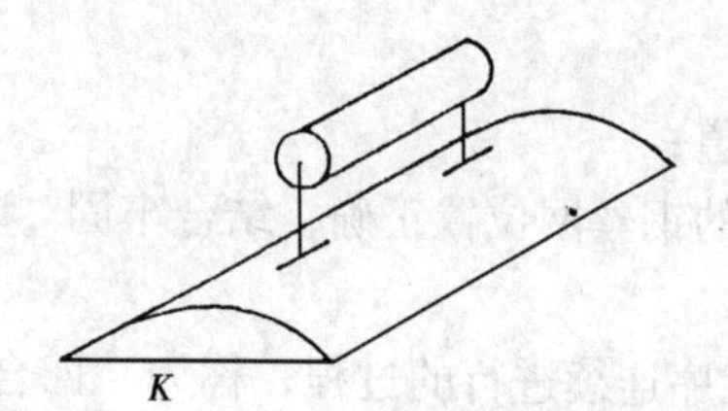

图5.24　弧形抹子

弧形抹子尺寸（mm）　表5.22

管径（mm）	带宽 K	带　厚
200~1000	120	30
1100~1640	150	30

（3）抹带操作

1）抹带前将管口洗刷干净，并将管座接槎处凿毛，在管口处刷一道水泥浆。

2）管径大于400mm可分二层完成，抹第一层砂浆时，注意找正管缝，厚度约为带厚1/3，压实表面后划成线槽，以利与第二层结合。

3）抹第二层时用弧形抹子白下往上推抹，形成一个弧形接口，初凝后可用抹子抹光压实。应对管带与基础相接三角区混凝土振捣密实。

4）管带抹好后，用湿纸袋覆盖，3~4h以后，洒水养护。

5）管径≥700mm，进入管内勾内管缝，压实填平。勾缝应在管带水泥砂浆终凝后进行。

6）冬期抹带时，应遵照冬期施工要求进行，抹好管带采取防冻养护措施。

2. 钢丝网水泥砂浆抹带

增加钢丝网是为了加强管带抗拉强度，防止产生裂缝，广泛用于污水管道接口，其构造如图5.25所示。

（1）材料

水泥砂浆成分、配比与上述接口相同。

钢丝网规格一般采用20号镀锌钢丝，网孔为10mm×10mm的孔眼。再剪成需要宽度和长度。

（2）抹带操作要点

钢丝网水泥砂浆外形为一梯形，其宽度 $w=200$mm，厚度 $t=25$mm。具体操作如下：

1）抹带前将管口擦洗干净，并刷一道水泥浆；

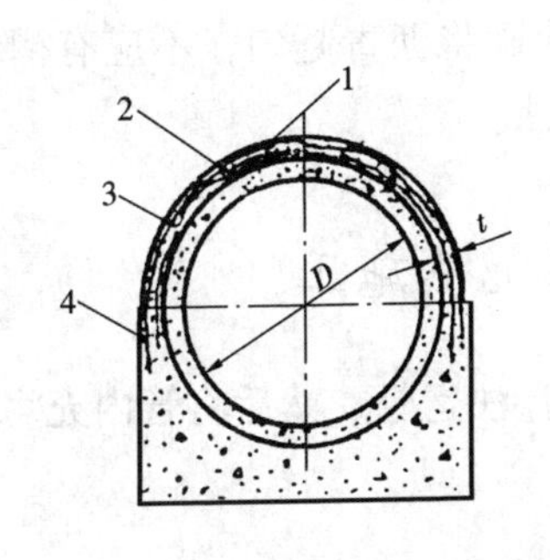

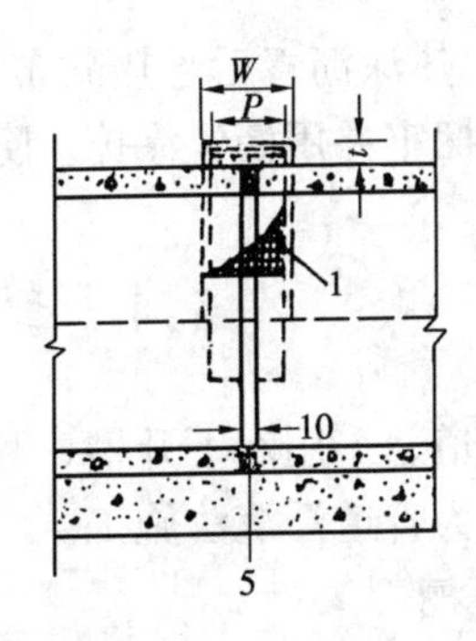

图 5.25　钢丝网水泥砂浆抹带

1—钢丝网；2—下层水泥砂浆；3—上层水泥砂浆；
4—插入管座铜丝网；5—水泥砂浆捻口

2）抹第一层砂浆与管壁粘牢、压实、厚度控制在 15mm 左右，再将两片钢丝网包拢使其挤入砂浆中，搭接长度大于 100mm，并用钢丝绑牢；

3）抹第二层砂浆时，需等第一层砂浆初凝后再进行，并按照抹带宽度、厚度用抹子抹光压实；

4）抹带完成后，立即覆盖湿纸养护。炎热季节应覆盖湿草帘。

3. 沥青麻布（玻璃布）接口

属于柔性接口，具有抗弯、抗折等优点，适用于无地下水，地基不均匀沉降不严重的污水管道。

(1) 接口材料

利用 30 号石油沥青、汽油和麻布（厚度 0.2mm）。将麻布（玻璃布）浸入冷底子油内，颜色一致，再晾干，裁成需要宽度。

(2) 接口操作重点

1）熬制石油沥青，温度控制在 170～180℃。

2）操作程序　管口刷洗干净、晾干→涂冷底子油→作四油三布防水层→用铅丝捆牢→浇筑基础混凝土后勾管缝。如图 5.26 所示。

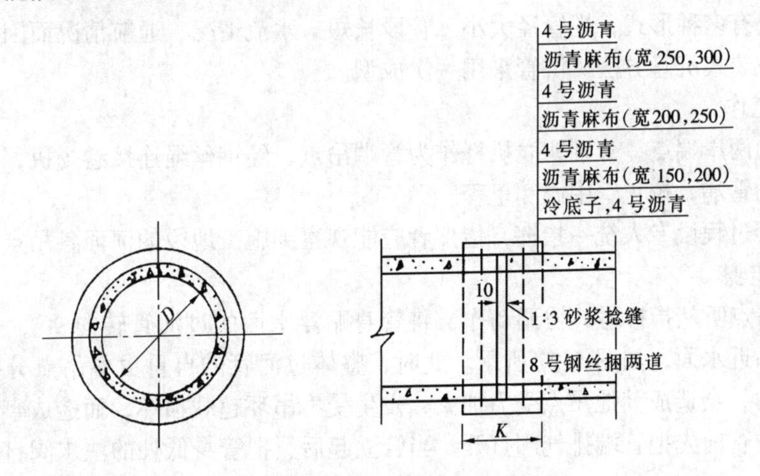

图 5.26　沥青麻布接口

3）注意事项　热涂沥青后趁热贴布，用油刷将沥青赶匀，不应有褶皱。在管口缝两侧分别用 8 号钢丝捆牢并用沥青涂抹。防止锈蚀。

5.4　管道浮沉法施工

当管线穿越河道，采用水下开槽、利用漂浮法运管，然后将管内充水，下沉就位，恢复河床等过程，称为管道浮沉法施工。

5.4.1　水下开槽

水下开槽可用挖泥船作业或采用拉铲开挖。开挖前在两岸设立固定中心标志，控制挖槽的轴线，边挖槽边测水深和槽宽，挖出一段以后，由潜水员进行水下检查，是否符合设计要求高程和底坡。

河面较宽时，可在两岸架设支架，利用卷扬机带动钢丝绳，往返拉动土斗（壁上有孔，便于泥水分离），使河床逐渐挖成沟槽。

5.4.2　钢管组焊

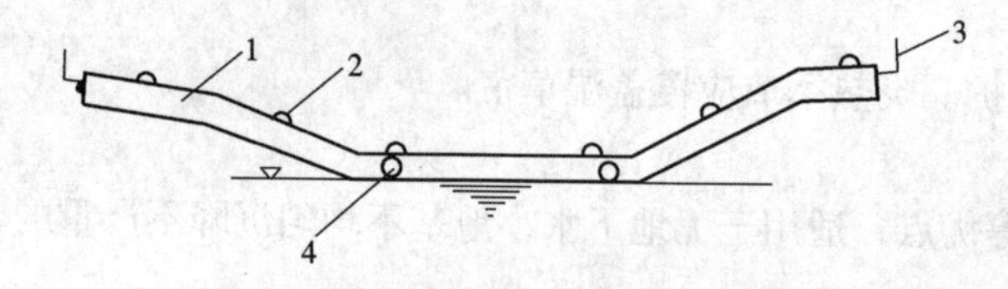

图 5.27　钢管组焊

1—下沉钢管；2—吊环；3—排气门；4—注水阀

浮沉法施工，一般采用钢管。按照穿越河道管线设计形状尺寸，在河流的岸边一侧，焊制成型，管道试压后经过防腐处理，再采用吊装设备，将成型的过河管吊放入水，用拖船牵引至已挖好沟槽位置上。钢管焊接成型后，两端应封堵。封堵方法，常采用焊接钢板或法兰盖堵，并应在管段高处设排气门、低处设注水阀门，如图 5.27 所示。

为使管段焊接平直，可在现场用枋木搭一平台，将管子放在平台上操作，吊环位置应在管身轴线上，防止吊装时管身发生扭转。

若河道较宽，管径较大，也可采用分段成型，运至河面上，再用法兰连接成整体。

5.4.3　沉管

沉管方法有多种形式，视管径大小、管段长短、水流情况、通航情况而因地制宜，下面介绍一种吊装式沉管方法。沉管采用一次成型。

1. 准备工作

在管沟的两岸端点，分别架立扒杆作为管端吊点，经钢丝绳连接卷扬机，其作用是在管立起后牵动管端，校正管中心和里程。

整个沉管过程设专人统一指挥，指挥者应能观察到施工地段的河面各吊点。

2. 沉管步骤

（1）各吊点听从指挥号，协调动作，将管身贴浮水面的过河管转向 90°，使两管端上升，中间段贴近水面，如图 5.27 所示。此时，整体过河管的自重由各吊点分担，倘若某一吊点不受力，会造成其他吊点受力加大，发生受力吊环超载损坏，而造成事故。

（2）在立管前先把管端排气阀打开，当管立起后，把管身低处的注水阀打开，往管中注水。

（3）注水能力大小，影响沉管速度，边注水边校对下沉管的中心和位置。从吊点钢丝绳张弛情况，可判断管内充水情况。钢丝处于松弛状态，说明管内未充满水，直至充满水后管身才可继续下沉。

(4) 待过河管沉至接近沟槽约1.0m时，再次校正管的中心和里程。

(5) 管身接近沟底时，由潜水员检查管身就位情况及接口有无问题。

(6) 最后需要石块或混凝土预制块填塞时，将管身填牢。由潜水员将吊点钢丝绳拆掉。

(7) 清理现场，吊装船离开现场，恢复河床。

5.5 硬聚氯乙烯（UPVC）给水管道安装

硬聚氯乙烯（UPVC）管道作为室外给水管材正得到越来越广泛的应用。它与金属管道相比，具有重量轻、耐压强度好、输送流体阻力小、耐化学腐蚀性强、安装方便、投资低、使用寿命长等特点。本节主要根据《室外硬聚氯乙烯给水管道工程设计规程》(CECS17:90）和《室外硬聚氯乙烯给水管道工程施工及验收规范》(CECS18:10）编写。

5.5.1 管材和配件的性能要求与存放

1. 管材、配件的性能要求

(1) 施工所使用的硬聚氯乙烯给水管材、管件应分别符合《给水用硬聚氯乙烯管材》(GB10002.1—88）的要求。如发现有损坏、变形、变质迹象或存放超过规定期限时，使用前应进行抽样鉴定。

(2) 管材与插口的工作面，必须表面平整，尺寸准确，即要保证安装时插入容易，又要保证接口的密封性能。

(3) 硬聚氯乙烯管在安装前应进行承口与插口的管径量测，并编号记录，进行公差配合，以便安装时插入容易和保证接口的严密性。

(4) 硬聚氯乙烯管在常温下是稳定的，不易破坏，其强度如表5.23。

硬聚氯乙烯管的强度　　表5.23

名　称	强　度（MPa）
抗拉强度	50～55
弯曲强度	90
抗压强度	66
剪切强度	44
抗冲击强度	0.5（$kg \cdot cm/cm^2$）

(5) 硬聚氯乙烯管材的现场检验

1) 外观管材内外壁应光滑、清洁、没有划伤和其他缺陷，不允许有气泡、裂口及明显的凹陷、杂质、颜色不均、分解变色线等。管端头应切割平整，并与管的轴线垂直。

2) 管材同一截面的壁厚偏差不得超过14%。

3) 管材的弯曲度：外径40～200mm，弯曲度≤1.0%；外径≥225cm，弯曲度≤0.5%。

4) 管件的壁厚不小于同规格管材的壁厚；

5) 外观表面应光滑，无裂纹、气泡、脱皮和严重的冷斑、明显的杂质以及色泽不匀、分解变色等缺陷；

2. 管材、配件的运输及堆放

(1) 硬聚氯乙烯管材及配件在运输、装卸及堆放过程中应轻拿轻放，严禁抛扔或激烈碰撞。

(2) 硬聚氯乙烯管应避免阳光暴晒，短期堆放应遮盖，若存放期较长，则应放置于棚库内，以防变形和老化。

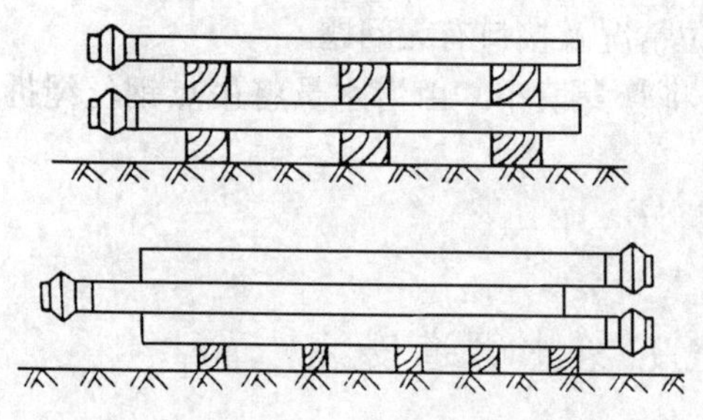

图 5.28 硬聚氯乙稀管的堆放要求

(3) 硬聚氯乙烯管材、配件堆放时，应放平垫实，堆放高度不宜超过 1.5m；对于承插式管材、配件堆放时，相邻两层管子的承口相互倒置并让出承口部分，以免承口承受集中荷载。堆放形式见图 5.28。

(4) 硬聚氯乙烯管材运输和堆放时可以采用大管套小管的形式，但套装的管子应呈自由状态，不可以过度挤撑。

3. 橡胶圈的选用与保存

(1) 当使用圆形橡胶圈作接口密封材料时，橡胶圈内经与管材插口外经之比宜为 0.85～0.9，橡胶圈断面直径压缩率一般采用 40%。

(2) 橡胶圈应保存在低于 40℃的室内，不应长期受日光照射，距一般热源距离不应小于 1m。

(3) 橡胶圈不得同能溶解橡胶的溶剂（油内、苯等）以及对橡胶有害的酸、碱、盐等物质存放在一起，更不得与以上物质接触；

(4) 橡胶圈在保存及运输中，不应使其长期受挤压，以免变形；

(5) 当管材出厂时配套使用的橡胶圈已放入承口内时，可不必取出保存，但应采取措施防止橡胶圈遗失。

5.5.2 关于沟槽的一般规定

1. 硬聚氯乙烯管道铺设的沟槽除应符合本章第 2 节的有关要求外，还应符合下列规定：

(1) 开槽时，沟底宽度一般为管外径加 0.5cm。当沟槽在 2m 以内及 3m 以内且有支撑时，沟底宽度分别另加 0.1m 及 0.2m；深度超过 3m 的沟槽，每加深 1m，沟底宽度应另加 0.2m。当沟槽为板桩支撑时，沟深 2m 以内及 3m 以内时，其沟底宽度应分别加 0.4m 及 0.6m。

(2) 在沟槽内铺设硬聚氯乙烯给水管道时，如设计未规定采用其他材料的基础，应铺设在未经扰动的原土上。如基底为岩石、半岩石、块石或砾石时，应铲除至设计标高以下 0.15～1.2m，然后铺上砂土整平夯实。管道安装后，铺高管道时所用的垫块应及时拆除。

(3) 管道不得铺在冻土上，铺设管道和管道试压过程中，应防止沟底冻结。

(4) 沟槽回填一般分两次进行；

1) 随着管道铺设的同时，宜用砂土或符合要求的原土回填管道的两肋，一次回填高度宜为 0.1～0.15m，捣实后再回填到管顶以上至少 0.1m 处。在回填过程中，管道底部与槽底间的空隙处必须填实；管道接口前后 0.2 范围内不得回填，以便观察试压的渗漏情况。

2) 管道试压合格后的大面积回填，宜在管道内充满水的情况下进行。管顶 0.5m 以上部分，可回填原土并夯实。采用机械回填时，要从管的两侧同时回填，机械不得在管道上行驶。

2. 管道安装的一般规定

(1) 下管　管材在吊运及放入沟内时，应采用可靠的软带吊具，平衡下沟，不得与沟壁、沟底激烈碰撞。

(2) 支墩　在安装法兰接口的阀门和管件时，应采取防止造成外加拉应力的措施。口径100mm的阀门下应设支墩。管道的支墩不应设置在松土上，其后背应紧靠原状土。如无条件，应采取措施保护支墩的稳定；支墩与管道之闪电战应高橡胶垫片，以防止管道的破坏。在无设计规定的情况下，管径小于100mm的弯头、三通可不设支墩。

(3) 弯曲　管道转弯处应设弯头，靠边管材的弯曲转弯时，其幅度不能过大，而且管径愈大则允许弯曲愈小。管道的允许弯曲半径及幅度见表5.24。

管道允许弯曲半径及幅度表　　表5.24

管外径（mm）	允许弯曲半径 R（m）	6m长管材允许转移幅度 a（m）
63	18.9	0.94
110	33.0	0.54
160	48.0	0.38
225	67.5	0.27
280	82.5	0.21
315	94.5	0.19

为保证弯曲的均匀性不变，在弯曲处应采用图5.29方式固定。

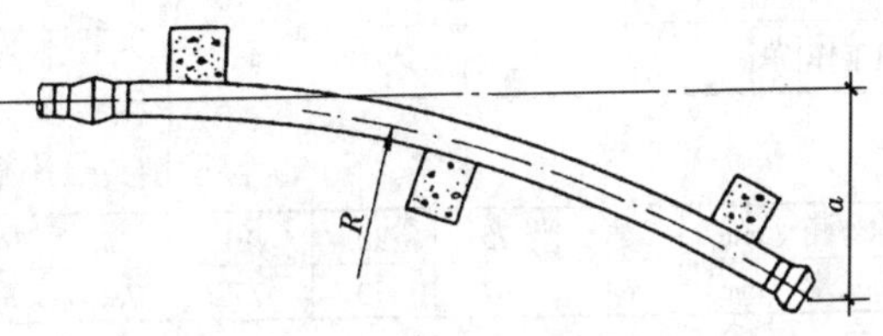

图5.29　管道转弯处的支设

(4) 管道穿墙　在硬聚氯乙烯管道穿墙处，应设预留孔或安装套管，在套管范围内管道不得有接口。硬聚氯乙烯管与套管间应用油麻填塞。

(5) 管道穿越铁路、公路　在硬聚氯乙烯管道穿越铁路、公路是应设钢筋混凝土套管，套管的最小直径为硬聚氯乙烯管管径加600mm。

(6) 管道的临时封堵　管道安装和铺设工程中断时，应用木塞或其他盖将管口封闭，防止杂物进入。

(7) 井室　硬聚氯乙烯管道上设置的井室，井壁应勾缝抹面，井底应作防水处理，井壁与管道连接处采用密封措施防止地下水的渗入。

5.5.3　管道连接方法

硬聚氯乙烯给水管道可以采用橡胶圈接口、粘接接口、法兰连接等形式。最常见的是橡胶圈和粘接连接，橡胶圈接口适用于管径为63~315mm的管道连接；粘接接口只适用于管外径小于160mm管道的连接；法兰连接一般用于硬聚氯乙烯管与铸铁管等其他管材阀件等的连接。粘接接口的施工温度为+5℃以上，橡胶圈接口的施工环境温度为-10℃以上。

1. 橡胶圈连接（R-R连接）

(1) 橡胶圈的性能要求

当管道采用橡胶圈接口（R-R接口）时，所用的橡胶圈不应有气孔、裂缝、重皮和接缝，其性能应符合下列要求：

1) 凯氏硬度为45~55度；

2）伸长率>500%；

3）拉断强度>16MPa；

4）永久变形<20%；

5）老化系数>0.8（在700℃温度情况下，历时144h）。

（2）连接程序

准备→清理工作面及橡胶圈→上胶圈→刷润滑剂→对口、插入→检查。

（3）操作方法及要求

1）准备　检查管材、管件及橡胶圈的质量，并根据作业项目参考表5.25准备工具。当连接的管子需要切断时，需在插口端进行倒角，并应划出插入长度标线，然后再进行连接。最小的插入长度应符合表5.26的规定。切断管材时，应保证断口平正且垂直管轴线。

各作业项目的施工工具表　**表5.25**

作业项目	工具种类	作业项目	工具种类
锯管及坡口	细齿锯或割管机，倒角器或中号板、万能笔、量尺	涂润滑剂	毛刷、润滑剂
		连接	手动葫芦或插入机
清理工作面	棉纱或干布	安装检查	塞尺

管子接头最小插入长度　**表5.26**

公称外径（mm）	63	75	90	110	125	140	160	180	200	225	280	315
插入长度（mm）	64	67	70	75	78	81	86	90	94	100	112	113

2）清理　将承口内的橡胶圈沟槽、插口端及工作面及橡胶圈清理干净，不得有土或其他杂物。

3）上胶圈　将橡胶圈正确安装在橡胶圈沟槽中，不得装反或扭曲。为了安装方便可用水浸湿胶圈，但不得在胶圈上涂润滑剂安装。

4）刷润滑剂　用毛刷将润滑剂均匀地涂在装嵌在承口处的橡胶圈和管子插口端外表面上，但不得将润滑剂涂到承口的橡胶圈沟槽内；润滑剂可采用脂肪酸，禁止用黄油或其他油作润滑剂。

5）对口插入　将连接管道的插口对准承口，保持插入管端的平直，用手动葫芦或其他拉力机械将管一次插入至标线。若插入阻力过大，切勿强行插入，以防橡胶圈扭曲。

6）检查　用塞尺顺承插口间隙插入，沿管圆周检查橡胶圈的安装是否正确。

（4）注意事项

1）承口装嵌橡胶圈内的槽内不得涂上各种油及润滑剂，防止在接口时将橡胶圈推出。

2）接口插管时应一次插到底，若插入阻力过大或发现插入管道反弹时，应推出检查橡胶圈是否正常。

2. 粘接剂连接（T-S连接）

（1）粘接剂的性能要求

当管道采用粘接连接（T-S接口）时，所选用的粘接剂的性能应符合下列基本要求：

1）粘附力和内聚力强，易于涂在结合面上；

2）固化；

3）硬化的粘接层对水不产生任何污染；

4）粘接的强度应满足管道的使用要求。

（2）连接程序

准备→清理工作面→试插→刷粘接剂→粘接→养护。

（3）操作方法

1）准备　检查管材、管件质量，根据作业项目按表5.27准备施工工具。

各作业项目的施工工具表　　表5.27

作业项目	工　具　种　类
切管及坡口	同表5.25
清理工作面	除同表5.25外尚需丙酮、清洗剂
粘　　接	毛刷、粘接剂

连接的管子需要切断时，须将插口处做成坡口后再进行连接。切断管子时，应保证断口整且垂直管轴线。加工成的坡口应符合下列要求：坡口长度一般不小于3mm；坡口厚度约为管壁厚度的1/3～1/2。坡口完成后，应将残屑消除干净。

2）清理工作面　管材或管件在粘合前，应用棉纱或干布将承接口内侧和插口外侧擦拭干净，使被粘接面保持清洁，无尘砂与水迹。当表面粘有油污时，须用棉纱蘸丙酮等清洁剂擦拭干净。

3）试插　粘接前应将两管擦拭一次，使插入深度及配合情况符合要求，并在插入端表面划出承口深度的标线。管端插入承口深度应不小于表5.28的规定。

4）涂刷粘接剂　用毛刷将粘接剂迅速涂刷在插口外侧结合面上时，宜先涂承口，后涂插口，宜轴向涂刷，涂刷均匀适量。每一接口粘接剂用量参见表5.29，粘接剂配方参见表5.30。

粘接连接管材插入深度　　表5.28

管材公称外径（mm）	20	25	32	40	50	63	75	90	110	125	140	160
管端插入承口深度（mm）	16.0	18.5	22.0	26.0	31.0	37.5	43.5	51.0	61.0	68.5	76.0	86.0

粘接剂标准用量　　表5.29

公称外径（mm）	20	25	32	40	50	63	75	90	110	125	140	160
粘接剂用量（g/个）	0.40	0.58	0.88	1.31	1.94	2.97	4.10	5.73	8.43	10.75	13.37	17.28

注：1. 使用量是按表面积200g/m²计算的。

2. 表中数值为插口和承口两表面的使用量。

常用粘接剂的配方　　表5.30

编号	成分与配比	基本性能	编号	成分与配比	基本性能
1	共聚树脂 110 过氧化甲乙酮 3 环烷酸钴 1 307不饱和聚酯（50%的丙酮溶液） 0.5	有良好的耐水性和耐油性，剪切强度达7～8MPa	3	过氧乙烯 100 二氯乙烷 500～590 偶联剂 KH-570、1.1～1.5	剪切强度达14.8～15.2MPa
2	过氧乙烯 110 二氯乙烷 400～900	剪切强度达10MPa	4	过氧乙烯 100 二氯乙烷 300 四氢呋喃 200 偶联剂 KH-550、1.5	

续表

编号	成分与配比	基本性能	编号	成分与配比	基本性能
5	聚乙稀醇缩丁醛 25 二氯乙烷 110		6	邻苯二甲酸二辛酸 2 有机锡 1.5 甲基异丁基醛 2.5	剪切强度达 14.8～15.2MPa
6	聚氯乙烯 100 四氢呋喃 100 甲乙酮 200	剪切强度达 14.8～15.2MPa	7	硅橡胶内加固化剂 $C_6H_6NHCH_2Si$ (OC_2H_5) 和 $(C_2H_5)_2$ NCH_2Si $(OC_2H_2)_3$	剪切强度达 1.2～1.6MPa

5）粘接　承插口涂刷粘接剂后，应立即找正方向将管端插入承口，用力挤压，使管端插入的深度至所划标线，并保证承插接口的直度和接口的位置正确。管端插入承口粘接后，用手动或其他拉力器拉紧，并保持一段时间（$DN<63$ 时，保持时间大于 30s；$DN=63\sim160$ 时，保持时间大于 60s），然后才能松开拉力器，以防止接口滑脱。

6）养护　承插接口连接完毕后，应及时将挤出的粘接剂擦拭干净。粘接后，不得立即对结合部位强行加载。

5.5.4 硬聚氯乙烯给水管道铺设要点及注意事项

1. 管材及管件

（1）管材及管件的质量　管材进入施工现场后，应检查管材尺寸误差是否超标，管材壁厚是否均匀、变形严重，承口有无开裂，管材是否内含杂质，插口端部倒角是否合乎标准，插口有无插入深度标线等，管件与管材的规格、材质、标准是否一致。

（2）运输及存放　管材在运输和存放时，套装的管子应呈自由状态，不可使外管出与过度挤撑状态。管材堆放应摆放整齐，不可杂乱无序，受到挤压的管子易产生永久变形，导致不能安装使用；不同规格的管子应分别堆放，否则易出现安装时尺寸不配或互相用错管子而发生爆管事故；管子长期风吹日晒，易发生变形，强度及韧性下降，故管材的存放一定要置于室内或能防晒隔雨的棚内。

（3）装卸　硬聚氯乙烯管在装运时，很可能使管子受到撞击而开裂；施工现场拖拉管子，易使管身，特别是插口端部与橡胶圈密封接触部位划伤，会造成接头漏水。

2. 管道安装时的注意事项

（1）对接管道时，应使被安装的管子与安装的管子处于一条直线上。插口插入承口时，若明显感到阻力增大，应拔出管子检查、调整，重新安装。

（2）橡胶圈连接的管材插口端倒角不合要求，或截管后，都应对插口端做好倒角。

（3）如管道安装时发生塌方现象，应及时清除，否则过大的突发荷载易造成管子变形。

(4) 管子对接时，承口内的橡胶圈应清理干净，不得留有土粒、碎砂石杂质，涂抹过润滑剂的插口部位应避免粘上杂质后被插入承口内，否则易造成接口的渗水甚至严重漏水。

(5) 管子出厂时放在承口内保存的橡胶圈在施工时应取出清理后重新装入，未经检查的橡胶圈不得直接装入。

(6) 硬聚氯乙烯管与铸铁管、钢管相连接时应采用管件标准中所介绍的专用接头连接，也可采用双承橡胶圈接头、接头卡子等连接。

(7) 硬聚氯乙烯管与消火栓、阀门等管件连接时，应先将硬聚氯乙烯管用专用接头接在铸铁管或钢管后，再通过法兰与这些管件相连接。

(8) 在硬聚氯乙烯给水管道上可钻孔连接支管。开孔直径小于 50mm 时，可用管道钻孔机钻孔；开孔大于 50mm 时可采用圆形切削机。在同一根管上开多孔时，相邻两孔口间的最小间距不得小于所开孔孔径的 7 倍。硬聚氯乙烯给水管道上开孔的部位，不应位于弯头、弯曲的管身上或其邻近处。

(9) 管道渗出漏采用粘接剂修补法时，须先排干管内水，并使管内形成负压，然后将粘接剂注在渗漏部位的孔隙上，由于管内负压，粘接剂被吸入孔隙中，可达到止漏的目的。

5.6 不良地区管道施工

5.6.1 沼泽地区管道施工

在大面积的表露饱和土地区（即沼泽地），由于施工条件差，人工作业会有很多困难。因此，应采用机械化施工。

1. 沼泽地区的沟槽开挖方法

(1) 冻结法

沼泽地区冬季能使土壤冻结时，会给施工带来极大的方便。此时的管道施工方法应按冻土地区的办法进行。这种方法的优点是不需修建挖掘机的行走道路，也不需要垫板，适用于松软的湿土层不超过 1m、冬季土壤能冻结的地区。

(2) 先压实，后冻结法

这种方法是在挖土前几天，先用拖拉机将挖掘机的行走道路表面压实，经冻结后，就可用拖拉机挖沟。这种方法适用于湿土层较厚且不易冻结的地区。

(3) 挖掘机和推土机联合挖沟法

这种施工方法是推土机在前推去湿土层，使软土层下的硬土外露，挖掘机在后面开挖沟槽。适用于湿土层厚 0.5～0.8m，下面是硬土层，且硬土层的承载能力允许一般拖拉机进行工作的条件下。

(4) 铁爬犁法

用 4～5 个直径为 500～800mm、长为 7～8m 钢管制铁耙犁，扩大支撑拖拉机的面积，使装反铲的拖拉机装设并固定在耙犁上。用钢丝绳把耙犁和拖拉机连接起来挖沟时，履带式拖拉机把铁耙犁拖向前方，反铲拖拉机在耙犁上向下挖沟。这种方法适用于松软饱和土较厚，拖拉机无法行走的条件下。

(5) 浮船法

先在沼泽地边缘挖一能容纳浮船的坑，使浮船浮于水面上，将挖掘机固定在船上，依靠锚桩移行，开挖浮船前方泥土。这种方法适用于多水的沼泽地区。

2. 沼泽地区的下管方法

沼泽地下管的常用方法有以下 3 种：

(1) 拖拉法　将管线从岸边沿沟底向前拖拉；

(2) 浮运法　管线在水面上沿管沟浮运，然后下沉沟底；

(3) 浮筒法　利用浮筒在沟内水面上拖运。

上述 3 种方法中，方法 1 的优点是岸上的加工工作量大，沼泽地区的加工工作相对减少，施工简单，缺点是管径较大，需要大的拖拉设备，且设备不易运往现场。方法 2 和方法 3 的优点是可一次将管子座落在设计位置上。需要注意的是，拖拉法施工的管道长度一次一般不超过 500m，且不应破坏防腐层。

5.6.2　湿陷性黄土地区管道施工

黄土在一定压力（即土自重压力或与附加压力）下受水浸湿后，土的结构迅速破坏并发生显著的附加下沉现象，称为湿陷。浸水后产生湿陷的黄土称为湿陷性黄土。湿陷性黄土根据遇水湿陷的难易程度不同，又可分为自重湿陷、非自重湿陷两种。所谓自重湿陷是指土层浸湿后仅仅由于土的自重就发生陷落或沉陷；非自重湿陷则是在土的自重和外在的附加压力的共同作用下才产生沉陷的黄土。

在湿陷性黄土地区进行管道施工时，不仅要考虑防止管道漏水造成地基受水浸湿而引起沉降的可能性，而且要考虑防止管道漏水使附近建筑物发生湿陷的可能性。管道接口应严密不漏水，并具有柔性。在湿陷性黄土地区除了要按一般要求确保工程质量外，对于管道工程的临时施工防水措施和工程本身的防水措施必须给予特别的注意。为此，在施工前根据湿陷性黄土地区的特点和设计要求，因地制宜地统筹安排施工程序、编制施工组织设计和施工总平面图，对保证工程质量和邻近建（构）筑物的安全是十分重要的。

1. 湿陷性黄土地区管道施工的主要注意事项

(1) 防水和排水　提前做好施工现场的防水和排水工作，施工期间，应防止雨水、其他用水或地面水浸入沟槽内。在槽底应有一定的坡度，在低洼外设置排水井，以便于排除积水。

(2) 合理安排施工程序　管道施工应根据先深后浅的原则安排施工程序，尽量避免交叉施工，对于大型管道尽量避开雨期施工。沟槽挖好后尽快铺管，管道安装试压后及早回填。

(3) 防止地基扰动　管道地基应防止被雨水浸湿，沟槽挖好后，如不能马上铺管时，应保留沟槽基底以上 20cm 厚的土层不挖，待铺管时再挖至设计深度。若地基处于可塑状态时，应进行换土并铺一层不小于湿土厚度 1/3 的碎砖或生石灰加以夯实。

(4) 管材检查　各种管材及其配件进场时，必须按设计要求和现行有关标准进行检查。管道铺设前还应对管材及其配件的规格、尺寸及外观的质量逐件检查，也可抽样检查，不合格的严禁使用。

(5) 地基处理　施工管道及其附属构筑物的地基与基础，应将基槽底夯实不少于 3 遍，并应采取快速分段流水作业，迅速完成各个工序。检查井等的地基与基础，应在邻近的管线敷高前施工完毕。

(6) 临时管线　施工期间临时用的给水管道到建筑物的距离，在非自重湿陷性黄土场地不宜小于7m；在自重湿陷性黄土场地，不宜小于10m，并做好排水设施。给水支管应有阀门，在用水点处应有排水设施，并应将水引入排水系统。所有施工用的临时管道，施工完成应及时拆除。

(7) 附属构筑物　管道附属构筑物的施工，必须保证砌体砂浆饱满，混凝土浇捣密实，防水层严密不漏水。穿过井（沟）壁的管道和预埋件，应预先设置，不得打洞。

2. 湿陷性黄土地区管道水压试验的有关规定

管道安装完毕后必须进行水压试验。水压试验除按常规试压的要求进行外，对湿陷性黄土地区的压力管道还有一些特殊要求。

(1) 分段试压

管道试压应逐段进行，每段长度在小区和生产区不宜超过400m，在空旷地区不宜超过1000m。分段试压合格后，两段之间管道连接处的接口，应通水检查，不漏水后方可回填。

(2) 试压次数

在湿陷性黄土地区的试压次数依黄土的湿陷类型不同而应有差别。

1) 在非自重湿陷性黄土场地，当管基检查合格、沟槽回填至管顶上方0.5m以上（接口处暂不回填），应进行一次强度和严密性试验。

2) 在自重湿陷性黄土场地，应分段进行强度和严密性的预试验；沟槽回填后，应进行强度和严密性的最后试验。对金属管道，可结合当地情况，进行一次或两次强度和严密性试验。

(3) 强度试验

强度试验的压力，应符合有关现行国家标准的规定。试压时，应先加压到强度试验的压力，恒压时间不少于10min（为保持试验压力，允许向管内补水）。如当时未发现接口、管道和管道附件损坏和漏水（允许表面有湿斑，但不得有水珠流淌），可认为合格。

(4) 严密性试验

严密性试验的压力应为工作压力加100kPa。严密性试验应在强度试验合格后进行。将强度试验压力降至严密性试验压力，如金属管道经2h不漏水，非金属管道经4h不漏水，可认为合格，并记录为保持试验压力所补充的水量。

严密性试验的最后试验中，为保持试验压力所补充的水量，不应超过预先试验时各分段补充水量及阀件等渗水量的总和。

(5) 埋地排水管道的闭水试验

1) 试压分段　闭水试验应分段进行，宜以相邻两检查站井间的管段为一分段。对每一分段，应进行两次严密性试验：沟槽回填前进行预先试验；沟槽回填至管顶上方0.5m以后，进行复查试验。

2) 试验方法　闭水试验的注水高度对室内排水管道，应为一层楼的高度，并不应超过；对室外排水管道，应为上游检查站井的满井水位高度，并不应超过上游管顶4m；对室内雨水管道，应为注满立管上部雨水斗的水位高度。

按上述注水高度进行的水压试验，经24h不漏水，可认为合格。并记录试验期间内为保持注水高度所补充的水量。复查试验时，为保持注水高度所补充的水量，不应超过预先试验的数值。

5.6.3 膨胀土地区管道施工

1. 膨胀土的特点

膨胀土是一种高分散的黏性土，土中矿物以蒙脱石、伊利石、拜来石为主，亲水性强。具有亲水性的矿物成分是膨胀土胀缩的主要因素。如果膨胀土周围环境发生变化，土体内的湿度保持不变，土体也就不会发生胀缩。只有周围环境发生变化，引起土湿度发生变化，才能显示出土的胀缩性。

膨胀土是一种高塑性黏土，吸水膨胀，失水收缩，具有较大的胀缩变形能力，且有往复收缩性质。由于膨胀土具有胀缩性，作为管道的地基，就能使管道产生变形，甚至造成严重后果。

2. 膨胀土地区管道工程的技术措施

(1) 管道铺设应尽量使线路选在胀缩性较少的和土质较均匀的平坦场地上，避开地质条件不良的地段、冲沟和滑坡地段，尽量避免修建在坡坎的边坡地带，特别是边坡处。

(2) 埋设深度

管道埋设深度的选择除考虑管道工艺本身的要求外，不定期应考虑膨胀土的胀缩性，膨胀土的埋藏深度以及大气影响深度等因素。膨胀土地区的管道埋设深度有以下几种情况：

1) 当膨胀土埋藏较深或地下水位较高时，管道可浅埋铺设，选用柔性管材（钢管、铸铁管），接口采用捍接或柔性连接。

2) 若膨胀土层不厚，或在地下一定深度后土体较稳定时，则管道应铺设在膨胀土下的非膨胀土中或膨胀土性能小的土中。表 5.31 为我国膨胀土地区地基土基本稳定的基础埋深的观测试验成果，以供参考。建议管道在不采取其他措施的情况下埋深不小于表 5.31 给出的深度。

膨胀土地基平地基础有效埋深 **表 5.31**

地　区	深　度 (m)	说　明	地　区	深　度 (m)	说　明
宁　明	1.5 ~ 2.0	Ⅰ级膨胀土	光　化	1.5	
宁　明	2.0 ~ 2.5	Ⅲ级膨胀土	效　县	1.5 ~ 2.0	
南　宁	1.2 ~ 1.5	Ⅰ级膨胀土	蚌　埠	1.2 ~ 1.5	
南　宁	1.5 ~ 2.0	Ⅱ级膨胀土	合　肥	1.2 ~ 1.5	
南　宁	2.0 ~ 2.5	Ⅲ级膨胀土		1.2 ~ 1.5	
柳　州	1.2 ~ 1.5		南　阳		
桂　林	1.2		叶　县	1.5 ~ 2.0	
湛　江	1.3 ~ 1.5		汉　中	1.5	
韶　关	1.2		安　康	1.5	
个旧鸡街	2.5 ~ 3.5		邯　郸	1.5 ~ 2.0	
蒙　自	2.5 ~ 3.0		邢　台	1.5 ~ 2.0	
文　山	2.0 ~ 2.5		唐　山	1.2 ~ 1.5	
贵　阳	1.2 ~ 1.5		济　南	1.2 ~ 1.5	Ⅰ、Ⅱ级膨胀土
成　都	1.5 ~ 1.8		泰　安	1.2 ~ 1.5	Ⅰ、Ⅱ级膨胀土
南　充	1.5		兖　州	1.2 ~ 1.5	Ⅰ、Ⅱ级膨胀土
当　阳	1.5				

注：1. 深度从室外设计地面算起；
2. 表中幅度应根据地基评价等级和地貌条件确定。

(3) 管道系统的标高

由于在膨胀土地区的建筑物建成的沉降变化较大，故管道的标高应适当降低，同时在管道的进出口处的墙上应留有足够的净空高度，其管顶至洞顶的净空距离不小于10cm。

(4) 管材选择

管材一般采用钢管、铸铁管或钢筋混凝土管，不应采用脆材质性的管及刚性连接方式。

(5) 施工措施

膨胀土地区的管道工程施工，应根据设计要求、场地条件和施工季节，认真做好施工组织设计，严格按照施工技术及施工工艺的规定施工。

1) 边坡治理　当管道必须在边坡修建时，应先治坡后修建，或两者同时施工，以便护坡保湿，使土体胀缩性能稳定。采取的措施一般是将雨水顺利排出，避免聚积；加挡土墙稳定土体减少水分蒸发。

2) 换土　在中强或强膨胀性土层出露较浅的场地，当地基土不能满足管道工程的要求时，可采用非膨胀性的黏性土、砂、碎石等置换膨胀土。置换土层的厚度不应小于管径的1~1.2倍，且不应小于30cm。在置换的土层范围内，下部宜设置150mm的灰土垫层，上部铺砂垫层，宽度不应小于管外径加40cm。

5.6.4 管道交叉处理

地下管线和构筑物种类繁多，在埋设给水排水管道时，经常出现互相交叉的情况，排水管埋设一般比其他管道深。给水排水管道有时与其他几种管道同时施工，有时是在已建管道的上面或下面穿过。为了保证各类管道交叉时下面的管道不受影响和便于检修，上面管道不致下沉破坏，必须对交叉管道进行必要的处理。管道交叉的情况比较复杂，在考虑处理方法时必须摸清各类管道对交叉的要求，无论采用什么处理方法，都应与有关管道的主管部门进行联系并取得同意。

1. 圆形排水管道与上方给水管道交叉且同时施工

混凝土或钢筋混凝土预制圆形管道与其上方钢管或铸铁管交叉且同时施工，若钢管或铸铁管的内径不大于400mm时，宜在混凝土管两侧砌筑砖墩支撑，参见图5.30。砖墩的砌筑应符合下列规定：

(1) 应采用黏土砖和水泥砂浆，砖的强度等级不应底于MU7.5；砂浆不应底于M7.5；

(2) 砖墩基础的压力不应超过地基的允许承载力；

(3) 砖墩的尺寸应采用下列数值：

1) 宽度　砖墩高度在2cm以内时，用240cm。高度每增加1m，宽度增加125cm；

2) 长度　不小于钢管或铸铁管道的外径加300mm；

3) 砖墩顶部砌筑座，其支撑角不小于90°。

(4) 当覆土高度不大于2m时，砖墩间距宜为2~3m；

(5) 对铸铁管道，每一管节不少于2个砖墩。

当钢管或铸铁管道已建时，应在开挖沟槽时加以妥善保护并及时通知有关单位处理后再砌筑转墩支撑。

2. 矩形排水管道与上方给水管道交叉

混凝土或钢筋混凝土矩形管道与其上方钢管或铸铁管道交叉时，顶板与其上方管道底部的空间宜采用下列措施：

(1) 净空不小于 70mm 时，可在侧墙上砌筑砖墩支撑管道；当在顶板上砌筑砖墩时，应不超过顶板的允许承载力（图 5.31）；

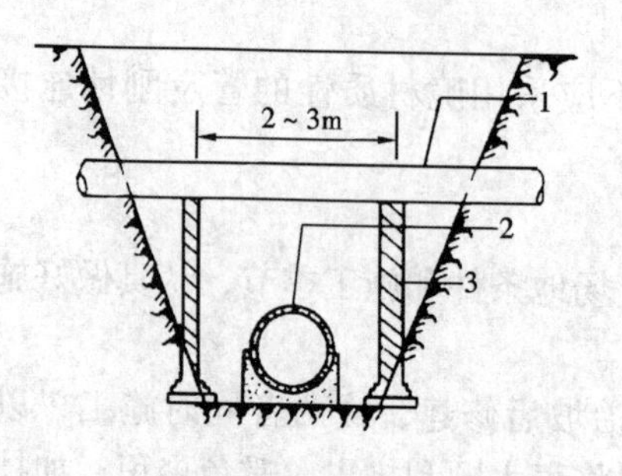

图 5.30 圆形管道两侧砖墩支撑图
1—铸铁管道或钢管道；2—混凝土管
3—砖砌支墩

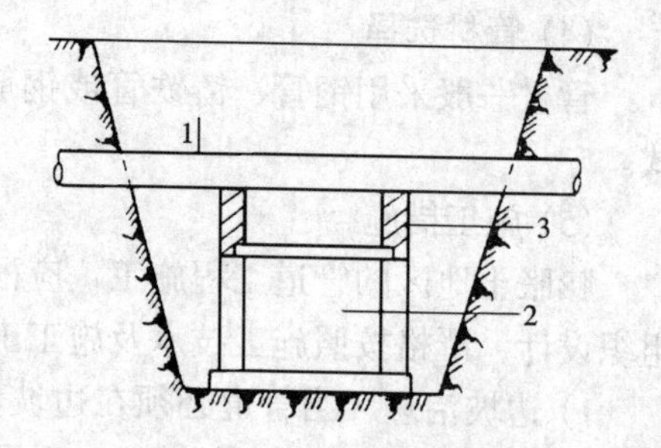

图 5.31 矩形管道上砖墩支撑
1—铸铁管或钢管道；2—混合结构或钢筋；
3—混凝土矩形管道

(2) 净空小于 70mm 时可在顶板与管道之间采用低强度等级的水泥砂浆或细石混凝土填实，其支撑角不应小于 90°（图 5.32）。

3. 排水管道与下方的给水管道交叉

圆形或矩形管道与下方给水管道或铸铁管道交叉且同时施工时，宜对下方的管道加设管或管廊（图 5.33），并符合下列规定：

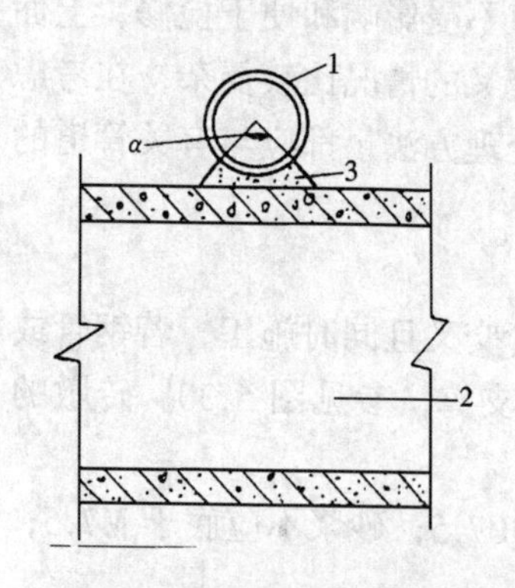

图 5.32 矩形管道上填料支撑
1—铸铁管道或钢管道；2—混合结构或钢筋混凝土巨型管道；
3—底强度等级的水泥砂浆或细石混凝土；α—支撑角

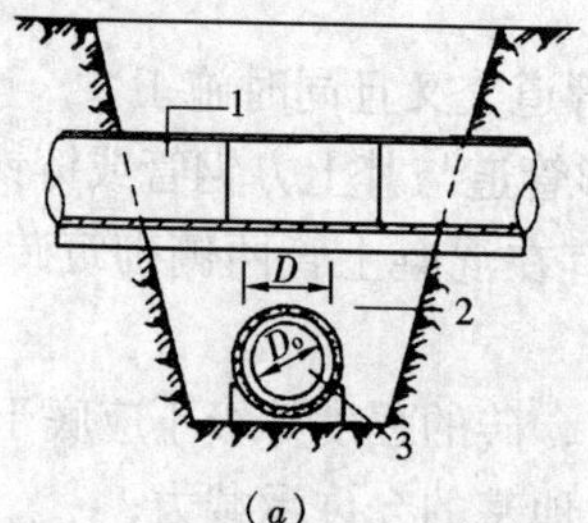

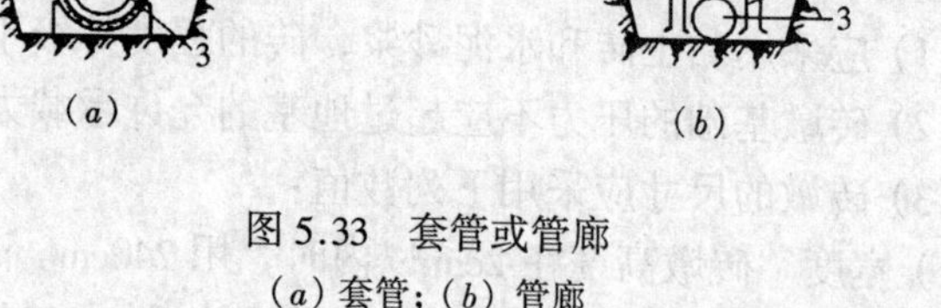

图 5.33 套管或管廊
(a) 套管；(b) 管廊
1—排水管道；2—套管；3—铸铁管道或钢管道；4—管廊

(1) 套管、管廊的内径不应小于被套管道外径 30mm；

(2) 套管或管廊的长度不宜小于上方排水管道基础宽度加管道交叉高差的 3 倍，且不小于基础宽度加 1m；

(3) 套管可采用钢管、铸铁管或钢筋混凝土管；管廊可采用砖砌或其他材料砌筑的混合结构。

(4) 套管或管廊两端与管道之间的孔隙应封堵严密。

4. 排水管道与其上方的电缆管线交叉时，宜在电缆管线基础下的沟槽中回填低强度等级的混凝土、石灰土或砌砖。其沿管道方向的长度不应小于管线基础宽度300mm，并应符合下列规定：

(1) 排水管道与电缆管线同时施工时，可在回填材料上铺设一层中砂或粗砂，其厚度不宜小于100mm（图5.34）；

(2) 当电缆管线已建时，应符合下列规定：

1) 当采用混凝土回填时，混凝土应达电缆管线基础底部，其间不应有空隙；

2) 当采用砌砖回填时，砖砌体的顶面宜在电缆管线基础面以下不小于200mm，再用低强度等级的混凝土填至电缆管线基础底部，其间不得有空隙。

5. 给水管道与交叉管道高程一致时的处理

地下的各种管道交叉时，若管道高程一致，应主动和有关单位联系，取得对方的配合，协商处理。处理的原则如下：

(1) 软埋电缆线让刚性管道（沟）；

(2) 压力流管道让重力流管道；

(3) 小口径管道让大口径管道；

(4) 后敷设管道让已敷设管道。

上述原则应灵活掌握，通过技术经济比较确定具体的处理方案。给水管道和其他管道高程一致时的处理方法通常有以下几种：

1) 输水干管同雨水干管和污水干管的过水断面上方交叉。

这种情况可以采用将相交部位的雨水干管、污水干管保持坡底及过水断面积不变的前提下，压缩其高度，改为方沟。输水管设置在盖板上，管底和盖板间留50mm间隙，填以黏土，在雨、污水管的侧旁沟底至输水管间用砂夹石回填夯实，如图5.35所示。

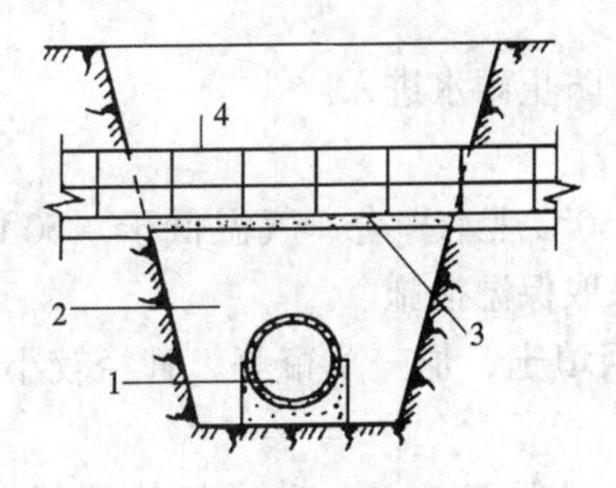

图5.34　电缆管块下方回填图

1—排水管道；2—回填材料；3—中砂或粗砂；4—电缆管块

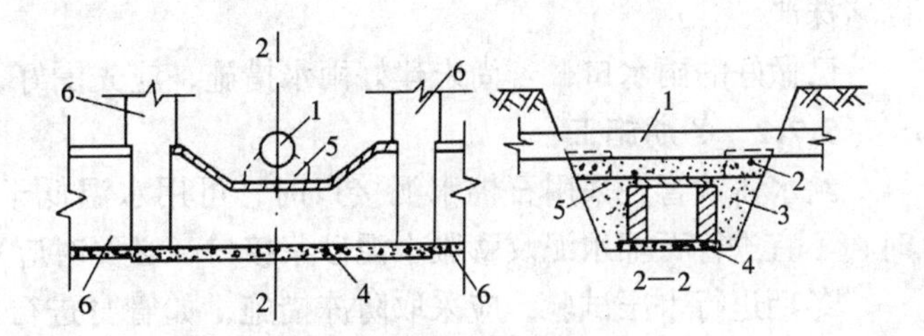

图5.35　给水管同排水管道断面的上部交叉

1—给水管；2—混凝土管座；3—砂夹石；4—雨水方沟；5—黏土垫层；6—检查井

2) 输水干管从通信电缆沟的下方交叉处理时可将电缆沟的宽度增加，高度压缩，但在输水干管的两侧设电缆井，交叉的电缆沟底做钢筋混凝土垫板，从输水管沟底至电缆沟底板间填砂，如图5.36所示。

沟底作钢筋混凝土垫板，从输水管沟底至电缆沟底板间填砂，如图5.36所示。

3) 输水干管和大型函洞交叉

输水干管若从涵洞下方穿越，管道埋设过深，可采用变管材，将水泥压力管、铸铁管或钢管，从涵洞上方翻越。对埋深过浅的钢管采取管沟加盖板及加混凝土面层或套管加混

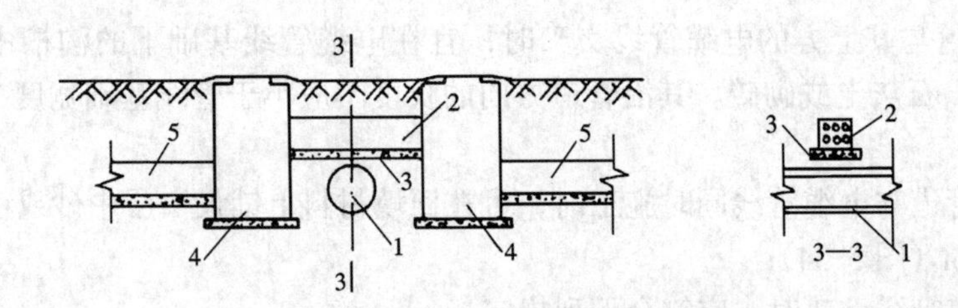

图 5.36　输水干管从电缆沟的下方交叉

1—给水管；2—改位的通讯电揽沟；3—钢筋混凝土垫板；4—雨水方沟；
5—黏土垫层；6—检查井

凝土面层的两种处理方法。若从涵洞上方难以翻越时，亦可以涵洞基础以下穿越，并高于钢筋混凝土套管。穿越管道两端宜设柔性接口。

5.7　管道冬、雨期施工

室外管道施工受季节性影响较大，措施不当，会影响施工进度、工程质量及成本等一系列问题。因此，在冬、雨期施工时应采取相应措施，以保证工程正常进行。

5.7.1　雨期施工

雨期施工时沟槽开挖不宜过长，尽量做到开挖一段，完成一段，开挖时间不宜过长，避免泡槽、塌槽事故。同时要采取措施，严防地面雨水流入沟槽，造成漂管或发生泥砂淤塞已安装好的管道。

雨天不宜进行接口操作，遇雨时应采取防雨措施，保证接口材料不被雨淋。

排水管线安装完毕，应及时砌筑检查井和连接井。凡暂不接支线的预留管口，应及时砌堵抹严。

已做好的雨水口，若尚未建好雨水措施，应先围好，防止雨水进入。

5.7.2　冬期施工

给水铸铁管，采用石棉水泥接口时，可用水温低于 50℃热水拌合；气温低于 - 50℃时，不宜进行石棉水泥及膨胀水泥砂浆接口，必要时应采取保温措施。

冬期进行水压试验，应采取防冻措施，如管身进行回填土，加盖草帘等。管径较小，气温较低，可在水中投加食盐。

冬期采用水泥砂浆抹带，可进行热拌水泥砂浆，水温低于 80℃，砂子加热不超过 40℃。或掺加防冻剂。已抹好的管带应及时覆盖保温。

必要时可将管段两端用草帘封盖，防止冷风穿流，以保持管内温度不致过低。

沟槽回填时，不得回填冻块，并应分层夯实。

5.8　管道工程质量检查与验收

管道工程安装之后，在交工之前，要经过建设单位、监理单位和施工单位的质量检查，工程质量达到合格后，才能交付使用。

检查工作主要由施工单位质控部门进行，包括内容有外观检查，断面检查和渗漏检查等。外观检查主要是对基础、管道、阀门井及其他附属构筑物的外观质量进行检查，断面检查是对管道断面尺寸、敷设的高程、中心、坡度等是否符合设计要求；渗漏检查是对管道严密性的检查，通常压力管道采用水压试验和漏水量试验，污水管道采用闭水试验的方法进行。

5.8.1 重力流管道质量检查

1. 一般要求

重力流管道一般采用非金属管材，要求进行漏水试验的管段，通常采用闭水试验方法。若采用金属管道作为压力流排水管道，应按照压力流管道的规定检查。

重力流管道的检查工作分段进行，分界点为检查井处。

2. 外观检查

包括对管身、接口的完好性，管线直线部分的正确性，基础混凝土浇筑质量，附属构筑物砌筑质量等，外观检查应在漏水量试验前进行。

3. 闭水试验

闭水试验是在要检查的管段内充满水，并具有一定的作用水头，在规定的时间内观察漏水量的多少。其带井闭水试验装置如图 5.37 所示。

不带井闭水试验如图 5.38 所示。

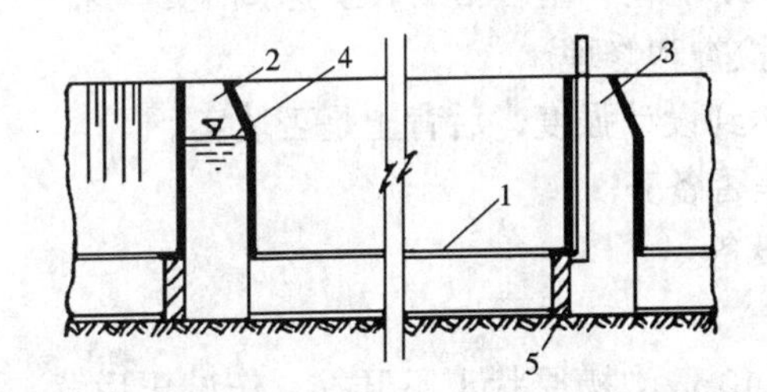

图 5.37 闭水试验装置图

1—试验管段；2—下游检查井；3—上游检查井；
4—规定闭水水位；5—砖堵

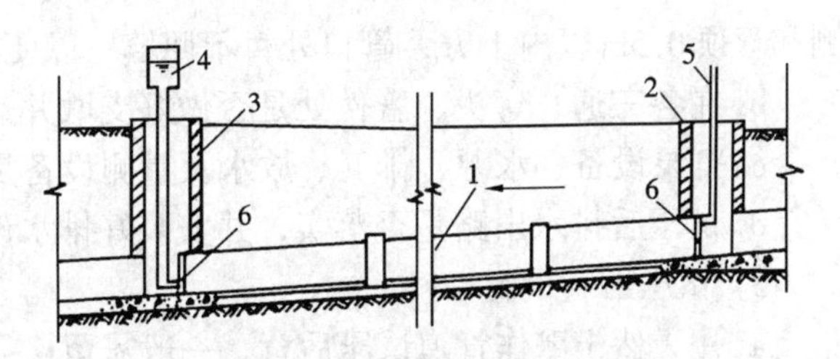

图 5.38 不带井闭水装置图

1—试验管段；2—上游检查井；3—下游检查井；
4—试验水箱；5—排气管；6—砖堵

闭水试验前，将试验管段两端砌 24cm 厚砖墙堵并用水泥砂浆抹面，养护 3 ~ 4d 后，向试验管段内充水，在充水时注意排气。同时检查砖堵、管身、接口有无渗漏，再泡 24h 以后，即可试验。

试验时，将闭水水位升至试验水位（北京地区规定试验水位高出试验管段上游管内顶 2m 水头）。当试验水头达标准水头时开始计时，观察管道的漏水量，直至观测结束时，应不断的向试验管段内补水，保持标准水头恒定。观测时间不小于 30min。其实测漏水量可按（5-5）式计算。

$$q = \frac{w}{t \cdot l} \tag{5-5}$$

式中 q——实测漏水量，L/min·km；

W——补水量，L；

T——漏水量观测时间，min；

L——试验管段长度，km。

当 q 小于或等于允许漏水量时，即认为合格。

排水管道闭水试验允许渗水量见表 5.32。

管道允许渗水量　　表 5.32

管材 管径	水泥制品管	
	[m^3/（d·km）]	[L/（h·m）]
200	17.60	0.73
300	21.62	0.90
400	25.00	1.04
500	27.95	1.16
600	30.60	1.27
800	35.35	1.47
1000	39.52	1.64
1200	43.30	1.80
1400	46.70	1.94
1600	48.40	2.01
1800	53.00	2.20

5.8.2 压力管道质量检查

压力管道一般采用水压试验来检查安装质量，在特殊情况下，可采用空气压力试验。

1. 水压试验

（1）试压前的准备工作

1）划分试压段　给水管线敷设较长时，应分段试压。原因是有利于充水排气、减少对地面交通影响、组织流水作业施工及加压设备的周转利用等。

因此，试压分段长度不宜超过 1000m，穿越河流、铁路等处应单独试压。对湿陷性黄土地区，每段长度不宜超过 200m。

2）试压前的检查

a. 检查管基合格后，按要求回填管身两侧和管顶 0.5m 以内土方，管口处暂不回填，以便检查和修理。

b. 在各三通、弯头、管件处是否做好支墩并达到设计强度，后背土是否填实。

c. 打泵设备、水源、排气、放水及量测设备是否备齐。

d. 试压后排水出路是否落实，并安装好排水设备。

3）试压后背设置

a. 用天然土壁作管道试压后背，一般需留 7～10cm 沟槽原状土不开挖。作试压后背。预留后背的长度、宽度应进行安全核算。

①作用于后背的力

$$R = P - P_s \tag{5-6}$$

式中　R——管堵传递给后背的作用力，N；

P——试压管段管子横截面的外推力，N；

P_s——承插口填料粘着力，N。

粘着力 P_s 可按（5-7）式计算

$$P_s = 3.14DKEF_s \tag{5-7}$$

式中　D——管子插口外径，m；

E——管接口的填料深度，参见表 5.33；

管接口填料深度 E（mm）　　表 5.33

管径	400	500	600	800	1000	1200
铸铁管	69	69	72	78	84	90
预应力管	60	60	60	70	70	70

F_s——单位粘着力，N/m^2，石棉水泥填料接口，$F_s = 1666kN/m^2$，当插口端没有凸台

时，接口部位粘着力应减少 1/3。

K——粘着力修正值，考虑到管材表面粗糙度、口径、施工情况、填料及嵌缝材料等因素。K 值可参照表 5.34 选用。

接口粘着力修正系数 K **表 5.34**

管材	公称直径（mm）	K	管材	公称直径（mm）	K
铸铁管	400 500	1.08 1.0	铸铁管	800 1000 1200	0.71 0.66 0.61

② 后背承受力的宽度（B）

确定后背承受力的宽度时，应满足土壁单位宽度上承受的力不大于土的被动土压力。

被动土压力计算式：

$$E_{\mathrm{p}}=\frac{1}{2}\mathrm{tg}^2\left(45^\circ+\frac{\phi}{2}\right)\gamma H^2 \tag{5-8}$$

式中 E_{p}——后背每米宽度上的土壤被动土压力，kN/m；

γ——土的重力密度，kN/m；

ϕ——土壤的内摩擦角，°；

H——后背撑板的高度，m。

后背宽度 B 应满足公式（5-9）。

$$B \geqslant \frac{1.2R}{E_{\mathrm{p}}} \tag{5-9}$$

式中 B——后背受力宽度，m；

R——管堵传递给后背上的力，kN；

E——后背被动土压力，kN/m；

1.2——安全系数。

③后背土层厚度（L）

$$L=\sqrt{\frac{R}{B}}+L_{\mathrm{R}} \tag{5-10}$$

式中 L——沿后背受力方向长度，m；

L_{R}——附加安全长度，m。砂土取 2；粉砂取 1；黏土、粉质黏土为零；R、B 意义同前。

当后背土质松软，可采用砖墙、混凝土、板桩或换土夯实等方法加固，以保证后背的稳定性。

④管径≤500mm 的刚性接口（承插式铸铁管）可利用已装好的管段作后背，但长度应大于 30m，而且应还土夯实。柔性接口不应作后背。

b. 从管堵至后背墙传力段，可用枋木、千斤顶、顶铁等支顶。如图 5.39 和图 5.40 所示。

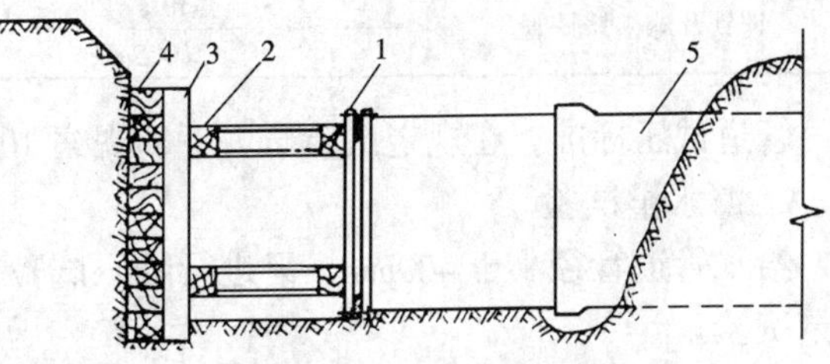

图 5.39 枋木支顶示意图

1—管堵；2—横木；3—立木；4—枋木；5—管最段

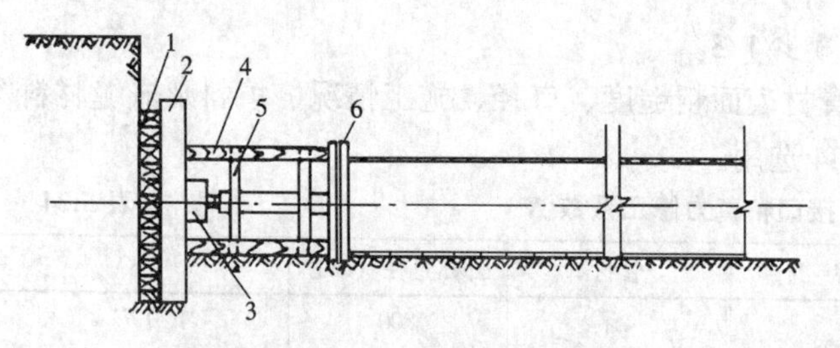

图 5.40　千斤顶支顶示意图

1—后背枋木；2—立柱；3—螺栓千斤顶；4—撑木；5—立柱；6—管堵

4）充水和排气

试压前 2～3d，往试压管段内充水，在充水管上安装截门和止回阀。

灌水时，打开排气阀，进行排气，当灌至排出的水流中不带气泡、水流连续，即可关闭排气阀门，停止灌水，准备开始试压。

（2）试压方法及标准

试压装置如图 5.41 所示。

灌水后，试压管段内应加压，在 0.2～0.3MPa 水压下，浸泡 2～3 天。其间对所有后背、支墩、接口、试压设备进行检查。

1）试压方法及注意事项

a. 应有统一指挥，明确分工，对后背、支墩、接口设专人检查。

b. 开始升压时，对两端管堵及后背应特别注意，发现问题及时停泵处理。

c. 应逐步升压，每次升压以 0.2MPa 为宜，然后观察，如无问题，再继续加压。

d. 在试压时，后背、支撑附近不得站人，检查时应在停止升压后进行。

e. 冬期进行水压试验应采取防冻措施，如采取加厚回填土、覆盖草帘等。试压结束立即放空。

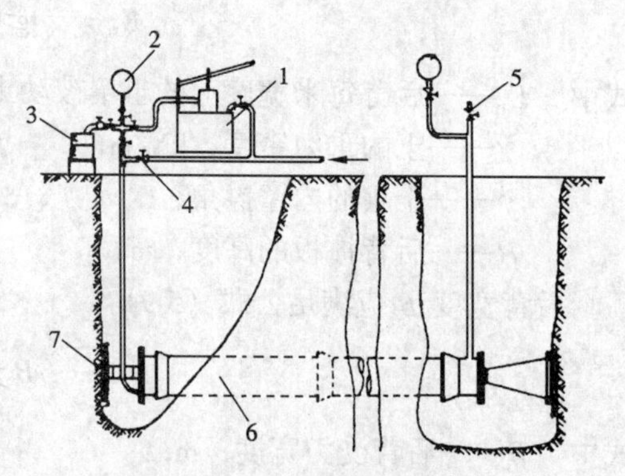

图 5.41　水压试验装置图

1—手摇泵；2—压力表；3—量水箱；4—注水管；5—排气阀；6—试验管段；7—后背

2）试压标准

试验压力按表 5.35 进行。

压力管道试验压力（MPa）　　**表 5.35**

管　材	工作压力 P	试验压力
钢　管	P	$P+0.5$ 且不小于 0.9
自应力及预应力钢筋混凝土管	$P \leqslant 0.6$	$1.5P$
	$P > 0.6$	$P+0.3$
钢筋混凝土管	$P \leqslant 0.2$	$1.5P$ 且不小于 0.02
铸铁及球墨铸铁管	$\leqslant 0.5$	$2P$
	> 0.5	$P+0.5$

管道试压标准，在规定试验压力下，观察 10min，压力表降压不超过 50kPa 即为合格。

2. 漏水量试验

给水管道管径小于 400mm，只进行降压试验，管径大于 400mm，既作降压试验又作漏水量试验。

漏水量试验是在降压试验装置条件下，根据同一管段内压力相同，压力降相同，则漏水量亦应相同的原理，来测量管道的漏水情况。漏水量试验可消除管内残存空气对试验精度的影响，可直接测得其漏水率。

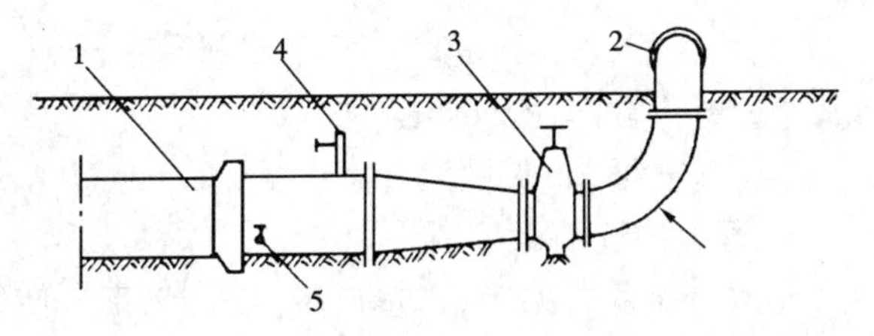

图 5.42　冲洗管放水口

1—冲洗管；2—放水口；3—闸阀；4—排气管；5—放水截门（取水样）

漏水试验，按照试验压力要求，每次升压 0.2MPa，然后检查有无问题，可再继续升压。水压加至试验压力后，停止加压，记录压力表读数降压 0.1MPa 所需时间 t（min），其漏水率为 q（L/min），则降压 0.1MPa 的漏水量为 $q_1 \cdot t_1$；

将水压重新升至试验压力，停止加压，打开截门往量水箱中放水，压力降为 0.1MPa 为止，记录降压 0.1MPa 时所需时间 t_2。

根据压力降相同，漏水量应相等的原则即

$$t_1 q_2 = t_2 q_2 + V \tag{5-11}$$

而 $q_1 \approx q_2 q = q$，因此

$$q = \frac{V}{t_1 - t_2} \cdot \frac{1000}{l} \left[\text{L/（min·km）}\right] \tag{5-12}$$

式中　q——漏水量，L/（min·km）；

V——降压 0.1MPa 时放出水量，L；

t_1——未放水，试验压力降 0.1MPa 所经历的时间，min；

t_2——放水时，试验压力降 0.1MPa 经历时间，min；

L——试验管段长度，m。

若漏水量 q 不大于表 5.36 的规定值，即为合格。对个别渗漏水较严重的管口或管身应进行修补。

给水管道允许渗水量　　**表 5.36**

管径（mm）	允许渗水量（L/min·km）		
	铸铁管	钢管	水泥制品管
300	1.70	0.85	2.42
400	1.95	1.00	2.80
500	2.20	1.10	3.14
600	2.4	1.20	3.44
700	2.55	1.30	3.70
800	2.7	1.35	3.96
900	2.9	1.45	4.20
1000	3.00	1.50	4.42
1200	3.30	1.65	4.70
1500		1.80	5.20
1800		1.95	5.80
2000		2.05	6.2

注：1. 试验管段长度不足 1km，可按表中规定渗水量按比例折算。

2. 水泥制品管包括预应力钢筋混凝土管，自应力混凝土管、石棉水泥管等。

3. 表中未列的管径，可按下列公式计算允许渗水量

$$\text{钢管：} q = 0.05\sqrt{D}$$

$$\text{铸铁管：} q = 0.10\sqrt{D}$$

$$\text{水泥管：} q = 0.14\sqrt{D}$$

式中　D——管内径，mm；

q——每 km 长度允许渗水量，L/min。

3. 管道冲洗消毒

给水管试验合格后，应进行冲洗、消毒，使管内出水符合《生活饮用水水质卫生标准》。经验收才能交付使用。

(1) 管道冲洗

1) 放水口

管道冲洗主要使管内杂物全部冲洗干净，使排出水的水质与自来水状态一致。在没有达到上述水质要求时，这部分冲洗水要有放水口，可排至附近河道、排水管道。排水时应取得有关单位协助，确保安全排放、畅通。

安装放水口时，其冲洗管接口应严密，并设有闸阀、排气管和放水龙头，如图 9.33 所示。弯头处应进行临时加固。

冲洗水管可比被冲洗的水管管径小，但断面不应小于 1/2。冲洗水的流速宜大于 0.7m/s。管径较大时，所需用的冲洗水量较大，可在夜间进行冲洗，以不影响周围的正常用水。

2) 冲洗步骤及注意事项

a. 准备工作　会同自来水管理部门，商定冲洗方案，如冲洗水量，冲洗时间、排水路线和安全措施等。

b. 开闸冲洗　放水时，先开出水闸阀，再开来水闸阀，注意排气，并派专人监护放水路线，发现情况及时处理。

c. 检查放水口水质　观察放水口水的外观，至水质外观澄清，化验合格为止。

d. 关闭闸阀　放水后尽量使来水闸阀、出水闸阀同时关闭，如做不到，可先关闭出水闸阀，但留几扣暂不关死，等来水阀关闭后，再将出水阀关闭。

e. 放水完毕，管内存水 24h 以后再化验为宜，合格后即可交付使用。

(2) 管道消毒

管道消毒的目的是消灭新安装管道内的细菌，使水质不致污染。

消毒液通常采用漂白粉溶液，注入被消毒的管段内。灌注时可少许开启来水闸阀和出水闸阀，使清水带着漂白液流经全部管段，当从放水口检验出高浓度氯水为止，然后关闭所有闸阀，使含氯水浸泡 24h 为宜。氯浓度为 20 ~ 30mg/L。其漂白粉耗用量可参照表 5.37 选用。

每 100m 管道消毒所需漂白粉用量　　**表 5.37**

管径（mm）	100	150	200	250	300	400	500	600	800	1000
漂白粉（kg）	0.13	0.28	0.5	0.79	1.13	2.01	3.14	4.53	8.06	12.57

注：1. 漂白粉含氯量以 25%计；

2. 漂白粉溶解率以 75%计；

3. 水中含氯浓度以 30mg/L。

5.8.3　工程验收

当工程全部竣工，施工单位应会同建设单位，质控监督单位，设计单位及有关部门进行工程全面验收。由于工程是逐项完成的，因此，验收前，施工单位应提出有关记录和签证及有关文件。

竣工验收时，应提供的资料有：

1. 施工设计图及工程概算；
2. 竣工图，包括设计变更图和施工洽商记录；
3. 管道及构筑物的地基及基础工程记录；
4. 管道支墩、支架、防腐等工程记录；
5. 管道系统的标高和坡度测量的记录；
6. 材料、制品和设备的出厂合格证或试验记录；
7. 焊接管口的检查记录；
8. 隐蔽工程的验收记录及签证；
9. 单项工程质量评定资料；
10. 管道系统的试压、冲洗，消毒记录等。

复习思考题

1. 管道施工中下管前的检查内容。
2. 下管的方法及各自适用场合 。
3. 大口径铸铁管在起吊时怎样防止变形?
4. 稳管系指什么内容？一般采用什么方法?
5. 承插式刚性接口材料有几种，怎样进行操作?
6. 铸铁管柔性接口形式，安装方法。
7. 预应力钢筋混凝土管安装方法；怎样选配橡胶圈?
8. 钢管焊接质量要求及其检查方法。
9. 钢管腐蚀原因？怎样防止腐蚀?
10. 常用绝缘防腐层法施工过程及操作要求。
11. 钢筋混凝土管接口种类及适用场合。
12. 水泥砂浆抹带操作要点及质量要求。
13. 检查井砌筑方法和质量要求。
14. 水下敷设管路施工过程及其下沉时应注意事项。
15. 管道雨期施工注意事项。
16. 压力管道水压试验装置及试验方法。
17. 压力管道水压，漏水量试验标准。
18. 闭水试验装置及观测方法。
19. 怎样设计试压后背装置?
20. 敷设哪类管道要求进行冲洗和消毒?

第6章　地下管道不开槽施工

地下管道不开槽施工是指一切在地下敷设或修复旧管道，利用少开挖或不开挖技术的施工过程。采用这一方法不需要在地面全线开挖，而只要在管线的特定部位开始，采用暗挖的方法就可在地下敷设管道。改明挖为暗挖是这一方法的主要特点，这一特点对交通繁忙、地面建筑物众多、地下构筑物及管线复杂的城市来说是非常重要的。对于城市而言，无论是旧管道改造还是敷设新的管道，或是沿用以往开槽敷设的方法越来越困难，甚至难以实施。为了减少对交通、市民正常活动的干扰，减少房屋的拆迁，改善市容和环境卫生，地下管道的不开槽施工已经成为市政基础设施施工优先选用的方案。

地下管道不开槽施工主要用于穿越铁路、公路、河流、建筑物等，或管道埋深较大的场合。与开槽施工相比，管道不开槽施工的土方开挖和回填工作量减少很多；不必拆除地面障碍物；不会影响交通；跨越河流时，不必修建围堰或进行水下作业；消除了冬、雨期对开槽施工的影响；不会因管道埋深的增加而增加开挖土方量；管道不必设置基础和管座；可减少管道沿线的环境污染等等。另外，由于不开槽施工技术的进步，施工费用也是比较低的。

管道不开槽施工方法有很多种，主要有顶管法、气动矛铺管法、夯管锤铺管法、定向钻铺管法等，其中顶管法又分为大口径顶管和小口径顶管。

6.1　顶　管

6.1.1　分类

1. 按管道的口径（内径）分类：分为小口径、中口径和大口径三种。

小口径是指不适宜进人操作的管道。而大口径是指操作人员进出管道比较方便的管径。根据实践经验，我国确定的三种口径为：

小口径管道：内径 < 800mm；

中口径管道：800mm ≤ 内径 < 1800mm；

大口径管道：内径 ≥ 1800mm。

2. 按顶进距离分类：分为中短距离、长距离和超长距离三种。

这里所说的距离是指管道单向一次顶进长度，以 L 代表距离，则：

中短距离顶管：$L \leqslant 300$m；

长距离顶管：300m $< L \leqslant$ 1000m；

超长距离顶管：$L > 1000$m。

3. 按管材分类：分为钢管顶管、钢筋混凝土管顶管和其他管材顶管。

4. 按地下水位分类：分为干法顶管和水下顶管。

5. 按管轴线分类：分为直线顶管和曲线顶管。

6. 按顶进方式分类：分为人工掘进顶管、机械掘进顶管、水力掘进顶管等。

6.1.2 大口径顶管

1. 工艺与特点

在敷设管道前，在管线的一端事先建造一个工作坑（井），在坑内的顶进方向后侧，布置一组行程较长的千斤顶，一般左右成对布置，如 2 只、4 只、6 只等。将敷设的管道放在千斤顶前面的导轨上，管道的最前端安装工具管。千斤顶顶进时，以工具管开路，把前面的管道压入土中。与此同时，进入管道的泥土被不断挖掘排出管外（挖掘方式有人工、机械和水力冲刷等）。当千斤顶达到最大行程后缩回，放入顶铁，千斤顶继续顶进。如此不断加入顶铁，管道不断向土中延伸。当坑内导轨上的管道几乎全部顶入土中后，缩回千斤顶，吊去全部顶铁，将下一节管段吊下坑，安装在已顶入管道的后面，接着继续顶进，如此循环施工，直至顶完全程，如图 6.1 所示。

顶管法的特点是顶管管道既起掘进空间的支护作用，又是构筑物的本身。

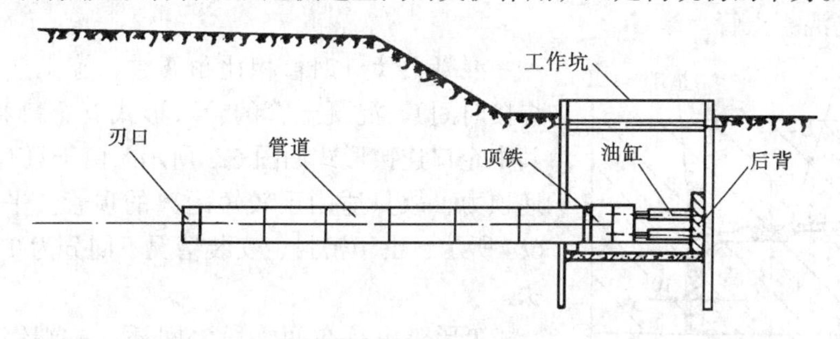

图 6.1 顶管示意图

2. 适用范围

顶管适用土层很广，特别适用于黏性土、粉性土和砂土，也适用于卵石、碎石、风化残积土等非黏性土。但对于淤泥、沼泽地及岩石来说，要经过详细的分析。强度较高的岩石掘进困难，而淤泥一方面流动性太大，难以防止工作面的坍塌，另一方面由于淤泥承载力太低，管道顶进过程中难以形成必需的导向力，管道容易偏差，管轴线容易失稳。

3. 管材及附属工具

(1) 管材

顶管所用管材常用的有钢管和钢筋混凝土管两种。

1) 钢管：大口径顶管一般采用钢板卷管。管道壁厚应能满足顶管施工的需要，根据施工实践可按下式取用：

$$t = k \cdot d \tag{6-1}$$

式中 t——钢管壁厚，mm；

k——经验系数，取 0.010～0.008；

d——钢管内径，mm。

为了减少井下焊接的次数，每段钢管的长度一般不小于 6m，有条件的可以适当加长。

顶管钢管内外壁均要防腐。敷设前要用环氧沥青防锈漆（三层），对外表面进行防腐处理，待施工结束后再根据管道的使用功能选用合适的涂料涂内表面。

钢管管段的连接采用焊接。焊缝的坡口形式由三种，如图 6.2 所示。其中 V 形焊缝是

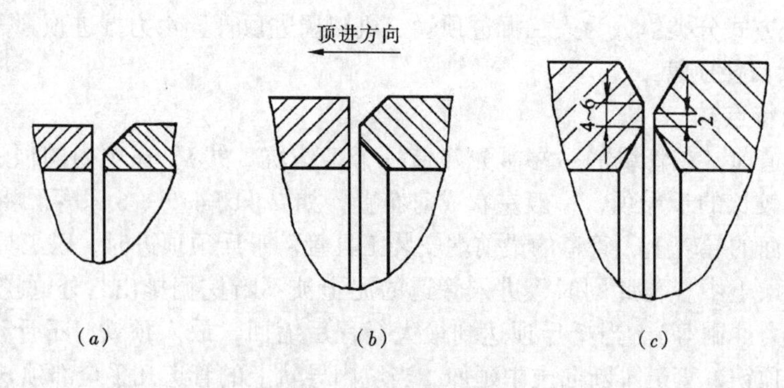

图 6.2　钢管对口焊缝

（a）V形；（b）K形；（c）X形

单面焊缝，用于小管径顶管；K形和X形焊缝为双面焊缝，适用于大中管径顶管。

2）钢筋混凝土管

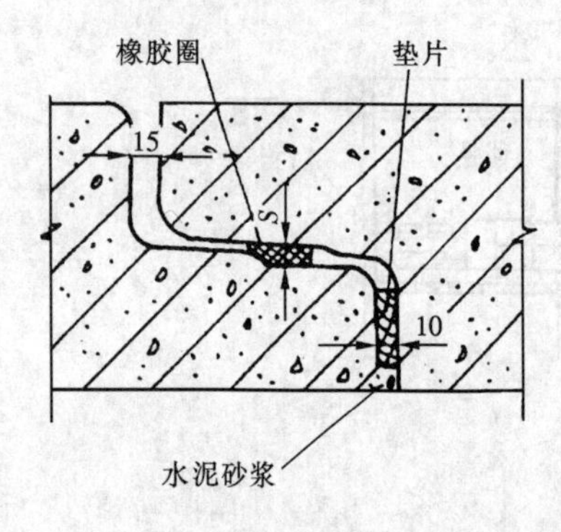

图 6.3　混凝土管企口连接

混凝土管与钢管相比耐腐蚀，施工速度快（因无焊接时间）。混凝土管的管口形式有企口和平口两种。其中企口连接形式如图 6.3 所示，由于只有部分管壁传递顶力，故只适用于较短距离的顶管。平口连接如图 6.4 所示，由于密封、安装情况不同分为 T 形和 F 形接头。

T形接头是在两管段之间插入一端钢套管（壁厚 6~10mm，宽度 250~300mm），钢套管与两侧管段的插入部分均有橡胶密封圈。而"F"形接头是"T"形接头的发展，安装时应先将钢套管与前段管段牢固地连接。用短钢筋将钢套管与钢筋混凝土管钢筋笼焊接在一起；或在管端事先预留钢环预埋件以便于与钢套管连接。两段管端之间加入木制垫片（中等硬度的木材，如松木、杉木等），即可用来均匀的传递顶力，又可起到密封作用。

(2) 附属工具

顶管所用的附属工具是工具管，工具管是顶管的关键机具，一般应具有以下功能：掘

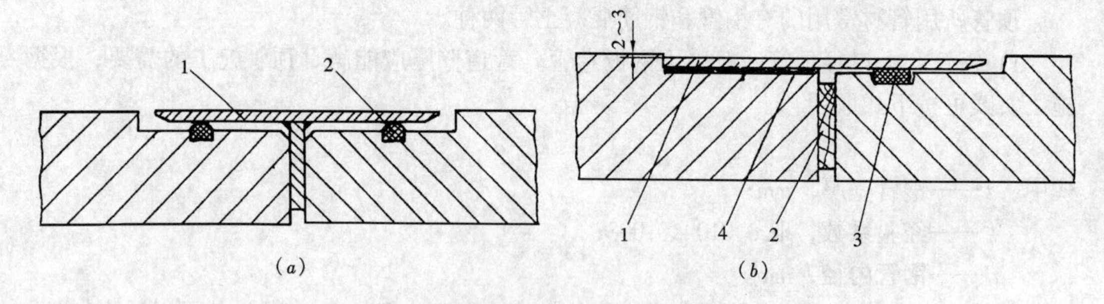

图 6.4　钢筋混凝土管接头形式

（a）"T" 形接头；1—钢套管；2—密封圈；

（b）"F" 形接头；1—钢套管；2—木垫片；3—密封圈；4—预埋钢环

进、防坍、出泥和导向等。工具管一般采用钢板焊制，它的种类很多，如适用于无地下水的砂质土层的刃口工具管（如图 6.5 所示，主要用于切削土层）和适用淤泥质土的挤压式工具管（如图 6.6 所示，可以通过调整喇叭口的开口来控制泥土的挖掘数量，主要用于防止工作面坍塌）。

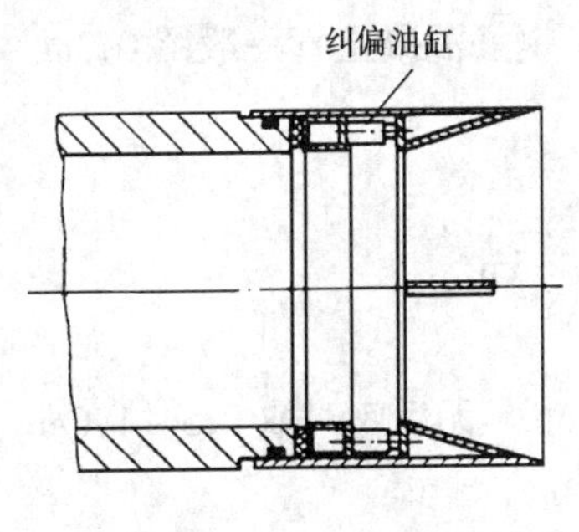

图 6.5　刃口工具管

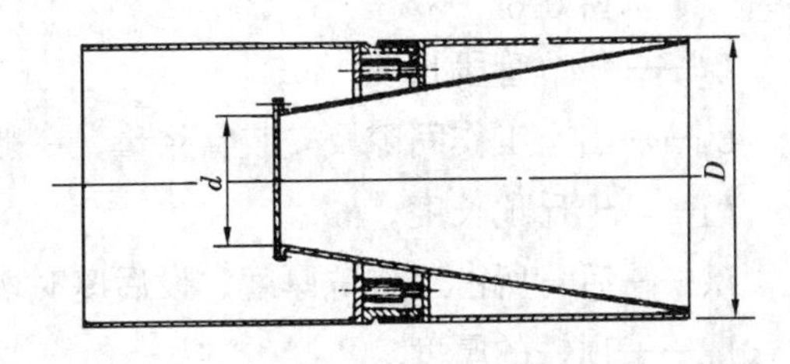

图 6.6　挤压式工具管

4. 工作坑的布置

(1) 位置的确定

工作坑（井）是顶管施工的工作场所，其位置可根据以下条件确定：

1) 据管线设计情况确定，如排水管线可选在检查井处；

2) 单向顶进时，应选在管道下游端，以利排水；

3) 考虑地形和土质情况，有无可利用的原土后背等；

4) 工作坑要与被穿越的建筑物有一定的安全距离；

5) 便于清运挖掘出来的泥土和有堆放管材、工具设备的场所；

6) 距水电源较近。

(2) 工作坑的种类

根据工作坑内顶管的方向，工作坑可分为单向坑、双向坑、交汇坑、转向坑和多向坑等形式，如图 6.7 所示。

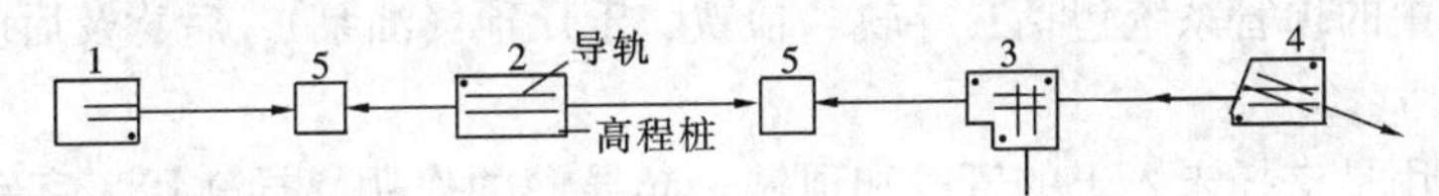

图 6.7　工作坑种类

1—单向坑；2—双向坑；3—多向坑；4—转向坑；5—交汇坑

(3) 工作坑的尺寸

工作坑应有足够的空间和工作面，保证下管、安装顶进设备和操作间距。

1) 工作坑的宽度：工作坑的宽度与管道外径有关，另外还与坑的深度有关。因为较浅的坑，能放在地面的设备不用再下坑；较深的坑一般称为井，为了提高施工效率，施工设备都要放在井下，所以前者工作坑较窄，后者较宽。

浅工作坑　　$B = D + (2.0 \sim 2.4)$　　(6-2)

深工作坑　　$B = 3D + (2.0 \sim 2.4)$　　(6-3)

式中　B——工作坑底宽度，m；

D——被顶进管子外径，m。

2）工作坑的长度：

$$L = L_1 + L_2 + L_3 + L_4 + L_5 + L_6 \tag{6-4}$$

式中 L——工作坑底长度，m；

L_1——管子顶进后，尾端压在导轨上的最小长度，钢筋混凝土管一般留 0.3m，钢管留 0.6m；

L_2——每节管段长度，m；

L_3——出土工作间隙及安装富裕量，一般为 1.0～1.5m；

L_4——千斤顶长度，m；

L_5——后背所占工作坑厚度，设后座时取 0.4～0.6m，无后座时取 0.5～1.6m；

L_6——顶铁的厚度。

3）工作坑的深度：自地面至工作坑底板面的深度，可按下式计算：

$$H = H_1 + D + h \tag{6-5}$$

式中 H——工作坑的深度，m；

H_1——管顶覆土厚度，m；

D——管道的外径，m；

h——操作空间高度，m；钢管 0.80～0.90m，钢筋混凝土管 0.4～0.45m。

(4) 工作坑的施工

工作坑的形成，一种方法是采用钢板桩或普通支撑，用机械或人工在选定的地点，按设计尺寸挖成，坑底用混凝土铺设垫层和基础；一种方法是利用沉井技术，将混凝土井壁下沉至设计高度，用混凝土封底。前者适用于土质较好、地下水位埋深较大的情况，顶进后背支撑需要另外设置；后者与之相反，混凝土井壁既可以作为顶进后背支撑，又可以防止塌方。

5. 顶进系统

管道顶管中的顶管系统包括：导轨、顶铁、千斤顶（油泵）、后背及后座墙。

(1) 导轨

导轨的作用是支托未入土的管段和顶铁，起导向的作用。导轨用工字钢或槽钢做成，也可以采用滚轮式导轨，如图 6.8 所示。这种导轨的优点是可以调节导轨的两轨中距，适用不同的管径，而且可减少导轨对管子的摩擦。

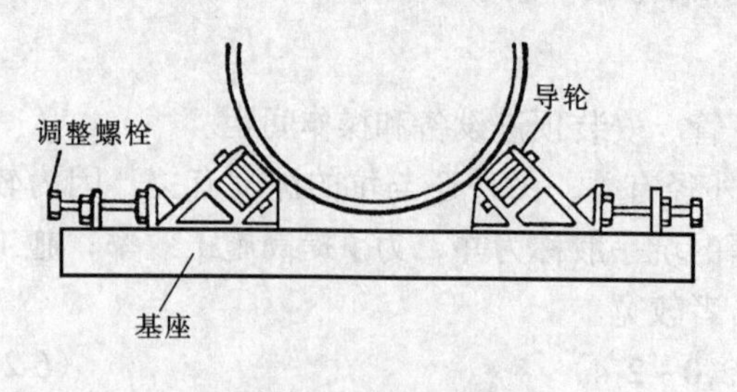

图 6.8 滚轮式导轨

(2) 顶铁

顶铁是为了弥补千斤顶行程不足而设置的。顶铁要传递顶力，所以顶铁两面要平整，厚度要均匀，受压强度要高，刚度要大，以确保工作时不会失稳。

顶铁是由各种型钢拼接制成，有 U 形、弧形和环形几种，如图 6.9 所示。其中 U 形顶铁一般用于钢管顶管，使用时开口向上，弧形内圆与顶管的内径相同；弧形顶铁使用方式与 U 形相似，一般用于钢筋混凝土管顶管；环形顶铁是直接与管段接触的顶铁，它的作用是将顶力尽量均匀的传递到管段上。

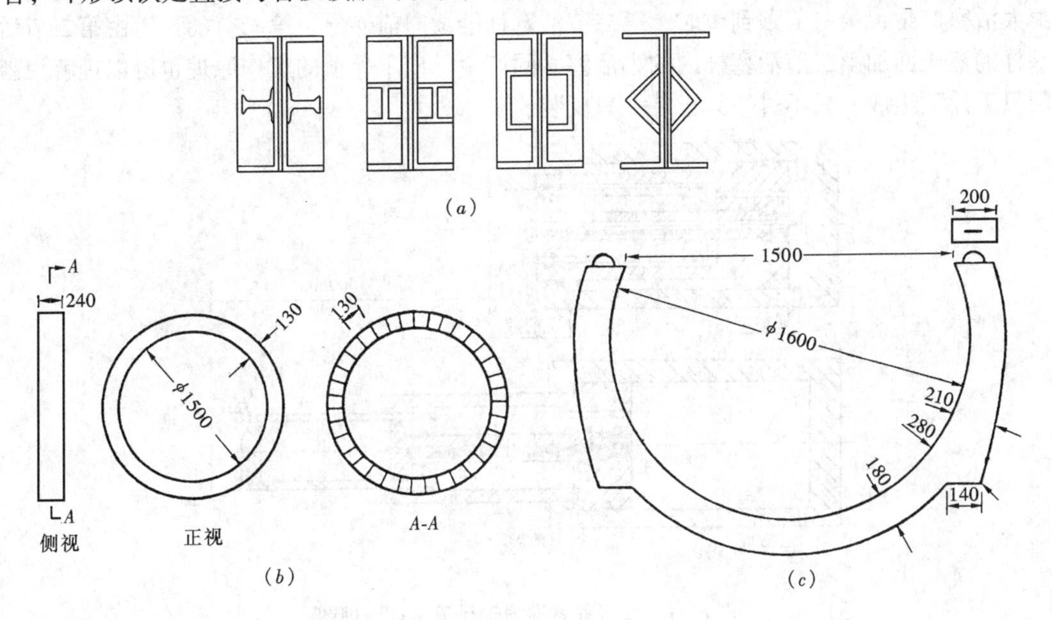

图6.9 顶铁

(a)顶铁断面示意；(b)圆形顶铁；(c)U形顶铁

(3) 千斤顶及油泵

千斤顶又称为油缸，是顶管系统的核心，目前大多采用油压千斤顶。图6.10所示为顶管油压系统布置图，电动机使油泵工作，把工作油加压到工作压力，由管路输送经分配器、控制阀送入千斤顶。电能经油泵转换为压力能，千斤顶又把压力能转换为机械能，将管子顶入土中。机械能输出后，工作油以一个大气压状态回到油箱。

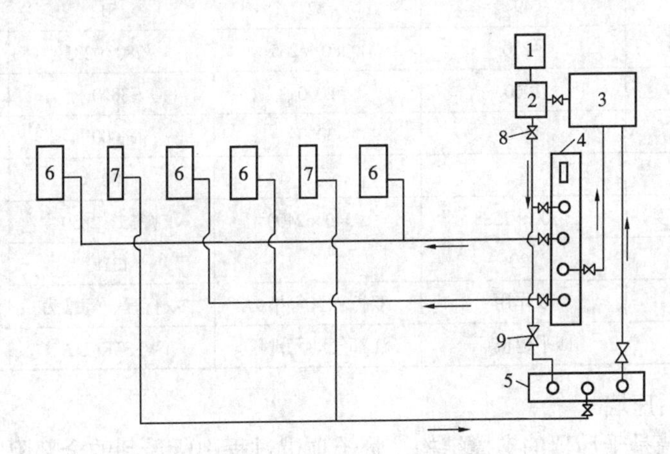

图6.10 顶管油压系统

1—电机；2—油泵；3—油箱；4—主分配器；5—副分配器；

6—顶进千斤顶；7—回程千斤顶；8—单向阀；9—闸阀

千斤顶的顶力一般采用1000~4000kN，行程要长，一般应大于1m，否则会增加吊放顶铁的次数，影响顶管施工效率。长行程千斤顶一般采用双行程等推力千斤顶。这种千斤顶的行程分为两节，并且每节顶力不减。它的工作原理见图 6.11。第一节工作时，顶力由大活塞产生，第一节顶到位时，第二节活塞杆继续向前伸出。第二节的顶力由第二节活塞杆的液压面加第二节活塞杆内的小活塞共同产生。该千斤顶的工作原理也可以理解为由两只千斤顶组成，只不过一只正装一只反装。

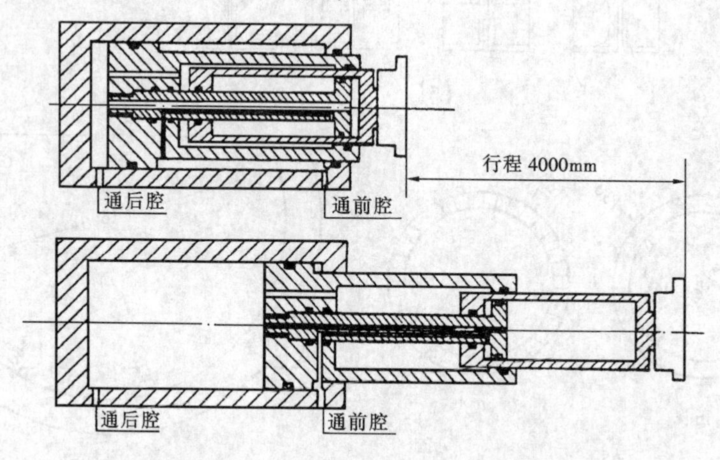

图 6.11　双行程等推力千斤顶工作原理图

千斤顶应左右对称布置，顶力的合力位置应该和顶进抗力的位置在同一轴线上，避免产生顶进力偶，使管子顶进出现偏差。顶进抗力包括管壁与土壤的摩擦力和管前端的切土阻力。根据施工经验，顶力的合力中心要低于管中心约 $R/4$，R 为管子的半径。

顶管施工中常用的千斤顶见表 6.1 所示。

常用千斤顶的主要技术参数　　**表 6.1**

型　号	YDT1960	200t	300t	YDT4000
工作压力（MPa）	49	32	50	45
油缸活塞直径（mm）	$\phi220$	$\phi280/\phi265$	$\phi280/\phi235$	$\phi330$
工作推力（kN）	1960	2000	3000	4000
行　程（mm）	1100	3000	4000	1100
回油压力（MPa）			50	
外形尺寸（外径 × 长度）	$\phi300\times1588$	$\phi340\times2400$	$\phi335\times2850$	$\phi430\times1657$
自　重（kg）	720		1318	1336
特　点	双作用	双行程、等推力	双行程、等推力	双作用
生产厂家	四平建机厂	江都气动元件厂	WESTFALIA	四平建机厂

(4) 后背及后座墙

后背及后座墙是千斤顶的支撑结构，管子顶进过程中所受到的全部阻力，通过千斤顶传递给后背及后座墙。其中，对于采用沉井技术施工的工作坑，可将沉井壁作为后座墙，而采用大开挖（或钢板桩）的方法施工的工作坑则要设置单独的后座墙。为了使顶力均匀地传递给后座墙，常在千斤顶于后座墙之间设置木板、方木等传力构件，此传力构件称之为后背。

后座墙分为原土墙和人工墙两种。原土墙应有足够的厚度，以保证足够的稳定性。人工后座墙有块石结构、混凝土结构等，要根据顶力的大小、合力中心的位置、坑外被动土压力的大小来决定后座墙的高度、宽度和厚度。

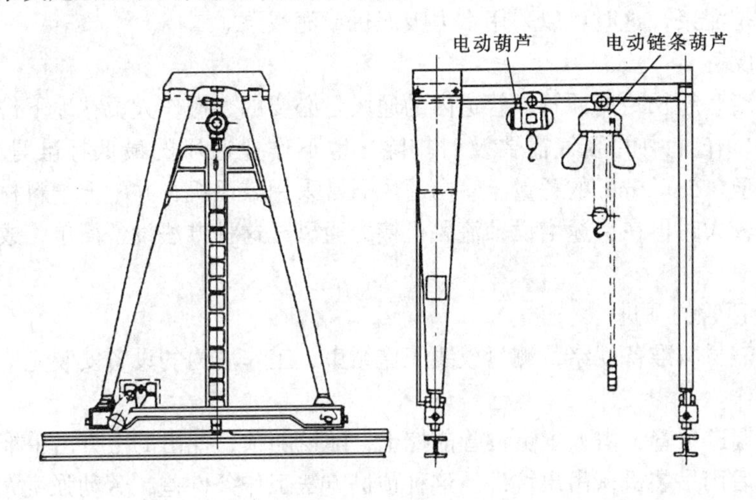

图 6.12　门式吊车

6. 其他设备

(1) 吊装设备

为了便于工作坑内材料和机械的垂直运输，一般在顶管现场需要设置吊装设备。施工中常用的除了轮式起重机外，还有起重桅杆和门式吊车。起重桅杆一般仅适用于管径较小、顶管规模不大的顶管施工；门式吊车由于吊装方便，操作安全而使用范围较广，如图 6.12 及表 6.2 所示。

门式吊车的技术数据　　**表 6.2**

起重量 (t) / 项目	2/t		3/1.5		5/2		10/3		20/5	
吊　　钩	主　钩	副　钩	主　钩	副　钩	主　钩	副　钩	主　钩	副　钩	主　钩	副　钩
吊　　机	电动链条葫芦	电动葫芦	电动链条葫芦	电动葫芦	电动链条葫芦	电动葫芦	电动链条葫芦	电动葫芦	电动链条葫芦	电动葫芦
起吊重量 (t)	2	1	3	1.5	5	2	10	3	20	5
起吊速度 (m/min)	20	20	20	20	20	20	20	20	20	20
走行速度 (m/min)		10～25		10～25		10～25		10～25		10～25
总功率 (kW)	5.2	4.3	8.5	7.4	14.0	7.4	19.4	10.8	26.4	12.7

(2) 出泥设备

大口径顶管在顶进过程中，需要不断的排除进入管中的泥土。对于泥土的不同状态，排除的方法各有不同。当地下水位埋深较大，顶管采用不受地下水影响的人工掘进顶管法和机械掘进顶管时，如果距离短，土方量少时，可以用手推车运土；如果距离长，土方量多时，可以用绞车牵引有轨或无轨矿车运土。如果顶管受地下水影响或采用水力掘进顶管法时，排除的是泥浆，这时可以采用水力吸泥机或泥浆泵。

（3）通风设备

对于长距离和超长距离顶管，管道内的通风是必要的，操作人员在地下作业要不断的补充新鲜空气，作业中的废气需要及时排除。地下作业通风的最低标准是每人每小时 $30m^3$，这相当于 $0.5\ m^3/min$ 的耗量。管内通风通常采用鼓风机，并配上塑料材料制成的软鼓风管，距离较大时再在沿途增设轴流风机接力通风，这种方法设备简单，成本低，常被采用。

7. 大口径顶管的顶进

当顶管所需材料准备就绪，测量放线工作结束，工作坑内的设备安装完毕即可以进行顶管的顶进工作。

（1）人工掘进顶管：由人工负责管前挖土，随挖随顶，挖出的土方由手推车或矿车运到工作坑，然后用吊装机械吊出坑外。这种顶进方法工作条件差，劳动强度大，仅适用于顶管不受地下水影响，距离较短的场合。

（2）机械掘进顶管：机械掘进顶管与人工掘进顶管除了掘进和管内运土不同外，其余部分大致相同。它是在顶进工具管的外壳内，安装一台小型挖掘机，其后安装上料机，通过矿车、吊装机械将土排至坑外，适用于顶管不受地下水影响，距离较长的场合。如图 6.13 所示。

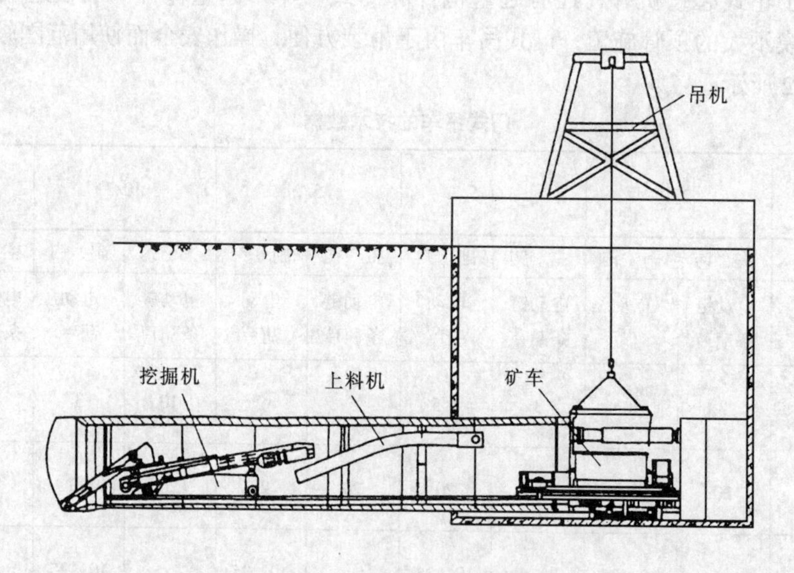

图 6.13　机械掘进顶管示意

（3）水力掘进顶管：它是在管端工具管内设置高压水枪，通过高压水将管前端的土冲散变成泥浆，边冲边顶，泥浆利用水力吸泥机或泥浆泵排除。这种方法优点是效率高、成本低，缺点是顶进时方向不易控制。

（4）长距离顶进的措施

距离较长的管道，因管道四周的摩阻力越来越大，单凭工作坑内的千斤顶的顶推是不够的。一方面千斤顶的顶力有限，不可能无限增加；另一方面还要受到管道允许顶力和后背允许顶力的制约。为了解决上述问题，可采用中继站（环）和触变泥浆减阻的方法。

1）中继站（环）

采用中继站施工时，顶进一定长度后，即可安设带千斤顶的中继站，千斤顶在管全周上等距布置，如图6.14（*a*）所示，之后继续向前顶进。当工作坑千斤顶难以顶进时，即开动中继站内的千斤顶，此时以后边管段为后背，向前顶进一个行程，如图6.14（*b*）所示。然后缩回中继站内千斤顶的顶杠，开动工作坑内的千斤顶，使中继站后面的管子连同中继站向前推进一个行程。再开动中继站内的千斤顶，如此循环操作，即可增加顶进长度，但此方法顶进速度较慢。

2）触变泥浆减阻

触变泥浆是由膨胀土（又称蒙脱土，是一种粒径极细小的黏性土）、水和掺合剂按一定比例混合而成的。泥浆在静止状态聚凝，扰动后呈流体状态的特性就是触变性。在顶管过程中，为了减少管壁四周的摩阻力，在管壁外压注触变泥浆，形成一定厚度的泥浆套，利用触变泥浆的支撑作用，不使土体坍塌，利用触变泥浆的润滑作用，以减少管壁与土体之间的摩阻力。

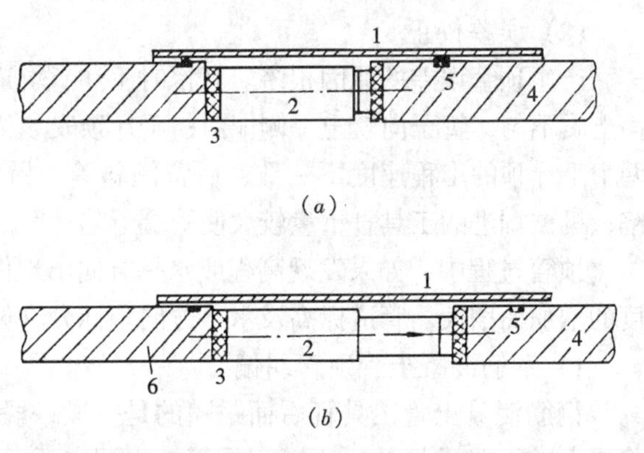

图6.14 中继站（环）

1—中继站保护钢套；2—中继站千斤顶；3—垫料；4—前管；5—密封环；6—后管

触变泥浆套的形成依赖于工具管。工具管的外径一般比管道外径大20～50mm，随着管道的顶进，工具管后面逐渐形成10～25mm厚的环形空间。与此同时由工具管后侧的注浆孔向管外压注触变泥浆，填充环形空间，形成泥浆套，如图6.15所示。在长距离或超长距离顶管中，由于施工工期较长，泥浆的失水将会导致触变泥浆失效，因此必须在管道沿程，从工具管开始每隔一定距离设置补浆孔，及时补充新的泥浆。通常在中继站附近设置补浆孔。

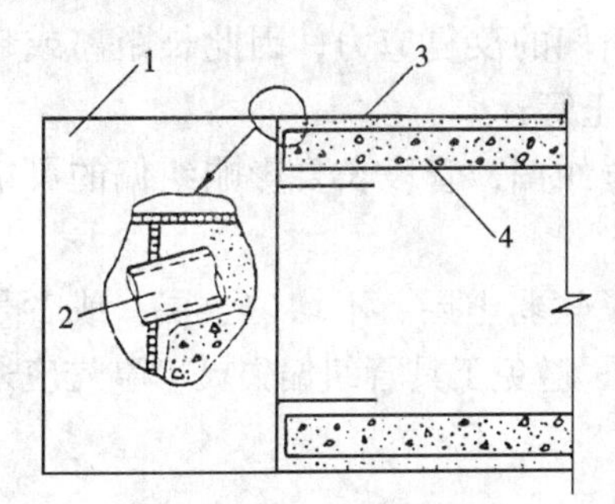

图6.15 工具管注浆孔

1—工具管；2—注浆孔；3—泥浆套；4—混凝土管

触变泥浆的压注利用泥浆泵进行，施工过程中要遵守“先注后顶，随顶随注”的原则。如果先顶管，工具管向前移动时泥浆套的容积扩大，产生抽吸作用，极易造成洞穴的坍塌，因此必须先注浆后顶管。管道在顶进过程中不允许停泥浆泵，万一要停泥浆泵，必须先停止顶管。

8. 管道测量和误差校正

（1）施工测量

顶管施工测量一般建立独立的相对坐标，设工作坑及接受坑的中心连线是 x 轴，工作坑的竖直方向是 y 轴，两轴的零点位置根据现场情况确定，如可以把顶进方向的工作坑壁作为零点。

顶管测量分中心水平测量和高程测量两种，一般采用经纬仪和水准仪，测站设在千斤顶的中间。

中心水平误差的测量是先在地面上精确的测定管轴线的方位，再用重球或天地仪将管轴线引至工作坑内，然后利用经纬仪直接测定顶进方向的左右偏差。随着顶进距离的增加，经纬仪测量越来越困难，当顶管距离超过300~400m时应采用激光指向仪或计算机光靶测量。

高程方向的误差一般采用水准仪测量。当管道距离较长时，宜采用水位连通器。这种方法是在工作坑内设置水槽，确立基准水平面；工具管后侧设立水位标尺，水槽与水位标尺间以充满水的软管相连，则可以水准面测定高差。

(2) 误差校正

产生顶管误差的原因很多。开挖时不注意坑道形状质量、坑道一次挖进深度较大；工作面土质不匀，管子向软土一侧偏斜；千斤顶安装位置不正确会导致管子受偏心顶力、并列的两个千斤顶的出程速度不一致、后背倾斜等。另外在弱土层或流砂层内顶进管端很容易下陷；机械掘进的工具管重量较大使管端下陷；管前端堆土过多外运不及时时管端下陷等。

顶管过程中，如果发现高程或水平方向出现偏差，应及时纠正，否则偏差将随着顶进长度的增加而增大。管道标高及水平方向坐标允许偏差，可以参见室外管道开槽施工的要求。

1) 钢筋混凝土管顶管纠偏

钢筋混凝土管工具管后面跟随的是一段一段的管段，段与段之间不传递弯矩，纵向好像是条蛇，是柔性的。所以工具管挖出洞穴后，不管是直还是弯，后面的管段都能顺洞穴前进，除非是后面的管段特别长。所以在顶管时应随时对工具管进行测量，发现偏差及时纠正。纠正的方法很多，例如在人工掘进顶管中，可采用挖土校正法、顶木校正法和千斤顶校正法等，即在偏斜的反方向多挖土或用顶木（或千斤顶）向偏斜的反方向加力校正；在机械掘进顶管和水力掘进顶管中，可将工具管分为两节，两节之间安装纠偏千斤顶，通过纠偏千斤顶调整偏斜。工程施工中，钢筋混凝土管顶管纠偏有几条规律：

a. 纠偏应在顶进过程中进行，不能在整个管道静止状态下只对工具管纠偏；

b. 钢筋混凝土管顶管纠偏比较灵敏，顶进中对工具管的调整角度不易过大，否则会造成轴线较大的弯曲；

c. 第一段管子的质量要好，因为它要承受工具管纠偏的反复应力，因此长距离或超长距离顶管的第一段管子可采用钢制管段代替钢筋混凝土管；

d. 第一段管子的长度不易过长。管段越短越有利于纠偏，管段长要影响纠偏的灵敏度；

e. 钢筋混凝土管顶管纠偏失灵，多数原因是遇到了软弱土层、不均匀土层，或者是管顶覆盖土层太薄，因为纠偏需要一定的地基反力。为了避免工具管纠偏失灵，事先应采取措施，例如进行地基加固等。

2) 钢管纠偏

钢管顶管中跟随工具管后面的是一整条钢管，并且与工具管焊接成一体。钢管的钢性对于顶管而言，既有有利的一面，又有不利的一面。由于刚性的作用，一般来说只要起始位置、方向正确，一般不易偏斜；相反，如果出现偏差需要纠正就要比纵向是柔性的钢筋混凝土管困难。

钢管纠偏的方式与钢筋混凝土管类似，实际操作中应注意以下几点：

a. 根据不同土层的承载力不同，应选择相适应的工具管。在承载力较低的土层中顶管，工具管要长一些；在承载力较高的土层中顶管，工具管要短一些。

b. 工具管的纠偏不可角度过大，否则会使顶进阻力成倍增加，钢管施工应力成倍增加，钢管椭圆度成倍增加，这是要严加防止的。

c. 钢管顶管的其他要求同钢筋混凝土管，如纠偏应在顶进过程中进行等。

6.1.3 小口径顶管

小口径顶管是指内径小于 800mm 的管道的顶管施工，这种口径的管道一般不易进入或者无法进入，不可能进行管内操作，因此与大口径管道顶管相比有其特殊性。

1. 管材

常用的小口径顶管管材有无缝钢管或有缝钢管、混凝土管（包括钢筋混凝土管）和可锻铸铁管。

钢管与混凝土管的连接方式与大口径顶管相同；铸铁管的连接方式是承插连接，为了使承插接头适用于顶管，需在管径较小的部分浇筑钢筋混凝土，使全管段外径一致。

2. 施工方法

小口径顶管的施工方法已有六十多种，每一种都由它特定的适用范围和要求。若选择错了不仅影响施工效率和经济效率，而且关系到工程的成败。

根据我国的具体情况并参考国外常用的分类，小口径顶管可分为挤压类、螺旋钻输类和泥水钻进类。另外扩管也是小口径顶管中常用的一种工艺，它是先把一根直径比较小的管道顶好，然后在这根管道的末端安装上一只扩管器，再把所需管径的管道顶进去，或者把扩管器安装在已顶管子的起端，将所需的管道拖入。这种顶（拖）二次才能完成的施工方法称之为二步法。

（1）挤压类

挤压类施工法是指依靠顶进装置的顶力，将管道压入土中完成管道敷设的方法。管道压入土中时，管道正面挤土，并将管轴线上的土挤向四周，无需排泥。

挤压类顶管管端的形状有锥形挤压（管尖）和开口挤压（管帽）两种。锥形挤压类顶管正面阻力较大，容易偏差，特别是土体不均和碰到障碍时更容易偏差。为了减少正面阻力，可以将管端呈开口状，顶进时土体挤入管内形成土塞。当土塞增加到一定长度时，土塞不再移动，如果仍要减少正面阻力，必须在管内取土，以减少土塞的长度。管内取土可采用干出泥或水冲法，如图 6.16 所示。

上述挤压法适用于软土层，如淤泥质土、砂土、软塑状态的黏性土等，不适用于土质不均或混有大小石块的上述土层。顶进长度一般不超过 30m 的钢管顶管。

（2）螺旋钻输类

在管道前端管外安装螺旋钻头，钻头通过管道内的钻杆与螺旋输送机连接，随着螺旋输送机的转动，带动钻头切削土体，同时将管道顶进。就这样边顶进、边切削、边输送，将管道逐段向前敷设，如图 6.17 所示。

这类顶管法适用于砂性土、砂砾土以及呈硬塑状态的黏性土。顶进距离可达 100m 左右。

（3）泥水钻进类

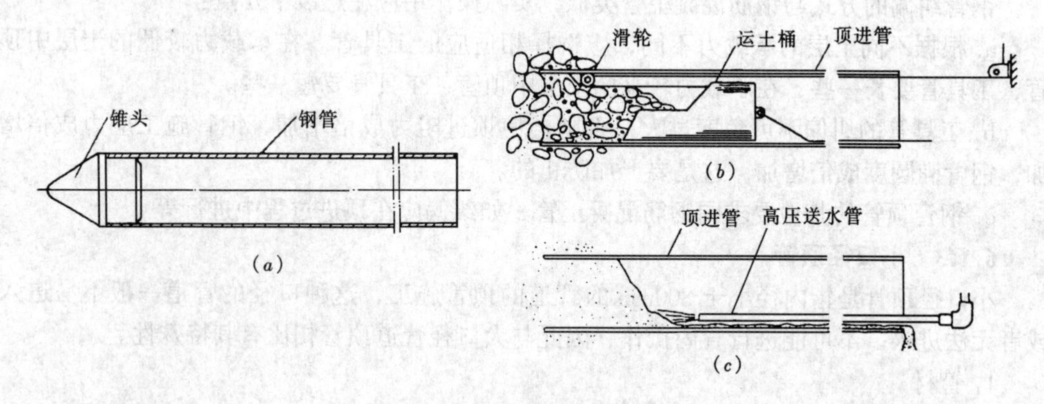

图 6.16　挤压法顶管

(*a*) 锥形挤压头，不出土；(*b*) 开口挤压、土桶出泥；(*c*) 开口挤压、高压水出泥

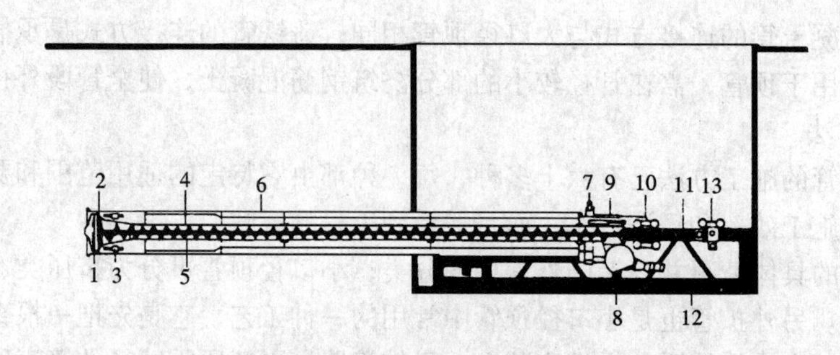

图 6.17　螺旋钻输法顶管

1— 钻头；2—前段；3—纠偏千斤顶；4—后段；5—螺旋输送管；
6—顶管管道；7—承压环；8—排泥管；9—顶进千斤顶；10—移动
后座；11—推力梁；12—推动框架；13—连接梁

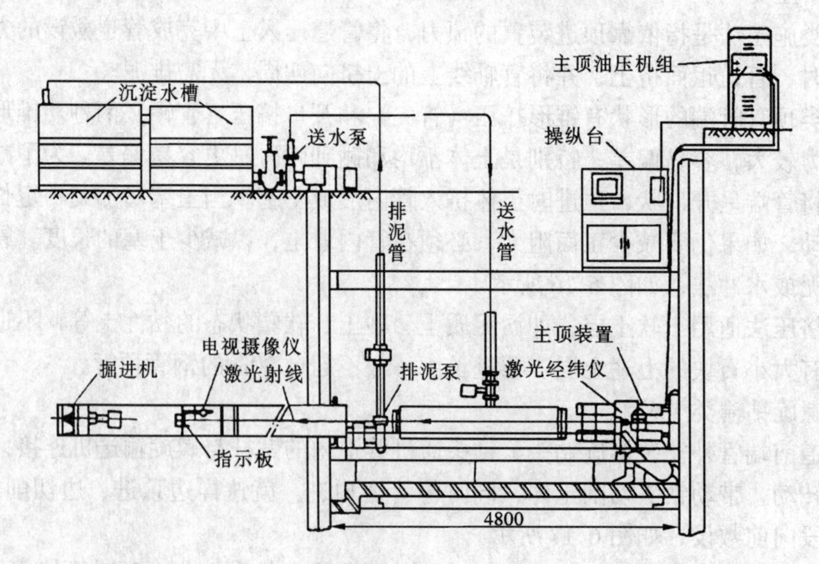

图 6.18　碎石型泥水掘进机施工布置

泥水钻进类顶管是指采用切削法钻进，弃土排放用泥水作为载体的一类施工方法。管

道的顶进一般使用碎石型泥水掘进机，掘进机同时具有切削和石块破碎的功能，排泥采用的是由送水管和排泥管构成流体输送系统来完成的，如图 6.18 所示。

碎石型泥水掘进机一次可顶进 100m 以上，顶进偏差较小。适用于硬土层、软岩层及流砂层和极易坍塌的土层。

6.1.4 其他几种主要的不开槽施工法

1. 气动矛铺管法

气动矛铺管法采用的主要工具是气动矛，它类似于一只卧放的风镐，在压缩空气的驱动下，推动活塞不断打击气动矛的头部冲击头，将土排向周边，并将土体压密。同时气动矛不断向前行进，形成先导孔。先导孔完成后，管道便可直接拖入或随后拉入，如图 6.19、图 6.20 所示。

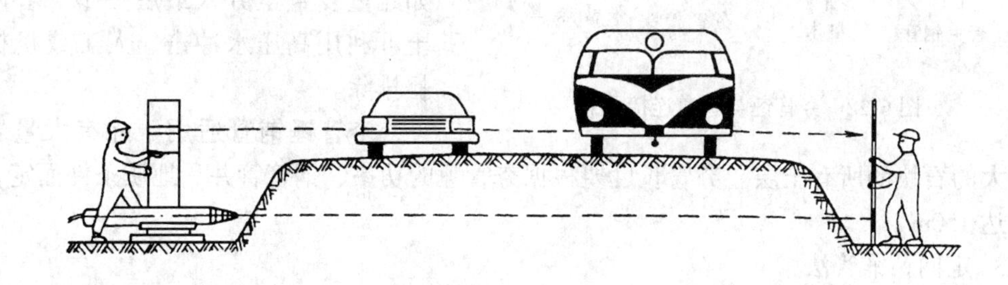

图 6.19 气动矛铺管示意

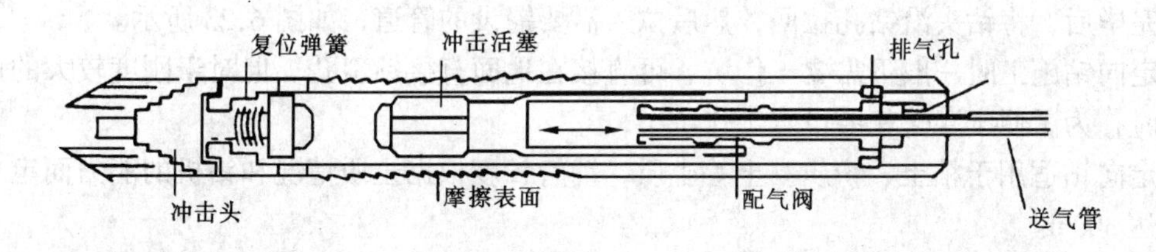

图 6.20 气动矛结构

气动矛适用于可压缩的土层，如淤泥、粉质黏土等。施工的长度与口径有关，小口径时一般不超过 15m，大口径时一般在 30~50m 之间。气动矛是不排土的，因此要有一定的覆土厚度，同时考虑土孔的缩孔，管道要比土孔小 10%~15%。

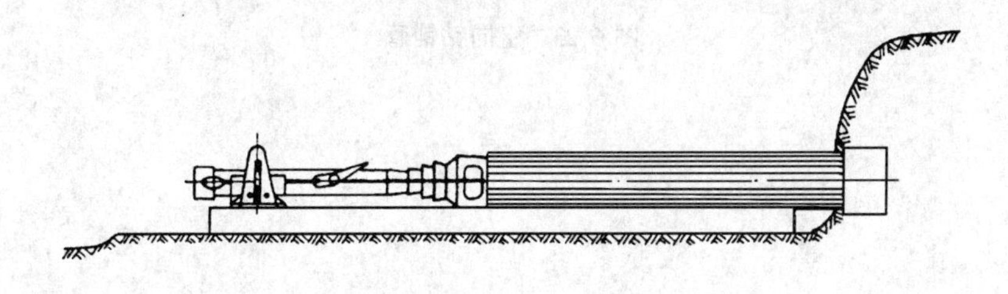

图 6.21 夯管锤铺管

2. 夯管锤铺管法

夯管锤类似于卧放的气锤，也是以压缩空气为动力。它与气动矛铺管的不同之处在于施工时夯管锤始终处于管道的末尾，类似于水平打桩，其冲击力直接作用在管道上，如图6.21所示。由于夯击冲力较大，这种方法只适用于钢管施工。夯击时，管端不设管尖，管道进入土中时，土不是被压密或排向周边，因此可以在覆盖土层较浅的情况下施工，便于节省工程投资。

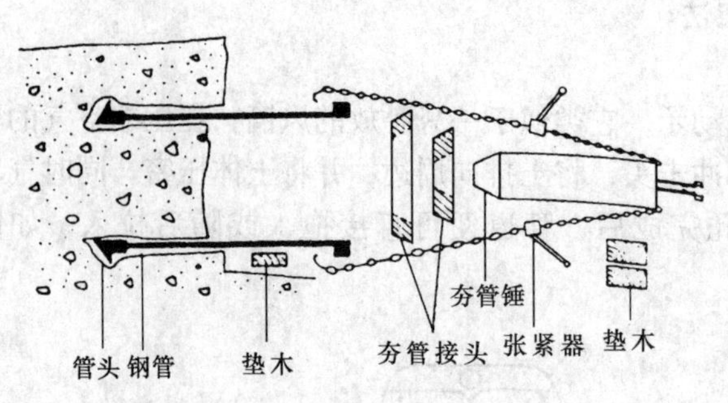

图6.22　夯管锤与管道连接示意

当夯管锤与施工的管径不一致以及为了防止夯击时管子末端管口卷边，就需要在管子末端与夯管锤之间安装一组相互配套的夯管接头，如图6.22所示。当前一节钢管夯入土体后，后一节钢管与其焊接接长，再夯后一节，如此重复直至夯入最后一节。管内的土可利用高压水冲击、人工或机械挖掘排除。

夯管锤铺管适用于除有大量岩体或较大的石块的所有土层。夯管长度要根据夯管锤的功率、钢管管井、地质条件而定，最长可达150m。

3. 定向钻铺管法

定向钻铺管是用定向钻机在土中钻孔，钻机的钻头上装有定向测控仪，可改变钻头的倾斜角度，利用膨胀土、水、气的混合物来润滑、冷却和运载切削下来的运到地面。钻孔施工完毕后，将钻头沿钻孔拉回，然后拉入需要铺设的管道，如图6.23所示。

定向钻施工时一般不需要工作坑，可直接在地面直接钻斜孔。但对于刚度较大的钢管敷设时，为了便于穿管就要设置工作坑了。

定向钻适用于粘土、粉质黏土等土质，铺管长度根据土质情况和钻机的能力而定，最长可达300m。

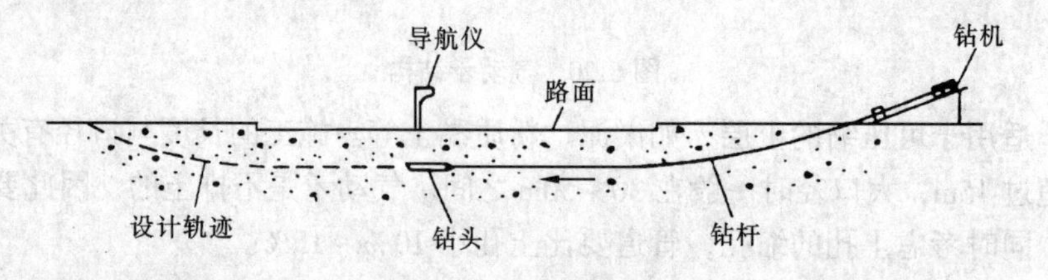

图6.23　定向钻铺管

第 7 章　工程质量通病和防治

给排水工程质量通病，主要是由设计质量、施工质量和材料质量不良所引起的。这些质量通病轻则影响工程的正常使用，重则造成重大的质量或安全事故。施工中必须高度重视。以下重点介绍由施工质量不良引起的质量通病。

7.1　土方工程质量通病

7.1.1　滑坡与塌方

1. 现象

基坑或管沟边坡滑坡与塌方。

2. 原因分析

(1) 边坡开挖过陡，土体因自重及雨水或地下水浸入，剪切应力增加，内聚力减小，使土体失衡而滑动塌方。

(2) 开堑挖方，不合理的切割坡脚，或坡脚被水冲蚀；或开坡放炮将坡脚松动，破坏了土体（岩体）的内力平衡；或山岩垂直高切坡没及时支护，使上部岩体失去稳定而滑动塌方。

(3) 土体（或岩体）本身层理发达，破碎严重，或内部夹有软层（如软泥），受水浸后滑动或塌落。

(4) 地层下有倾斜岩层或夹层，边坡坡度过大，在堆土或堆置材料荷重和地表、地下水作用下，增加了土体负担，降低了土与土、土体与岩石之间的抗剪强度而引起的滑坡塌方。

(5) 土工构筑物（如路堤、土坝）设置在尚未稳定的滑坡上，填方增荷后，重心改变，在外力和地表、地下水作用下，增加滑坡负荷，再次滑坡。

3. 防治措施

(1) 排除地面水。在滑坡的范围外设置环形排水沟，以拦截地表水；在滑坡区域内，修好排水系统，以疏导地表、地下水；处理好滑坡区域附近的生产和生活用水，防止浸入滑坡塌方地段。

(2) 排除地下水

1) 如有地下水渗出，可能形成山坡浅层滑坡时，可设置支撑盲沟。盲沟应布置在滑坡坡向，有地下水露头处。

2) 设置坡面拱形渗水沟，各拱相互连接，使水路通畅。亦可随边坡高度分层砌筑拱圈。

(3) 滑坡体施工中的预防措施

1) 加强地质勘察和调查研究，注意地质构造（如岩土性质、岩层生成情况、裂隙节理分布等）及地表、地下水流向和分布。认真规划，采取合理的施工方法，避免破坏土坡地表的排水、泄洪设施，消除滑坡、塌方因素，保持坡体稳定，预防滑坡塌方发生。

2）保持边坡有足够的坡度，避免随意切割坡体的坡脚，土坡尽量削成较平缓的坡度或做成台阶形，使中间有1~2个平台以增加稳定（图7.1（*a*））。土质不同时，视情况削成2~3种坡度（图7.1（*b*）），一般可使坡度角小于土的内摩擦角，将不稳定的陡坡部分削去，以减轻边坡负担。在坡脚处有弃土条件时，将土方填至坡脚（图7.2），筑挡土堆或修筑台地。如整平挖方必须割坡脚且不设挡土墙时，一般应按照切割深度，将坡脚随原自然坡度由上向下削坡，渐渐挖至要求的坡脚深度（7.3（*a*））。

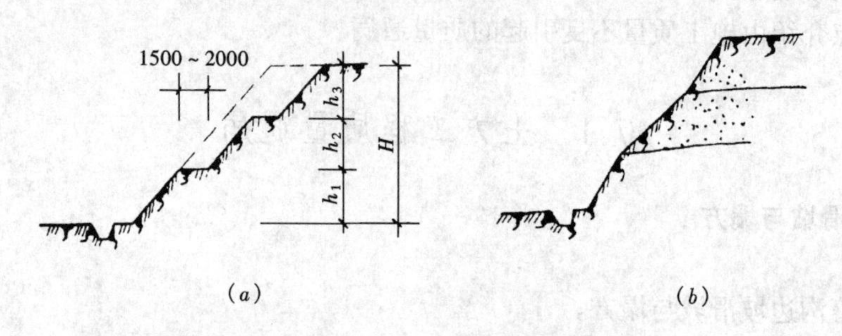

图7.1 边坡处理

（*a*）作台阶式边坡；（*b*）不同土层留设不同边坡

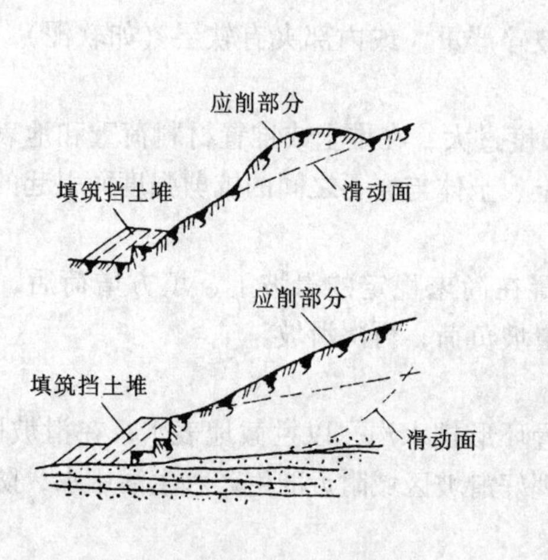

图7.2 削去陡坡加固坡脚

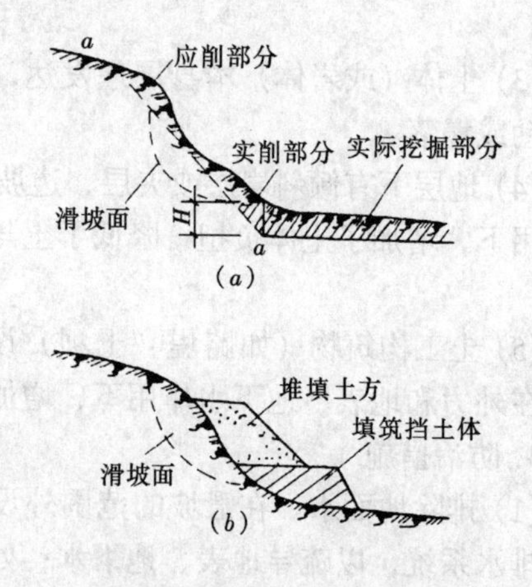

图7.3 切割坡脚与坡脚填筑

（*a*）切割坡脚措施；（*b*）填土方法

3）尽量避免在坡脚处取土，在坡肩设置弃土区，以免破坏原边坡的自然平衡，造成滑坡。在斜坡地段挖方时，应遵守由上至下分层的开挖程序。位于斜坡层上的填土，应验算其稳定性，防止填土沿坡向滑动。在斜坡上填方时，应遵守由下往上分层填压的施工程序，避免集中弃土。除此，一般还应在斜坡的坡脚处堆筑能抵抗滑坡体下滑的土堆体，并使堆填土的坡度不陡于原坡体的自然坡度，使之起反压作用以阻挡坡体滑动，增加边坡稳定（图7.3（*b*））。

4）对可能出现的浅层滑坡，如滑坡土方量不大时，最好将滑坡体全部挖除；如土方量较大不能全部挖除，且表层破碎有滑坡夹层时，可对滑坡体采取深翻、推压、打乱滑坡夹层、表面压实等措施，减少滑坡因素。

5）发现滑坡裂缝，及时填平夯实；沟渠开裂漏水及时修复。

7.1.2 橡皮土及其处理

1．现象

当地基为黏性土，且含水量很大，趋于饱和时，夯压后会使地基土变成有颤动感觉的“橡皮土”。这在雨期土方回填施工中，时有发生。

2．原因分析

黏性土因雨水浸泡水量大增，而雨后天晴，地基土表层会较快干燥，而这时下层的黏性土水量可能还很大，施工易受表面土层干燥的假象所迷惑，而过早进行夯实（碾压），这就很容易产生橡皮土。

3．防治措施

当发现这种地基土时，不能急于进行夯实（碾压），可采用晾干或掺石灰粉末的方法，使土的水量降低，然后才进行夯压。

4．治理方法

如果地基土已发生颤动现象，则应采取措施，如铺填碎石片砖，将土挤紧，或将颤动部分的土挖去，填以砂石后，再进行夯压。

7.2 水处理构筑质量通病

7.2.1 垫层混凝土

1．通病

(1) 垫层表面高程超过允许偏差；

(2) 表面平整度超过允许偏差（10mm）；

(3) 厚度超过允许偏差（±10mm）；

(4) 混凝土地表面粗糙、不实、凹凸不平。

2．原因及分析

(1) 基坑开挖后，基底高程超差大，下道工序开始前，又没有认真检查验收与修整。

(2) 大面积垫层中间部分的混凝土面高程没有采取控制措施。仅局部的高程桩和用小线量来掌握其表面高程，因而造成中间大部分表面的高程不准确，误差大。

(3) 由于无法及时校对高程和其平整度的误差值，因而造成事后无法修整。

(4) 误差偏大的结果，给以后的各工序也带来一定的调整与累积误差影响。

3．预防与治理

(1) 挖地工序要认真检查验收。加大检验频率，坚持不合要求不验收，不进行下一工序，直到整修合格为止$\begin{pmatrix}0\\ \leqslant -20\end{pmatrix}$。

(2) 大面积垫层中间部分，分制成若干窄条（3～4m宽）浇筑区，每条都支设垫层侧模板。每一条垫层侧模板的顶部高程，用水准仪校测后再调整，使其顶部高程误差值不超过标准规定的允许偏差（±5mm）。

(3) 条跳区浇筑垫层混凝土。用每条的侧模板控制层的表面高程；用4~5m长的装有附着式振捣器的振捣梁对表面进行振动与整平；用铝合金平尺对混凝土表面再次整平，木抹子局部修整、压实。

(4) 浇筑后及时覆盖洒水养护。混凝土强度达到1.2N/mm^{2}以后对混凝土的表面高程与平整度进行实测实量。用水准仪对混凝土表面高程进行测量，并将实际各点的高程误差值标注在垫层表面上（1点/25m^2），以便为下工序的调整提供准确的依据。

(5) 如发现局部超差较大，应对下工序（模板、钢筋安装）在合理的允许误差范围内进行调整。

7.2.2 基础底板

1. 模板

(1) 通病

1) 底板侧模、侧墙吊模的边缘线、轴线位置偏移、超差（底板侧模≤15mm，墙≤10mm，柱≤8mm；）

2) 模顶高程超差大，影响到底板厚度；

3) 墙脚根部吊模变形，平，不直，超差大。浇筑混凝土后，底板混凝土向上翻起，将墙根部模板埋住。造成底板混凝土不平，墙脚根部模板拆除困难。

4) 模板漏浆，表面凹凸不平，平整度超过允许偏差。

(2) 原因及分析

1) 模板安装后，未经检查验收或发现超差后未整修调整。

2) 模板的安装方法不当，支撑不牢或操作中不慎将撑杆踩掉。

3) 对基础模板，特别是对侧墙吊模的安装质量重视不够，误认为该部位不是露出结构，可以简易处理即可。基础底板的高程、侧墙吊模的轴线位置的准确不但可以保证上部结构的尺寸、钢筋保护层厚度达到标准要求、还可以减少由于底板超厚而带来混凝土的浪费。

(3) 预防与治理

1) 应首先从思想认识上开始，没有一个良好的基础，上部结构也会受到影响。

2) 在模板的安装方法上进行改进，要保证吊模拉撑系统的稳定性、牢固性。

3) 模板安装除草剂用昼挂线外，还要用垫层上的标注高程误差值进行调整模板上顶高。最后用水准仪校测与调整。

4) 按照规范要求的精度和作法制作与安装模板。对周转安装次数较多的有特殊要求的部位（变形缝止水带部分、吊模尺寸较大），应制作专用或组合式的钢模板与钢支架，以适应特殊需要。

5) 要认真开展自检、互检、互接检与检查验收工作。

2. 钢筋

(1) 通病

1) 钢筋加工长度超差大$\left(\text{允许偏差}\ {}^{+5}_{-10}\text{mm}\right)$；

2) 受力钢筋间距超差大（允许偏差±10mm）；

3）保护层厚度超差大（允许偏差 ± 10mm）；

4）受力钢筋端头保护层厚度不够；

5）钢筋搭接（焊接接头）长度不够。钢筋截面不符合设计；

6）钢筋网绑扎松动，绑扎跳扣多。双向受力筋未全部绑牢；

7）基础底板内的池壁预埋筋、柱预筋位置（轴线或保护层）偏差大。

（2）原因与分析

1）钢筋加工平台上未加端头固定挡板或未检查，造成钢筋加工长度不准、超差大。

2）绑扎时未注意按间距划线绑扎，或绑扎松动致使钢筋移位间距不准。

3）保护层水泥砂浆垫块的加工厚度不准：保护层水泥砂浆垫块的摆放间距大，垫块未对准架立筋摆放变形弯曲；双层钢筋网的架立筋（排架筋）的净空高度偏差大，摆放间距大，又经操作人员踩踏之后弯曲下沉。钢筋端头保护层未加控制。

4）隔墙或池壁（柱）预埋筋的上部端头高程未经仔细放线测量，以致埋筋位置不准。

隔墙或壁（柱）预埋筋的上部高程未经测量和钢筋上半部未固定，钢筋上端头高低不齐，高程不准和左右晃动。

（3）预防与治理

1）钢筋加工平台应设下料、弯曲尺寸的控制挡板，加工后要仔细检查验收。

2）底板内的钢筋线位，要按照图纸要求，将钢筋间距控制线、预埋筋的边线（或侧墙、柱的边缘线）逐一在垫层表面上用墨线弹出。

绑扎安装时，要按线位摆放与绑扎。对上层底板筋、特别是紧贴侧墙、柱预埋筋的钢筋位置要用拉线量尺寸（用重球吊线）的办法对准、绑牢，经再次检查无误后，可用点焊方法将紧贴埋筋的纵向水平筋固定。

3）板筋上下层厚度及保护层厚度要按下述方法固定。

a. 水泥砂浆垫块的强度、厚度按要求的强度与厚度加工制作垫块后，应有养护措施，以保证水泥砂浆垫块的强度达到要求。

b. 根据上下双层钢筋绑扎网的直径确定钢盘板凳（或架立筋、排架筋）的直径和摆放间距。$\phi10$ 以下的双层盘，应增加纵向筋的直径（改为 $\phi12$），其架立筋的间距不宜大于 60cm。$\phi12 \sim \phi16$ 的主筋架立筋宜大于 80cm。$\phi16$ 以上的主筋架立筋间距为 100 ~ 120cm 为宜。

c. 钢筋下部的垫块摆放位置，要与架立筋对正。在每一个架立筋（板凳筋）的下面都要摆放砂浆垫块，以保证其保护层厚度。

d. 架立筋的高度要根据结构厚度，钢筋直径与排架筋的摆放方向，事先计算高度。加工中应严格控制加工高度，以保证双层筋的高度误差不超过 ± 5mm。

e. 应按规范要求绑扎结点。双向受力的钢筋结点，应全部绑扎，不跳扣。

f. 底板钢筋，应认真自检与整修。自检时，要检查底板盘中的预埋筋轴线位置，其保护层厚度不超差（墙保护允许偏差 ± 3mm，柱保护层允许偏差 ± 5mm）。发现有超差时，应及时纠正。

3. 底板混凝土

（1）通病

1）底板高程超过允许偏差（ ± 10mm）。

2）底板平整度（用2m尺检查）超差（<8mm）。

3）底板厚度超标（底板厚度<200mm±5mm；200~600mm，厚±8mm；>600mm，厚±10mm）。

4）混凝土表面局部凹凸不平，变形缝处有错台（允许偏差<3mm）。

5）表面粗糙，不实，有砂粒浮浆、印痕、积水等现象。

6）有蜂窝麻面，混凝土表面局部有规则的裂缝（与钢筋等距离）。

（2）原因与分析

1）底板的中间部分没有高程控制依据和手段。底板表面只用抹子，不用平板大面积整平。

2）混凝土的和易性差、坍落度大、泌水且骨料下沉和过振，造成较大混凝土沉陷引起混凝土的表面开裂。

3）混凝土表面未经二次压实，压光抹平。

4）养护不及时。

（3）预防与治理

1）底板混凝土的配合比、坍落度、搅拌运输及入模时间应遵守规范规定的要求。

坍落度不宜超过50mm（掺外加剂后的混凝土不宜大于12cm）。应尽量采取较低坍落度的混凝土（此坍落度为出盘坍落度）。

2）较厚底板（≥50cm）应分层浇筑与振捣。两层以上的混凝土要对每层进行二次重复振捣，以便获得充分的振实。

3）为控制底板表面高程与平整度，混凝土浇筑前，在钢筋上安装高程控制轨（用ϕ50普通钢管架放在钢支架上）。控制轨顶经水准仪校平，高出混凝土表面150mm（允许偏差±3mm）。浇筑时用铝合金塔尺搭放在控制轨上，对混凝土表面进行整平。

4）对基本整平的混凝土表面，用木抹子和铁抹子压平抹光，并用机械抹光机再次抹光压实。

7.2.3 池壁（墙）

1. 钢筋

（1）通病

1）在底板内墙的预埋位置（间距、保护层）的偏差大（允许偏差：间距±10mm；保护层±3mm）。

2）墙体钢筋保护层级差大，甚至有的整片侧墙筋的保护层仅为5~10mm，大大超过了允许偏差的范围（±3mm）。

3）墙体水平筋不平，竖向筋不垂直。钢筋网绑扎不牢。

4）墙筋绑丝松、长，绑丝伸向并侵占保护层位置。

5）钢筋上锈斑、灰浆未清理干净。

（2）原因与分析

1）底板内预埋筋没有仔细量测放线，固定不牢，绑扎后未仔细检查验收。

2）内外双层绑扎钢筋网间未放置固定架立筋，铁板凳的摆放间距大。

3）内外层架立筋的尺寸误差大，影响了钢筋保护层。

4）钢筋外层的水泥砂浆垫块厚度超过±3mm的允许偏差，或摆放的间距大。

(3) 预防与治理

1) 钢筋工序应从基础开始，从每一步抓起。在基础内的预埋位置，要按图纸要求尺寸，仔细量测放线、固定、检查与验收。

2) 内外层双层钢筋网的外皮尺寸及内部钢筋架立筋尺寸要根据钢筋的尺寸仔细核算。架立盘的间距不宜超过100cm。水泥砂浆垫块的加厚度要控制在±3mm以内，其摆放位置要与架立筋相对应，间距与架立筋相同。

3) 为防止高墙钢筋左右摆放与倾斜，加斜向拉筋（放在钢筋内侧）固定，固定前应吊垂线找正。

4) 绑丝的下料长短，应根据钢筋直径确定。绑扎钢筋时，应将绑丝头向墙的内侧弯曲，不侵占保护层。

5) 绑扎完成后应认真进行检查验收。

2. 模板

(1) 通病

1) 模板跑模、变形大、垂直度、平整度、错台错差大。

2) 模板缝漏浆严重，混凝土表面石子外露。

3) 模板表面粗糙、清理不净，影响混凝土的外观。

4) 墙厚超差。

5) 墙脚根部错台、跑浆。

6) 内外模板间的对拉螺栓外露混凝土表面（或用铅丝对拉），致使螺栓（铅丝）端头的水泥砂浆保护层厚度不足，引起锈蚀。

7) 变形缝端头模板支搭固定不牢，致使变形缝的垂直度、止水带的位置、变形缝的缝宽超差（±5mm）。

(2) 原因及分析

1) 模板设计不合理或模板支撑体系的强度、刚度及稳定性核算不合理。

2) 模板加工粗糙，施工不认真。木模板缝未采取防漏浆措施，钢模板间缺卡具。

3) 多次周转的模板未经清刷整修，涂隔离剂。

4) 模板间的对拉螺栓的强度不足，或间距大。

5) 墙脚根部错台、漏浆的主要问题是基础底板的墙脚根部吊模支搭不牢，浇筑混凝土时对模板的保护不够引起的。

6) 变形缝止水带的位置偏移与超差大的主要原因是对止水带、变形缝在结构内的功能和重要性没有正确的认识与理解，没有按照规定的标准和程序检查验收，形成了放任自流的状态。造成了变形缝渗漏，止水带失去了止水的功能。

7) 内外模面的对拉螺栓直接贯穿墙体结构混凝土，端头部位的水泥砂浆保护层不足(不符合保护层的最低要求)，影响到结构的耐久性。

(3) 预防与治理

1) 模板设计应按混凝土的浇筑速度、气温、坍落度、外掺剂等因素，计算其产生的侧压力核算模板支撑体系的每一个环节（板厚、横竖梁、螺栓、垫板、稳定支撑）。

2) 穿墙对拉螺栓，不应使用贯通的螺栓，应采用端头留有符合钢筋保护层厚度的、可填补防锈砂浆的工具式锥形螺母。

图 7.4　某工程构筑物的混凝土表面侵蚀情况

3）模板应按模板设计要求和质量检验评定标准加工制作。加工后的模板应按标准认真检查验收。

4）模板应及时清理、除锈、整平和刷隔离剂。

5）墙脚跟部的混凝土漏浆、不平、不直的毛病，应从基础底板的墙腋角（墙脚）的吊模设计、操作开始抓起。悬吊模板应有足够的强度、刚度与稳定性，确保其尺寸准确、平、直。根部混凝土与模板间粘贴软泡沫塑料后，用螺栓紧固。

3. 混凝土

（1）通病

1）混凝土施工缝渗漏。

2）变形缝止水带渗漏。

3）混凝土表面色泽有明显差别。

4）墙体表面有明显的浇筑层痕迹。

5）混凝土表面出现有蜂窝、麻面、孔洞、接槎不实。

6）混凝土表面出现水平、细微的裂缝（愈接近墙面顶部，裂缝愈明显，裂缝数量愈多）。墙顶比屋面出现裂缝多，墙中心部分呈沟状。

7）混凝土壁在水中冻融作用下，出现的严重剥落和剥蚀情况（图 7.5）

图 7.5　某工程构筑物混凝土冻融破坏情况

8）穿墙孔螺栓端头外露锈蚀或修补砂浆裂缝。

9）水池池壁过长时，墙体出现竖向裂缝（5～15m）间距。

（2）原因及分析

1）施工缝未作糙化处理（凿毛等措施），混凝土表面的浮浆未凿掉。施工缝未清理干净，有松动灰浆、木屑、绑丝头等杂物。

2）浇筑前，施工缝未充分湿润，未铺水泥砂浆时间过长并已硬化，影响了与新浇混凝土的结合。

3）墙体混凝土坍落度过大，是造成粗骨料下沉、湿沉降大、气孔多是造成混凝土结构裂缝的主要原因。配合比计量不准、运输时间过长、中间延误超过混凝土的初凝时间，以致坍落度损失，现场浇筑时又随意加水，是造成混凝土强度降低、表面色泽不一的原因。

4）浇筑厚度过厚，有较大高度差、每层混凝土浇筑的时间过长（超过混凝土的初凝时间)、漏振以及混凝土的离析等原因是形成蜂窝、麻面、孔洞和混凝土表面有现浇筑层痕迹的原因。

5）水灰比大，墙体混凝土坍落度过大（超过 12cm)，单元混凝土用水量多以及浇筑速度快并缺少二次振捣是墙体出现水平裂缝、墙顶混凝土表面下凹、裂缝的重要原因。也影响混凝土耐久性。

有抗冻要求的外露混凝土结构，由于上述原因形成混凝土孔隙，在毛细作用与反复冻融作用下，经受不住毛细孔中饱和水结冻后的膨胀压力，而使壁开裂。溶解后再结水膨胀。致使结构混凝土破坏。

(3）预防与治理

1）施工缝防渗的主要措施是作好施工缝的糙化处理和清理，浇筑前要充分湿润施工缝而不积水，铺以与混凝土标号相同的水泥砂浆。浇筑时均匀分层摊铺混凝土，并作好二次振动并做到不漏振。

2）变形缝与止水带部位不渗水的关键是：变形缝两侧结构混凝土要分层（段）浇筑；变形缝模板与止水带要有专门的工具与卡子固定，模板支撑要有专门设计，认真操作；浇筑混凝土时要分层均匀浇筑混凝土，要注意排除止水带周围的气泡，保持止水带的正确位置。

3）给水排水构筑物结构混凝土施工质量的关键是：符合规范标准与设计要求的配合比设计（耐久性、抗裂、防渗)；尽可能地运用较低坍落度（既然掺外加剂后，也不宜大于 12cm)；均匀制拌分层浇筑与充分的振捣（特别是二次重复振捣)；适时与充分的养护条件。

7.2.4 机械搅拌澄清池锅形池底施工

1. 现象

锅形池底渗漏水，混凝土尺寸不准。

2. 原因

(1）池底立模不准，浇筑混凝土时没有可靠的模板定位措施，有跑模、漏浆现象，混凝土断面尺寸不准。采用无内模施工法浇筑混凝土时，下部已凝固混凝土受上部新浇混凝土挤压作用力，由于无内模约束，下部混凝土产生上鼓现象，破坏了混凝土的内部结构。

(2）由于混凝土无内模约束，施工人员为减少下部混凝土上鼓现象，只好减少对混凝土的振捣。造成锅形池底混凝土不密实。

3. 防治方法

(1）严格控制锅形池底的模板尺寸，并有可靠的定位措施。防止在浇筑中跑模。

(2）不宜采用无内模浇筑混凝土施工法。外模可一次立成，内模随着浇筑进度分段架立。要设置内模支架，可靠固定内模，防止受力后上浮。每段模板浇筑上方应留几圈纬向钢筋不绑，以便使振捣棒顺利伸入混凝土内进行充分振捣。

(3）锅形池底应认真进行防水层施工。

7.2.5 滤池

1. 现象

无阀滤池四角渗漏。

2. 原因

(1) 伞形盖四角的三角连通渠空间很小，立拆模比较困难，造成立模质量不好。

(2) 无阀滤池四角浇筑混凝土时，浇筑高度过大，又无防止混凝土产生离析的措施，混凝土产生蜂窝麻面，由于三角连通渠空间很小，无法从内部进行修补。

(3) 由于空间很小，滤池四角内壁无法进行防水层施工。

3. 防治方法

(1) 加强对三角连通渠混凝土浇筑质量的质量控制要作，确保混凝土浇筑密实。

(2) 建议三角连通渠内模用焊接钢板代替，永久浇入混凝土中。这样既可有效地起到防水作用，又可简化立、拆模板工作。

7.2.6 溢出堰孔

1. 现象

溢水堰水不平，形状不准，出水流量不准。

2. 原因

(1) 堰孔预埋模板固定不牢，浇筑混凝土时跑模移位。

(2) 堰孔模板漏浆，模板变形。

3. 防治方法

(1) 加强对堰孔模板架立的质量控制工作。

(2) 建议堰孔改为混凝土预制件。

7.3 管道

7.3.1 管沟坍塌

1. 现象

在开挖过程中或开挖后，边坡土方局部或大面积坍塌，使管道不能正常铺设，甚至危及施工安全。

2. 原因分析

(1) 管沟开挖较深，放坡不够，或通过不同地层时，没有根据土的特性分别放成不同的坡度，致使边坡失去稳定而造成塌方。

(2) 在有地下水或地表水作用的土层开挖沟槽时，未采取有效的降水、排水措施，土层受到地下水或地表水的影响而湿化，内聚力降低，在重力作用下失去稳定而引起塌方。

(3) 边坡顶部堆载过大，或受施工机械等外力的振动影响，使土体内剪切应力增大，失去稳定而塌方。

(4) 在不良地质条件下，采取直壁沟槽形式时，由于支撑结构失稳，而造成坍塌。

(5) 在地质松弱的土层，开挖次序、方法不当造成塌方。

3. 预防措施

(1) 根据土的种类、物理力学性质（如土的内摩擦角、内聚力、湿度、密度、含水量等）确定适当的边坡坡度。

(2) 当沟槽开挖范围内有地下水时，应采取降、排水措施将地下水降至基底以下0.5~1.0m方可开挖，并持续到回填完毕。做好地面排水措施，防止在影响边坡稳定的范围内积水。

(3) 在坡顶弃土、堆载时，弃土堆坡脚至沟槽上边缘的距离，应根据沟槽的开挖深度、边坡坡度和土的性质确定。当土质干燥密实时，其距离不得小于0.8m，弃土高度不得大于1.5m，以保证边坡的稳定。

(4) 采取直壁沟槽时，对支撑材料应选择正确，对支撑结构应进行受力验算，使其具有足够的强度和刚度。

(5) 土方开挖应自上而下分段分层、依次进行，随时做成一定坡势，以利泄水，避免先挖坡脚，造成坡体失稳。相邻管沟开挖时，应遵循先深后浅的施工顺序，并及时处理管基，铺管时尽量防止对地基的扰动。

4. 治理方法

沟槽塌方应及时查明原因并采取相应措施排除，然后可将坡脚塌方清除作临时支护(如堆码装土草袋，设支撑等)。

7.3.2 室外给水管道

1. 管道铺设不顺直

(1) 现象

管道坐标、标高误差超标过多，使管道水头损失增大。

(2) 原因分析

1) 施工测量、定线控制不严格，沟槽开挖后未经复测或修整即开始铺管。

2) 铺管时，未采用龙门板、中线桩、平桩等措施控制轴线和标高，仅凭操作人员目测进行铺管，或中线桩、平桩布置间距过大。

(3) 预防措施

1) 施工测量、定线严格加以控制，沟槽开挖后，应认真进行复测并进行修整，验槽合格后方可铺管。

2) 铺管前应设置龙门板、中线桩、平桩等措施控制轴线和标高，其间距以10m为宜。

2. 钢管接口开裂、漏水

(1) 现象

钢管对接焊口全断面或部分开裂，裂缝宽度一般为上宽下窄，螺旋焊接钢管焊缝漏水。

(2) 原因分析

1) 管道安装后没有及时回填，由于受温度变化的影响较大，使钢管产生纵向温度应力，造成管道接口开裂。

2) 管道回填密实度达不到设计要求，或覆土厚度过小或回填土土质不良，由于车辆等荷载的外力作用，造成管接口开裂。

3) 在坚硬岩石的管基条件下，铺设管道没有进行管基处理，管道直接铺在坚硬的岩石上，造成管道应力集中，而使接口开裂。

4) 焊接环境温度控制不当或焊接材料选用不正确，或焊接质量达不到要求。

(3) 预防措施

1) 管道焊接时，应选择在温差变化较小的时间进行。

2) 管道安装完毕后应及时回填，并应使回填土的密实度（管道两侧尤为重要）和覆土厚度达到设计要求。

3）认真做好管道基础处理，特别是坚硬岩石的管道基础，应铺设砂垫层。

4）焊接材料应符合规定，焊接人员必须有相应的操作合格证，并严格按照焊接技术规程进行施焊。

（4）治理方法

管道出现裂缝后，可采用外加板焊接加固。

3．管道断裂

（1）现象

管道在施工过程中或输水过程中发生断裂。

（2）原因分析

1）管道质量不符合技术标准，或运输、装卸、安装不当受到损伤。

2）管道地基产生不均匀沉降，引起管道断裂。

3）输水过程中产生水锤现象造成管道破裂。

4）管道回填土质不良，含有块石或密实度不符合要求。

5）在土层中有不同的土质，其冻胀系数差异较大，在春秋融冻和封冻季节，由于土层的胀缩力，造成管道断裂。

（3）预防措施

1）加强管材质量的检查验收工作，在运输、装卸、堆码、铺设过程中应采取相应的保护措施，并做到轻装轻卸，防止管材受到损坏，下管前应逐根进行检查，有损伤的管材严禁下沟铺设。

2）沟槽开挖后应及时进行验槽，对软弱地基应进行处理，经验槽合格后方可下管铺设。

3）在高差较大的管段应设置减压装置，以防止水锤力对管道的危害。并应保证减压装置安全可靠。

4）管道回填应采取无块石、硬物的土；回填时先从管道两侧对称进行、分层进行夯实，以保证其密实度符合要求。

5）寒冷地区的管道埋设深度必须符合规范规定。

（4）治理方法

将断裂的管段挖出拆除，处理好地基重新铺设。

7.3.3　管道石棉水泥接口漏水

1．现象

石棉水泥接口出现毛细裂纹或开裂现象，造成接口漏水。

2．原因分析

（1）石棉水泥配合比不正确，含水量过大，或有部分石棉团粒。

（2）石棉水泥或油麻填打不密实。

（3）石棉水泥拌制后放置时间过久或使用受潮不合格水泥。

3．防治措施

（1）油麻拌得粗细要均匀一致，直径应为承插口间隙的1.5倍，填打应密实。

（2）严格控制石棉水泥的配合比，含水量不得超过规定标准，石棉绒在使用前应将其打散，不得含有石棉团粒或杂物。加水拌制成的石棉水泥灰应当在 1h 内使用完毕，严禁使用不合格水泥。

(3) 石棉水泥接口的操作人员必须经过技术培训，操作时严格遵守操作规程，逐圈环錾填打密实，并及时进行养护。

7.3.4 膨胀水泥接口涨裂及漏水

1. 现象

接口开裂及漏水。

2. 原因分析

(1) 接口填料配合比不正确，或拌制后放置时间过久。

(2) 接口填料未完全凝固，管道受到碰撞等外力作用而发生移动，使接口填料受到损坏。

(3) 接口养护不当。

(4) 在硫酸盐含量过高的地区，因硫酸盐腐蚀使接口胀裂。

3. 防治措施

(1) 严格控制膨胀水泥填料的配合比，填料拌制好后应在 30min 内用完。

(2) 接口做好后应防止管道受到碰撞。

(3) 接口做好后，一般应在 2h 后，及时用稀泥封盖或用湿草袋等物包裹并定时洒水养护，养护时间一般不少于 7d。

(4) 在硫酸盐含量高的地区，管道试压完毕，接口应涂刷一层沥青防腐，然后再进行回填。

7.3.5 橡胶圈接口漏水

1. 现象

管道橡胶圈接口漏水。

2. 原因分析

(1) 橡胶圈规格、技术标准不符合要求。外观检查有气孔、裂纹和裂缝，弹性不足呈老化状。

(2) 安装时橡胶圈产生扭曲、断裂情况，造成漏水。

(3) 橡胶圈在顶入管压紧即放松，橡胶圈产生反弹形成间隙而漏水。

(4) 管接口有毛刺、铁瘤等情况未予去除，使橡胶损坏而漏水。

3. 防治措施

(1) 严格材料验收制度，不符合技术标准的橡胶圈，坚决不用。

(2) 安装时应将橡胶圈均匀，平展的套在插口的平台上，不能扭曲和断裂。

(3) 顶压橡胶圈时用力要均匀，压实后，将管道除接口外用回填土压住，以防止橡胶圈反弹。

(4) 管道承插口均应认真检查，发现毛刺、铁瘤等情况应加以剔除，避免橡胶圈被损坏。

7.3.6 钢管螺纹接口渗漏

1. 现象

管道通水后，螺纹连接处滴漏。

2. 原因分析

(1) 螺纹加工不符合规定，有毛刺和乱或断扣，缺口尺寸超过规定标准。

(2) 管配件质量差，或安装时用力过大损坏配件，造成漏水。

(3) 密封填料选择不当或放置不正确，没有起密封效果。

3. 防治措施

(1) 螺纹应严格按规定要求加工，应保证螺纹端正、光滑、无毛刺、不断丝、不乱扣。断丝和缺口尺寸不得大于全丝口长度的10%。

(2) 认真检查配件质量，安装时应选择合适的管钳，用力要均匀，应避免利用拧紧或倒扣调整配件方向和位置。

(3) 密封填料应选择厚度适宜，缠绕方向应与管件拧紧方向一致。

7.3.7 硬聚氯乙烯管（UPVC）常见弊病

1. 现象

(1) 管道开裂、爆管或接口漏水。

(2) 管道上浮。

2. 原因分析

(1) 管材尺寸误差超标，插口端部倒角不合格，顶挤橡胶圈时产生位移或扭曲，插口无插入深度标线，致使管子插入不到位而造成漏水；管壁厚度不均匀，受力后造成开裂或爆管现象。

(2) 硬聚氯乙烯管材质地较脆，且容易变形。在运输、贮存中受到碰撞、挤压、日晒雨淋，管材会破损、开裂、老化。误铺受到损伤的管材很容易发生漏水、开裂、爆管情况。

(3) UPVC管的相对密度一般在1.35~1.46之间，由于其重量轻，铺管时容易造成位移，使橡胶圈发生扭曲而造成漏水。

由于管轻，铺设管道时如不及时覆土，遇水很容易造成上浮，使管道位移而损坏。

(4) 管基不平整有块石等硬物时，或覆土不密实，有块石硬物易造成管道损坏。

3. 防治措施

(1) 严格管材的进场检查验收。

(2) 管材的运输、装卸及贮存期不宜过长，一般不超过一年，且应避光、避雨贮存。以防止管材变形、老化。

(3) 铺管时插入阻力过大，则应拔出管子检查、调整，重新安装；若管子插口倒角不合格时，应加以修整，再行安装。应保证插入到位，橡胶圈不扭曲。

(4) 认真做好管基的处理，不可将管直铺在岩石上或未经处理的软弱地基上。

(5) 管道铺设后，应及时回填，以防止管子被损坏或遇水漂浮。回填土最初应用人工从两侧进行，管腔两侧及管顶以上0.5m要回填砂或无石的细土，分层进行填实。一般应避免使用机械回填。

7.3.8 管道试压的常见通病

1. 现象

管道试压时，管段两端封堵板接口或管道转角处的接口漏水或脱口。

2. 原因分析

(1) 管端封堵板支撑不牢固，或后座受力变形、位移。

(2) 管段转角处未设支墩或支墩过小，不牢固。土体松弱，回填不密实。

3. 防治措施

(1) 后座支撑应牢固，后座与土壁间隙应用砂填塞密实。

(2) 当作为后背墙的土体松软时，应对土体进行加固。

(3) 按规范要求设置管道转角支墩，并确保质量，转角处土体松软时，应采取加固措施。

7.3.9 管道堵塞

1. 现象

管道通水量不足或不通水。

2. 原因分析

(1) 接口填料掉入管内造成堵塞。

(2) 铺管时未对管子进行清理，使杂物留存在管内，或铺设停顿时将工具等物放入管内，继续铺设未取出而留在管内。或铺设停顿时未将管口封堵，有小动物进入管内。

(3) 在管道凸起点有空气存在，形成气囊。

3. 预防措施

(1) 管道接口施工应按操作规程进行，防止填料掉入管内。

(2) 管道铺设前，对管子进行认真清理，将管内杂物清理干净。铺设停顿时应将管口封堵好，但不能将工具等物品置于管内存放。

(3) 管道凸起处的排气装置必须按规范要求设置并保证其工作状态良好。

4. 治理方法

在发生故障的管段，拆除一节管子，清除杂物后，重新接通。

7.3.10 阀门常见质量通病

1. 阀门选型不当

(1) 现象

阀门选型不当，影响管道的正常使用。

(2) 原因分析

在阀门采购或安装时，没有严格按照设计图的规格、型号进行选用、安装、造成安装后的阀门不符合管路使用要求。

(3) 预防措施

阀门的种类繁多，结构、材质、性能各不相同。必须严格按照图纸要求和规范规定，按介质性质、工作参数以及安装和使用条件正确选用。另外，采购的阀门在仓库内要分类存放，挂好标示牌，防止领用、安装时出错。

2. 阀门填料函处泄漏

(1) 现象

阀门安装后，填料函处由于密封不严密造成泄漏。

(2) 原因分析

1) 装填料的方法不对或压盖压得不紧。

2) 阀杆弯曲变形或腐蚀生锈，造成填料与阀杆接触不严密而泄漏。

3）填料老化

（3）预防措施

1）阀门填料装入填料函的方法有两种：小型阀门填料只需将绳状填料按顺时针方向绕阀杆填装，然后拧紧压盖螺母即可；大型阀门填料可采用方形或圆形截面，压入前应先切成填料圈，增加或更换填料时，应将圈分层压入，各层填料圈的接合缝应相互错开180°。压紧填料时，应同时转动阀杆，以便检查填料紧贴阀杆的程度。填料除应保证密封良好外，还需保证阀杆转动灵活。

2）属于阀杆弯曲变形或生锈而泄漏时，应拆下修理调节直阀杆或更换；有腐蚀生锈时，应将锈除净。

3）属于填料老化失去弹性造成泄漏应更换填料。

4）在进行阀门开启或关闭时，应注意操作平稳，缓关。

3. 阀门关闭不严或阀体泄漏

（1）现象

阀门安装后，经试验或投入运行后，阀门关闭不严，阀体有泄漏，影响正常使用。

（2）原因分析

1）密封面损伤或轻度腐蚀。

2）操作不当，致使密封面接触不紧密。

3）阀杆弯曲，上下密封面中心不重合。

4）杂质堵塞阀芯。

5）阀体或压盖有裂纹。

（3）预防措施

1）密封面磨损造成关闭不良时，应进行修理，一般需拆下进行研磨。密封面的缺陷（撞痕、刀痕、压伤、凹凸痕等）深度小于0.05mm时，可研磨消除；深度大于0.05mm，应先在车床上加工，然后再研磨，不允许用锉刀或砂纸打磨等方法修理。

2）属于操作关闭不当原因泄漏时，可以缓缓反复启闭几次，直至关闭为止。

3）属于阀杆原因造成泄漏，应拆下进行调整或更换。

4）属于阀体有裂纹或压盖开裂泄漏的原因，一是在安装由于运输堆放受到碰撞形成裂纹，安装前又未仔细检查，造成安装后泄漏；另一种原因是阀门本身是好的，由于安装时操作不当，用力过猛或受力不均匀造成阀体裂纹或压盖损伤。

5）杂质堵住阀芯时，首先应将阀门开启，排除杂物，再缓缓关闭，有时可以轻轻敲打直至去除杂质。

（4）治理方法

当管路系统的阀门有泄漏或关闭不严时，首先要仔细检查，分析原理，轻轻启闭几次仍不能排出故障时，应关闭上游的阀门，放出介质，拆下有泄漏阀门解体检查。如经简单修理或研磨就可以继续使用，属于本身裂纹或存在较大缺陷的就应更换新阀，重新安装。

7.3.11 排水管道

1. 管道反坡

（1）现象

管道排空时，管内和检查井流槽有积水或通水时流水不畅，或管道有沉淀物、或支管标高低于干管标高。

(2) 原因分析

1) 测量作业出现错误。

2) 施工测量控制不严格，铺管时未设置龙门板、水平桩等控制标高或控制桩布置间距过大，控制效果差。

3) 与土建工程配合施工不够密切。

(3) 预防措施

1) 加强测量工作的管理。严格执行双检复测制度。

2) 认真熟悉与掌握设计要点和施工图纸，根据设计和现场实际情况及其他建筑的相关关系建立施工测量网。铺管时设置龙门板、水平桩等控制管道标高，控制桩布置间距一般以 10m 为宜。

3) 施工中应加强与土建施工的联系，以便及时解决问题。

(4) 治理方法

一般均应返工重新铺设。

2. 室外排水管道接口常见通病

(1) 现象

管道接口开裂、脱落、漏水等。

(2) 原因分析

1) 管接口形式选用不当，不适用于地基条件。地基发生沉降造成接口开裂、漏水。

2) 抹带接口施工时，管子与管基相接触的部分没有做接槎处理；抹带一次做成，在硬化过程中产生裂缝，管接口没有进行凿毛和湿润处理，使粘结力降低，开裂、漏水。

3) 抹带后没有认真进行养护造成开裂、漏水。

4) 石棉沥青卷材接口施工时，管壁未除锈或未刷冷底子油、或沥青涂刷时的温度过低，使粘结力降低，造成脱落。

(3) 防治措施

1) 根据不同的地质条件选择适宜的管接口形式，并应按设计要求做好管基处理。

2) 抹带接口施工前，应将管子与管基相接触的部分做接槎处理；抹带范围的管外壁应凿毛；抹带应分三次完成，即第一次抹 20mm 厚度的水泥砂浆；第二次抹剩余的厚度；第三次修理压光成活。

3) 抹带施工完毕应及早用草袋等物覆盖洒水养护。

4) 石棉沥青卷材接口施工前，应在管壁涂刷冷底子油（温度控制在 170℃左右）。

第8章　工程竣工验收

竣工验收是工程建设程序的最后一个环节。它是全面考核投资效益、检验设计和施工质量的重要环节。竣工验收的顺利完成，标志着投资建设阶段的结束和生产使用阶段的开始。

1. 工程竣工

当承建的工程项目达到下列条件时，就达到了工程竣工，可报请竣工验收。

(1) 生产性工程已按设计完成，能满足生产要求；主要工艺设备已安装配套，经联动负荷试车合格，安全生产和环境保护符合要求，已形成生产能力；职工宿舍和其他必要的生活福利设施以及生产准备工作能适应投产初期的需要。

(2) 非生产性的建设项目，土建装饰工程已完成，室外的各种管线已施工完毕，可以向用户供水，或已达到设计要求，具备正常的使用条件。

(3) 工程项目符合上述的基本条件，但有少数非主要设备及某些特殊材料短期内不能解决，或工程虽未按设计规定的内容全部建成，但对投产、使用影响不大，也可报请竣工验收。这类项目在验收时，要将所缺设备、材料和未完工程列出项目清单，注明原因，报知建设单位，以确定解决办法。

2. 工程竣工验收的准备

工程验收是检验工程质量必不可少的一道程序，也是保证工程质量的一项重要措施。如质量不符合规定时，可在验收中发现和处理，以免影响使用和增加维修费用。

工程验收分为中间验收和竣工验收。中间验收主要是验收埋在地下的隐蔽工程，凡是在竣工验收前被隐蔽的工程项目，都必须进行中间验收，并对前一道工序验收合格后，方可进行下一道工序。竣工验收是全面检验工程项目是否符合工程质量标准的过程，它不仅要查出工程的质量结果怎样，更重要的还应找出产生质量问题的原因，对不符合质量标准的工程项目必须进行整修，甚至返工，经验收达到质量标准后，方可投入使用。

(1) 竣工验收准备

工程项目在竣工验收前，施工单位应做好下列竣工验收准备工作：

1) 收尾工作

收尾工作的特点是零星、分散、工程量小、分布面广，如不及时完成，将会直接影响工程项目的竣工验收及投产使用。完成后现场封闭保护，拆除临时设施，清理现场。

2) 竣工验收的资料准备

竣工验收的资料和文件是工程竣工验收的重要依据。从施工开始就应完整的积累、保留施工资料，并编目建档。

3) 自检自验

自检自验是施工单位在完工后自行组织的内部模拟验收，它是顺利通过正式验收的可靠保证。通过自检自验，可及时发现遗留问题，事先予以处理。自检自验根据组织规模可分为班组、施工队和公司几级。

上述工作完成后，施工单位就可以向监理（建设单位）提交《竣工验收通知单》。

（2）竣工验收依据

一般来说，竣工验收的依据包括以下四类：

1）工程合同文本

工程施工承包合同规定了参与建设各方对完成工程项目的承诺。它既可以作为质量控制的手段，又可以作为竣工验收的依据。

2）设计文件

“按图施工”是施工单位进行施工作业的一项重要原则。因此，经过批准的设计图纸、图纸会审记录、设计变更和技术说明书等设计文件，无疑是竣工验收的重要依据。

3）国家及政府有关部门颁布的有关质量管理方面的法律、法规性文件

这主要是指国家及建设主管部门所颁布的有关质量管理方面的法规性文件，例如《中华人民共和国建筑法》、《建筑业企业资质管理规定》等。此外，其他各行业如交通、能源、水利、冶金、化工等的政府主管部门和省、市、自治区的有关主管部门，也均根据本行业及地方的特点，制定和颁发了有关的法规性文件。

4）有关质量检验与控制的专门技术法规性文件

这类文件一般是针对不同行业、不同的质量控制对象而制定的技术法规性的文件，包括各种的标准、规范、规程或规定。

技术标准有国际标准、国家标准、行业标准、地方标准和企业标准之分。它们是建立和维护正常的生产和工作秩序应遵守的准则，也是衡量工程、设备和材料质量的尺度，例如《工程质量检验及验收标准》等。技术规程或规范，一般是执行技术标准，保证施工有序地进行，而为有关人员制定的行动的准则，通常也与质量的形成有密切的关系，应严格遵守，例如针对给排水工程的《给排水管道工程施工与验收规范》（GB 50268—97）、《给排水构筑物施工与验收规范》（GBJ 141—90）等。

（3）竣工验收的要求

1）工程施工质量应符合工程施工质量验收统一标准和相关专业验收规范的规定。

2）工程施工应符合工程勘察、设计文件的要求。

3）参加工程施工质量验收的各方人员应具备规定的资格。

4）工程的竣工验收应在施工单位自行检查评定的基础上进行。

3. 竣工验收的内容

工程竣工验收的内容分为工程资料验收和工程实物验收两个部分。

（1）工程资料验收

工程资料是工程项目竣工验收的重要内容之一。施工单位应按合同要求提供全套竣工验收所必须的资料，并经监理工程师审核同意。

1）工程中间验收技术资料

a. 管道及附属构筑物的地基和基础资料；

b. 管道的位置及高程资料；

c. 管道的结构和断面尺寸资料；

d. 管道的接口、变形缝及防腐层资料；

e. 管道及附属构筑物防水层资料；

f. 地下管道交叉的处理；

2）工程竣工验收技术资料

a. 工程地质、水文资料；

b. 地形、地貌、控制点资料；

c. 工程项目开工报告；

d. 工程项目竣工报告；

e. 竣工图及设计变更文件；

f. 主要材料和制品的合格证或试验记录；

g. 管道的位置及高程的测量记录；

h. 混凝土、砂浆、防腐、防水及焊接检验记录；

i. 管道的水压试验及闭水试验记录；

j. 给水管道的冲洗及消毒记录；

k. 中间验收记录及有关资料；

l. 工程质量检验评定记录；

m. 工程质量事故处理记录。

（2）工程实物验收

由建设单位项目负责人组织施工、设计、监理等单位项目负责人，按照竣工验收的依据及标准，对工程项目实地逐项的检查验收。

4. 竣工验收的程序

（1）竣工预验收

当工程达到竣工验收条件后，施工单位应在自查、自评工作完成后，填写工程竣工报验单，并将全部竣工资料报送项目监理机构，申请竣工验收。监理工程师应组织有关人员对竣工资料及工程的质量情况进行全面检查，对检查出的问题，应督促施工单位及时整改。对需要进行功能试验的项目（包括单机试车和无负荷试车），监理工程师应督促施工单位及时进行试验，并对重要项目进行监督、检查，必要时请建设单位和设计单位参加。监理工程师应认真审查试验报告单并督促施工单位搞好成品保护和现场清理。

经项目监理机构对竣工资料及实物全面检查、验收合格后，由总监理工程师签署工程竣工报验单，并向建设单位提出质量评估报告。

（2）正式验收

建设单位收到工程竣工报验单后，应由建设单位项目负责人组织施工、设计、监理等单位项目负责人进行工程验收。工程经验收合格的，方可交付使用。

工程竣工验收应当具备下列条件：

1）完成工程设计和合同约定的各项内容；

2）有完整的技术档案和施工管理资料；

3）有工程使用的主要材料、构配件和设备的进场试验报告；

4）有勘察、设计、施工、工程监理等单位分别签署的质量合格文件；

5）有施工单位签署的工程保修书。

在竣工验收时，对某些剩余工程和缺陷工程，在不影响交付的前提下，经建设单位、设计单位、施工单位和监理单位协商，施工单位应在竣工验收后的限定时间内完成。

参加验收各方对工程质量无异议时，由监理工程师宣布竣工验收结果，然后办理竣工验收签证单。参加验收各方对工程质量验收意见不一致时，可请当地建设行政主管部门或工程质量监督机构协调处理。

5. 验收后的收尾及交接

竣工验收工作的顺利结束，标志着工程项目的投资建设已告结束。竣工的工程即将担负起它的责任，投入生产或投入使用。此时施工单位应抓紧尚未完了的工程遗留问题，尽快将工程项目移交建设单位，为建设单位的生产准备或投入使用提供方便。

(1) 工程移交

项目虽然通过了验收，但还经常存在一些遗漏项目、个别的质量问题以及其他方面的问题。因此，施工单位应制定工程收尾的计划，以便确定工程正式办理移交的日期，向建设单位移交竣工项目所有权。工程交接结束后，施工单位应按合同规定的时间抓紧进行临时设施的拆除和人员机械的撤离工作，在撤离前应做到工完场清，令建设单位满意。

(2) 技术资料的移交

工程竣工验收时，施工单位就应提供完整的工程技术资料，并编制《工程档案资料移交清单》一式两份，双方核对档案资料与清单，确认无误后签字盖章，各自保存一份。

但是在工程实践中，由于工程技术资料要求高，内容多，且有时不仅仅涉及到施工单位一家，所以竣工验收时常常只要求施工单位先提供竣工验收必备的技术资料，而整个工程技术档案的归整、装订，则留在竣工验收后，由施工单位、建设单位和监理单位共同完成。工程技术档案整理完成后，按当地主管部门的要求，送城建档案馆验收入库。

(3) 竣工验收备案

工程验收合格后，建设单位应在规定的时间内将工程竣工验收报告和有关文件报建设行政管理部门备案。对于现行的工程竣工备案制，有以下规定：

1) 凡在中华人民共和国境内新建、扩建、改建各类房屋建筑工程和市政基础设施工程的竣工验收，均应按有关规定进行备案。

2) 国务院建设行政主管部门和有关专业部门负责全国工程竣工验收的监督管理工作。县级以上地方人民政府建设行政主管部门负责本行政区域内工程的竣工验收备案管理工作。

(4) 其他工作

1) 工程价款的竣工结算

在办理工程项目交接前，施工单位要编制竣工结算书，并经监理工程师审核签字，以此作为向建设单位结算最终拨付的工程价款的依据。

2) 合同清算工作

随着工程交接的结束，双方所签工程承包合同除保修工作外，即将完成使命。此时，对于合同中尚需兑现落实的条款，要核定落实。同时要做好债权、债务的清理和器材、物资的盘查工作。

主 要 参 考 文 献

1. 孙连溪主编．实用给水排水工程施工手册．中国建筑工业出版社
2. 刘灿生编．给水排水工程手册（第二版）．中国建筑工业出版社
3. 市政工程施工技术规程汇编．中国建筑工业出版社
4. 许其昌编．给水排水管道工程施工与验收规范实施手册．中国建筑工业出版社
5. 田会杰编．给水排水工程施工（第二版）．中国建筑工业出版社
6. 徐鼎文，常志续，王佐安编。给水排水工程施工．中国建筑工业出版社
7. 柳金海编．不良条件管道工程设计与施工手册．中国物价出版社
8. 黄明明，张蕴华编．给水排水标准规范实施手册．中国建筑工业出版社